JN335942

擬態の進化

擬態の進化

ダーウィンも誤解した150年の謎を解く

大崎直太 著

海游舎

目 次

序章　ベイツ型擬態の波紋
ベイツ型擬態とアマゾン　11
ベイツ型擬態とは　12
ベイツ型擬態と『種の起源』　14
『種の起源』への反論　16
ベイツ型擬態が『種の起源』に与えたもの　17
ベイツ型擬態の２つの謎と性淘汰　17
ベイツ型擬態とミューラー型擬態：頻度依存淘汰　20
ベイツ型擬態のモデルの警告色と血縁淘汰　22
ベイツ型擬態における性淘汰仮説のその後　23
擬態研究の現在　24
　　Box 0-1　ヘリコニウス科の分類学的位置　26

１章　ベイツの時代と進化論
ダーウィン以前の進化論　28
ダーウィンの出現　31
ベイツ南米に行く　35
ウォレスのサラワク論文　36
ウォレスのテルナテ論文　39
『種の起源』の出版　40
オックスフォード大学自然史博物館での大討論　41
ベイツ型擬態の発表　43
メスしか擬態しないベイツ型擬態種　46

Xクラブとネイチャー　48
　　　進化と適者生存　49

2章　ベイツ南米の旅
　　　ベイツとウォレスの出会い　53
　　　職工学校　55
　　　ベイツ・ウォレス記念碑　56
　　　アマゾン学術探検の夢　57
　　　アマゾンの旅とヘリコニウス科のチョウ　59
　　　アマゾンでの暮らし　62
　　　2人の帰国　63
　　　帰国後の2人　64

3章　なぜメスだけが擬態するのか
　　　メスだけが擬態するチョウと性淘汰　67
　　　性淘汰とは　70
　　　ベルトの主張　72
　　　メスのチョウも複数回交尾する　73
　　　性淘汰の仮説と検証　75
　　　異性間性淘汰のメカニズム　77
　　　ランナウェイ学説　78
　　　ハンディキャップ学説　81
　　　その他の性淘汰　83
　　　オスによる同性内性淘汰仮説　83
　　　擬態するのはメスだけではない　88

4章　なぜ一部のメスだけが擬態するのか
　　　頻度依存淘汰　89
　　　ミューラーのブラジル移住　90
　　　ミューラー型擬態と正の頻度依存淘汰仮説　92
　　　　　Box 4-1　ミューラーの正の頻度依存淘汰モデル　93

ベイツ型擬態と負の頻度依存淘汰仮説　　94
　　　負の頻度依存淘汰仮説の野外検証　　95
　　　ベイツ型擬態種は寄生者か　　98
　　　　　Box 4-2　擬態種がモデルに与える効果実験　　100
　　　負の頻度依存淘汰：タカとハト　　102
　　　　　Box 4-3　タカ-ハトゲーム　　103
　　　タカとハトとブルジョア　　104
　　　　　Box 4-4　タカ-ハト-ブルジョアゲーム　　105

5章　警告色の進化
　　　派手な目立つ色の意味　　107
　　　利己的と利他的　　109
　　　血縁度と適応度　　110
　　　血縁淘汰と包括適応度　　113
　　　緑ひげ効果　　115
　　　個体淘汰と群淘汰　　117
　　　隠蔽色と警告色の効果　　119

6章　ベイツ型擬態の謎
　　　ベイツ型擬態との出会い　　123
　　　オスはメスの犠牲者か　　125
　　　ビーク・マーク　　126
　　　ビーク・マークの示すこと　　128
　　　なぜメスだけが擬態するのか：擬態のコストとベネフィット　　129
　　　なぜ一部のメスだけが擬態するのか：擬態のコストとベネフィット　　130
　　　論文投稿後にわかったこと　　131
　　　ビーク・マークの5つの疑問　　132
　　　擬態率の決定メカニズム　　134
　　　　　Box 6-1　ビーク・マーク率比モデル　　136

7章　性淘汰仮説に対する疑問
異性間性淘汰仮説の否定　142
シロオビアゲハの交尾実験　143
伊丹市昆虫館　144
オスがメスを選ぶ　145
同性内性淘汰仮説　148
レビューアー　149
それでも地球は回っている　151
擬態のコストは何か　156
翅の模様の意味　158
擬態型メスは交尾の際に不利を被ってはいない　158

8章　擬態のコスト
擬態型は生理的寿命が短い　161
赤い斑紋が多いメスはなぜ寿命が短いか　163
擬態のコストと擬態率　163
　　Box 8-1　ハーディー-ワインベルグ法則　167
野外での寿命　168
シロオビアゲハの擬態型　171
性的二型再考　172
ベイツ型擬態は両性が擬態する　175

9章　メスだけが擬態する種と両性も擬態する種
カカメガの森　177
イシペ（国際昆虫生理生態学センター）　179
チョウの同定　181
森での生活　182
森での調査　185
大きな種ほど敏捷に高い空間を飛ぶ　186
大きな種のメスほど鳥に襲われる　187

目次

オスに偏った捕獲性比を説明する3つの仮説　189
なぜある種はメスだけが擬態して，別の種は両性が擬態するのか　191
メスだけが擬態する種と両性が擬態する種の違い　192
生物の体の大きさ　193

10章　メスの捕食圧が高い理由

鳥にとっての餌の価値　195
餌選択モデルの検証　197
　　Box 10-1　餌選択モデル　200
擬態と餌選択モデル　202
認知モデルの検証　203
　　Box 10-2　認知モデル　205
探索像　209
擬態と探索像　211

11章　チョウは寝込みを襲われる

チョウの体温調節機構　213
体温調節機構との出会い　214
野外調査の成果は調査地に依存する　219
ボルネオ，ビンコールの森　222
森の生活　223
熱環境の計測　225
論文の行方　227
白いチョウの体温は高く黒いチョウの体温は低い　230
チョウの体温調節機構と捕食圧　234
チャレンジャー教授の叫び　236

12章　ベイツ型擬態の謎の帰結

モデルなき擬態はありえない　238
擬態はどのようにして進化したか　240
擬態を見破る捕食者の進化はないのか　245

なぜ多くの種が擬態しないのか　246
　　　ツマグロヒョウモンはベイツ型擬態種か　247
　　　帰無仮説　249
　　　代替仮説　251
　　　擬似相関　254

13章　仮説の提言と検証

　　　至近要因と究極要因　257
　　　代替仮説再考　258
　　　擬似相関再録　260
　　　良い研究とは　262
　　　仮説の提言と検証　264
　　　発　想　266
　　　序論の構造　267
　　　そんなはずはない　268
　　　ベイツ型擬態研究の帰結　269

あとがき　271
参考文献　275
索　引　282

序章
ベイツ型擬態の波紋

ベイツ型擬態とアマゾン

　シャーロック・ホームズの作者として有名なコナン・ドイルの1912年の作品に『失われた世界』という探検小説がある。イギリスの高名な動物学者チャレンジャー教授がブラジルのアマゾン奥地を探検し，帰国後の動物学会で，ジュラ紀の恐竜が住む世界を発見したと発表した。壇上に立つ巨大な体躯，大きな赤ら顔。長い黒い髪に，頬から顎を覆う黒いひげが胸まで届くチャレンジャー教授を前にして，学会会場は騒然とした。聴衆は思い思いにチャレンジャー教授を，ペテン師，嘘つき呼ばわりし始めた。チャレンジャー教授は低くとどろくような声で「ガリレオやダーウィンや私のように，科学の世界に新たな領域を開拓する者を，諸君は常に迫害する」と応酬した。
　野次を飛ばす聴衆のなかから，長身痩躯，顎に白い山羊ひげを垂らした白髪の男が立ち上がり，皮肉を込めた挑発的な声で「ウォレスやベイツが発見できなかったことを，君はどうやって発見したのだ」と質問した。ウォレスやベイツは1850年代にアマゾンを探検した実在の博物学者である。質問したのは比較解剖学者のサマリー教授だった。それに対してチャレンジャー教授は「君はアマゾン川をロンドンのテムズ川と混同している。巨大に広がる空間の中で，人が見逃したことを他人が発見するのは不可能ではない」と答えた。結局，動物学会は，その場に居合わせた人々から募って検証チームをアマゾンに派遣することを決めた。チャレンジャー教授，サマリー教授，あらゆるスポーツにたけ，探検家としても世界的に名高くアマゾン各地の地理をも知悉しているロク

ストン卿。そして，憧れの女性に勇気ある男振りを見せたがっていた，ガゼット新聞社のマロン記者の4人がそれに応じた。彼ら4人は，コナン・ドイルが作りだした架空の人物たちである。

彼らは，アマゾン河口から1,700km奥地に入ったアマゾン盆地の要衝都市マナウスでアマゾン川の水量の減る探検の適期を待った。12月から5月にかけての雨期のアマゾンは，乾期より水位は約12m上昇し，湿原が続き徒歩旅行には向かなかった。船旅も，水没した樹木の枝が航路を邪魔して難儀である。6月の乾期の到来から水位は下がり始め，10月から11月に水位は最低位になる。8月2日，彼らは蒸気船エメラルド号でマナウスを出発した。マナウスはアマゾン主流と大きな支流ネグロ川の分岐点である。彼らはネグロ川を4日遡上し，さらに小さな支流を2日航行した。出発6日目に蒸気船を降り，深い緑のトンネルの中をカヌーで3日進み，9日間の徒歩旅行をした後に，900mを超す絶壁に囲まれた台地の麓に到達した。モデルとなった台地は，ギアナ高地のテーブルマウンテン，ロライマ山である。

彼らは台地の上空に翼手竜の影を見て勇気づけられ，絶壁を登り始める。そして，ロクストン卿の知恵と抜群の運動能力に先導され，この台地に入り込むことに成功する。台地は，恐竜と猿人と原始人の住む世界だった。彼らは，恐竜に襲われ，猿人に捕らわれ，絶体絶命の危機に陥るが，原始人に伝わる神は白い人間だという神話に救われ，辛くも生還する。

ところで，そもそもチャレンジャー教授が恐竜の住む世界を発見したという最初のアマゾン探検は何を求めて行ったのだろうか。彼の目的は，ベイツがアマゾンで発見したチョウのベイツ型擬態の検証に他ならなかった。アマゾンにおいてベイツが明らかにしたことは，ダーウィンが『種の起源』で主張した，種は自然淘汰で進化することを，初めて具体的に世に示したものであった。

ベイツ型擬態とは

ベイツ型擬態とは，イギリスの博物学者ベイツが，アマゾン川流域で発見した擬態で，ダーウィンが『種の起源』を発刊した2年後の1861年に，ロンドンのリンネ協会で発表され，翌1862年に論文が出版された。彼の発見した擬態がベイツ型擬態と命名されたのは1898年で，イギリスの進化学者ポールト

ンによってである。

　ベイツは，友人のウォレスと1848年にアマゾン学術探検に出かけ，アマゾンに11年間滞在した。ウォレスは4年後に帰国し，その後マレー群島に渡り，ダーウィンとは別に独自に自然淘汰による進化論を考えた。そのことを知り，ダーウィンは進化論の優先権を守るために慌てて『種の起源』を書いたという。

　ベイツは，アマゾン到着直後から，行く先々の森の中で，黒地に派手な赤や白や黄色の斑紋や帯状の模様のある細長い翅のチョウが，ゆったりと滑るように飛んでいるのに出会った。ヘリコニウス科のチョウだった。それらのチョウを採集しているうちに，チョウの翅の模様は地域が変わるにつれて次第に変化しているのに気づいた。そして，遠く離れた地域間を比べると，全く類縁関係のない別の種のように見えていた。それも，1種だけでなく，幾つもの種が，数百キロごとに，別の種のように変化していた。

　ベイツは各地で採集したヘリコニウス科のチョウの標本を，翅の模様を基にしてグループ分けして整理した。すると，翅の模様ではヘリコニウス科のチョウとは区別できないが，翅の模様以外の体の特徴から，ヘリコニウス科とは系統的には類縁関係のないチョウが混ざっていることに気がついた。チョウは3対6本の脚をもつ。ヘリコニウス科のチョウは最前列の1対2本の脚が短いが，よく似たチョウは長かった。その脚の長いチョウは，シロチョウ科のチョウだった。そのシロチョウ科のチョウの翅の模様も，ヘリコニウス科のよく似た翅の模様をもつチョウに全く同調して，地域が変わるにつれて次第に変化していた。

　ヘリコニウス科のチョウはいやな臭いがしていた。シロチョウ科のチョウにはそのような臭いはなかった。そこでベイツは考えた。ヘリコニウス科のチョウはおそらくいやな味がするので，鳥のような捕食者に避けられているのだろう。一方のシロチョウ科のチョウは捕食者にとっては餌としては好適な味の良いチョウだろうと。したがって，シロチョウ科のチョウは，ヘリコニウス科のチョウに擬態することにより，捕食者から逃れているのだろうと。ベイツ型擬態の発見である。

　ベイツ型擬態の発見以前に知られていた擬態は，樹皮や葉や石のような周囲

の環境に溶け込むような擬態で，生物が他の生物にそのままそっくりと似るような擬態は知られていなかった。ベイツは無毒のシロチョウ科のチョウが有毒のヘリコニウス科のチョウに擬態していることを発見したが，ベイツ型擬態はその後，チョウだけでなく，さまざまな昆虫や，他の無脊椎動物，両生類，魚類，爬虫類，鳥類でも発見されている。

　その後の研究の発展で，動物の体色は大きく2つに分けられることがわかった。1つは周囲の環境に溶け込むような隠蔽色で，鳥のような捕食者にとって味の良い種に発達した。もうひとつは派手な目立つ警告色で，味の悪い種に発達した。派手な目立つ色は捕食者に，自分は味が悪いことをアピールしている信号手段だと考えられている。ベイツ型擬態種は，本来は隠蔽色をもつべき味の良い種が，警告色をもつ味の悪い種に擬態している例だということがわかった。

　ベイツがベイツ型擬態の存在に気づいた時期については2つの説がある。1つはアマゾン滞在中説で，ベイツの伝記の著者のウッドコックはこの説である（1969）。それに対して，現在の擬態研究の第一人者であるロンドン大学のマレット教授は，1859年のベイツの帰国後にロンドンで気づいたと主張している（2008）。アマゾン滞在中説でも，ベイツがベイツ型擬態に気づいたのは1858年のこととしており，ベイツはアマゾンに滞在していた11年の多くの歳月を，ベイツ型擬態種を常に目の当たりにしながら，その存在に気づいていなかったことがうかがえる。

ベイツ型擬態と『種の起源』

　ベイツ型擬態の発見が，コナン・ドイルが小説に描くほどまでに社会のセンセーションを巻き起こした背景は，ベイツ型擬態が発表される3年前の1859年に出版されたダーウィンの『種の起源』にあった。ダーウィンの『種の起源』は，種が形成される仕組みを説いた本である。『種の起源』出版以前に世間で信じられてきた種の形成される仕組みは，旧約聖書の創世紀に説かれていた創造論によって説明されていた。つまり，すべての生物は神が創造し，創造後は終始一貫不変で現在に至るとされていた。

　たとえば，現世の人間は，神が土くれから創造したアダムと，アダムの肋骨から創造したイブの子孫であり，アダムとイブは白人だと考えられていた。し

たがって，白人とは異なる肌色の有色人種はアダムとイブの子孫でないことを示しており，欧米人にとっては，有色人種は同じ人間とみなされていなかった。だから博愛主義に富んだ敬虔な白人クリスチャンでも，同じ人間ではない有色人種の国を植民地にしたり，有色人種を奴隷にすることに心の痛みを感ずることはなかった。牛や馬が人間でないのと同様に，同じ人間ではないのだから。

　それに対し，ダーウィンの主張は，種は不変でなく徐々に変化し，変種になり，変種は長い時間をかけてさらに変化して新たな種になる，というものだった。その際に重要なメカニズムは「生存競争」と「自然淘汰」である。ダーウィンに生存競争と自然淘汰という考え方のヒントを与えたのはマルサスの『人口論』だった。マルサスによれば，人口は等比級数的に急激に増加するが，食糧は算術級数的に徐々にしか増加しない。そして，この２つの級数を均衡に導き人口の増加を食糧の増加なみに抑える要因として，人間には，飢餓や病気のような死亡率に関する積極的抑制と，晩婚による出生率の低下のような予防的抑制が起こるとした。

　ダーウィンは，マルサスの考え方を他の動植物にも応用して，生物は生き残れる数以上の個体を生みだしていると考えた。したがって，それぞれの種のなかで，各個体は生き残りをかけて生存競争を行い，他の個体よりもわずかでも有利な形質をもつ個体が生き残る機会に恵まれ，自然に淘汰されると考えた。

　他の個体よりもわずかでも有利な形質をもつということは，種は不変でなく，変異個体を生みだしている，ということである。したがって，時間をかけて少しでも有利な変異を積み重ねていけば，元の種とは異なる変種に変化し，やがて新たな種に変化するとダーウィンは考えた。このとき，祖先的な種は多くの場合，絶滅していく。

　生物は移動を通して分布を拡大する。したがって，祖先的な種が同じでも，環境の異なる地域の子孫的な種は，相互に異なる形質が適応的なため異なる変異を積み重ね，次第に別種へと分化していく。

　逆に言うと，近縁種は同じ祖先種から別れてきたと考えられる。その祖先種をたどっていくと，現在はとても近縁種とは思えない種も同じ祖先種をもち，さらにその遠い祖先種をたどっていくと，この地球上に生息している，人間を

含むあらゆる生物が，共通の祖先種から変化してきたと考えられる。つまり，すべての人種は，同じ祖先から進化した同じ人類であるということだ。

第 16 代アメリカ合衆国大統領エイブラハム・リンカーンが奴隷解放宣言したのは，ダーウィンの『種の起原』出版 3 年後の 1862 年のことである。

『種の起源』への反論

種は不変でない，という考えを具体的に説明するため，ダーウィンは『種の起源』で飼育動物や栽培植物の品種の改良から生まれた変種を例にあげ，種は変化することを示した。『種の起源』での言及ではないが，犬で言えば，ブリーダーは小さなチワワから大きなセント・バーナードまでを生みだしている。それに対し，反論者は変種の存在は認めた。しかし，変種にはあくまでも原種が存在し，原種は神が創造したと主張した。チワワもセント・バーナードもあくまでも原種の犬から生みだされた変種の犬であり，原種の犬は神が創造したというわけである。

ダーウィンにとり痛かったのは，自然界で種が変化することを示せなかったことである。異なる 2 つの種が同じ祖先種から変化してきたのなら，あるいは，ある種から別の種が変化してきたのなら，その変化を示すような変種がいてもよいと反論者は主張した。しかし，ダーウィンが 2 つの種の間の中間的な変種を示すことができたとしても，反論者はその変種が 2 つの原種のどちらの変種なのかを論じるだけだった。

さらに，ダーウィンの進化論の柱は自然淘汰であるが，彼は自然淘汰で種は進化することを実証的に示すことができなかった。代わりに，適者生存という語を用いて，たとえば，異なる餌を利用している種は，それぞれその餌を利用するうえで最も適した形質をもっていることを示し，そうなったのは自然淘汰が働いたからだと解説した。種は不変と信ずる者は，そのような自家撞着の解説を受け入れることはなかった。

つまり，ダーウィンの進化論はたくさんの傍証と，偏見をもたない人々に対する説得力ある解説に満ちていたが，批判者にとっては，説得力ある具体的な証拠が何もないように見えていたのだ。

ベイツ型擬態が『種の起源』に与えたもの

　ベイツ型擬態種は，本来隠蔽色をもつべき味の良い種が，警告色をもつ味の悪い種に擬態している。擬態する種を擬態種，擬態される種をモデルというが，創造論に従えば，その擬態は必ずしも進化の結果ではなく，たまたま神の創造した2つの種が単に似ていたにすぎないと考えることも可能だった。しかし，ベイツもダーウィンも，そして当時の多くの博物学者もそうは考えずに，ベイツ型擬態は進化論を説明する最も説得力ある証拠と考えた。それには2つの理由があった。

　ベイツ型擬態のモデルになったのは，ヘリコニウス科のチョウである。このチョウはベイツの行く先々のアマゾン川に沿って分布していた。しかも，地域によって連続的に少しずつ異なる変種が存在していたのである。したがって，遠く離れた2つの地域の全く異なる別種のように見えた種も，変種を通して同じ種から次第に変化したことがうかがえた。

　さらに，モデルとは類縁関係のないシロチョウ科のチョウが擬態種として存在しており，どの擬態種も，それぞれの地域のモデルに擬態していた。そして，その地域にいないモデルに擬態した種はいなかったことである。そのうえ，モデルのいない地域には擬態種も存在していなかった。ダーウィンの自然淘汰説は適者生存である。最も有利な形質をもつ個体が生き残り，自然に淘汰されているのである。擬態種にとって適者はモデルに最も似た個体である。地域によって異なるベイツ型擬態種は，自然淘汰によってそれぞれの地域のモデルに似たとしか考えられなかった。

　このように，ベイツ型擬態のモデル種はダーウィンの説く，種は不変でなく，徐々に変化し，変種になり，変種は長い時間をかけてさらに変化して新たな種になる可能性を明らかに示していた。さらに擬態種は，生存競争と自然淘汰の結果，適者生存の可能性を明らかに示していたのである。

ベイツ型擬態の2つの謎と性淘汰

　ベイツ型擬態には2つの謎があった。チョウのベイツ型擬態種は，雌雄両性が擬態する種もいるが，多くはメスだけが擬態していた。その後発見された

チョウ以外のベイツ型擬態は雌雄ともに擬態している。チョウでは，なぜメスだけが擬態するのか。それが第一の謎である。しかも，すべてのメスではなく一部のメスだけが擬態していた。それが第二の謎である。その2つの謎に最初に気づいたのは，ベイツではなくウォレスだった。

ウォレスは，1862年にマレー群島からイギリスに帰国した。彼は同年に，ベイツがリンネ協会から出版したベイツ型擬態発見の論文に全面的に賛同した。特に関心をもったのは，地域が異なるとモデルとなる種が次第に変化して，遠く離れた地域では全く異なる種になっていることだった。そこで，彼がマレー群島で採集したアゲハチョウ科のチョウでも同じことが言えるかどうかを調べるために，チョウの変異と地理的分布の関係を検討した。その結果，同じことが言えた。そればかりではなく，ウォレスは，1865年に，アゲハチョウ科のチョウのなかに同じアゲハチョウ科に擬態しているチョウが存在しており，しかも，メスの一部だけが擬態していることを発見した。

ベイツがベイツ型擬態を発表した1862年当時，チョウの翅の模様が雌雄で異なる種がいる，という発想は誰にもなかった。いわんや，同種のメスのなかにも異なる翅の個体が存在している，という発想もなかった。したがって，異なる模様の翅の個体どうしは別種として扱われていた。しかし，1863年にアメリカに住むイギリス人のウォールシュが，それまで別種とされていた黒いアゲハチョウと黄色のアゲハチョウが同種であることを発見した。彼は同じ親が産んだ卵を成虫にまで育てて，異なる翅の色のチョウが同種のトラフアゲハであることを示した。そのことを知ったウォレスは，一方の性しか発見されていなかったチョウの形態を慎重に調べ，メスしか擬態してない種を発見したのだ。しかし，なぜメスだけが擬態するのか。しかも一部のメスだけが擬態するのか，ウォレスもダーウィンもベイツも説明はできなかった。

メスだけが擬態する理由について初めて言及したのはイギリスのベルトだった。彼は1874年に出版した『ニカラグアの博物学者』のなかで，その3年前の1871年にダーウィンが『人間の進化と性淘汰』で提案した性淘汰学説のなかの，メスによる異性間性淘汰で説明できると指摘した。

ダーウィンの進化論というと，1859年に『種の起源』で主張した自然淘汰説がまず頭に浮かぶ。しかし，ダーウィンにはもうひとつの進化論がある。そ

れは1871年に『人間の進化と性淘汰』で主張した性淘汰説である．動物のなかにはオスとメスで著しく性差がある種がいる．たとえば，カブトムシやシカのオスにはメスにない角がある．ライオンやクジャクのオスにはメスない鬣(たてがみ)や飾り羽がある．もし，進化が適者生存，自然淘汰だけで成り立つなら，同じ環境に住む同じ種のオスとメスでなぜ性差が生まれるのか，ダーウィンはこの現象を自然淘汰では説明できなかった．特に，クジャクのオスの飾り羽のような，天敵に襲われた場合に，長くて重くて逃げるのに邪魔になるだけのような形質がなぜ進化したのか，説明できなかった．そこで，ダーウィンは自然淘汰に加えて性淘汰を考えた．

　生物は自分が生き残るだけでなく，自分の子供を残す必要がある．自然淘汰は自分が生き残るうえでかかわる淘汰とすると，性淘汰は繁殖可能な自分の子供をより多く残すことのできる形質の進化を促す淘汰である．性淘汰は両性に作用するが，一般に，オスに強く作用する．メスの場合，残せる子供の数は，自分が産める子供の数に限られている．しかし，オスの場合，かかわるメスの数が増えれば，それだけ多くの子供を残せるからである．したがって，カブトムシやシカのオスの角はメスを巡って争う武器として進化した．一方，「ライオンやクジャクの鬣や飾り羽は，メスを引き付ける求愛の道具として進化した」と，ダーウィンは考えた．前者を同性内性淘汰，後者を異性間性淘汰という．

　この性淘汰，特に異性間性淘汰は自然淘汰以上に世の人々の批判を浴びた．メスの好みがオスの形質の進化を促す，特に，見た目に美しい形質の進化を促すなど，ダーウィンの過ごした男性優位の時代に生きる人々には到底受け入れられる学説ではなかった．

　そのような時代に，ベルトが，ベイツ型擬態でメスだけが擬態する理由を，メスが作用する異性間性淘汰で説明できると指摘した．ニカラグアでベイツ型擬態の実態を見たベルトはダーウィンの進化論の信奉者になっていた．そこで，適者生存の自然淘汰が働いたなら，オスもメスと同様の擬態型の模様の翅をもつべきだが，オスが擬態せずに原型の模様の翅をもち，雌雄で異なる模様の翅があるなら，考えられるのは性淘汰の結果だと主張した．

　この仮説はダーウィンの熱い支持を得て定説化した．このように，ベイツ型

擬態は，自然淘汰の存在だけでなく，性淘汰の存在をも説明することにより，ダーウィンの進化論を強く支持する現象として世の人々に受け止められていった。

ベイツ型擬態とミューラー型擬態：頻度依存淘汰

　雌雄で異なる翅の模様をもつことは，ベルトによる性淘汰仮説で一応の説明ができた。しかし，なぜ一部のメスだけが擬態し，同じメスのなかに，擬態型と原型の2つの異なる模様の翅型が存在するのか，その理由はベルトには説明できなかった。一部のメスだけが擬態する理由は，現在，頻度依存淘汰のうちの，負の頻度依存淘汰で説明されている。

　頻度依存淘汰とは，生存と繁殖の可能性が自然環境に左右されるのではなく，集団中のその形質の多寡に依存することを説明した淘汰である。つまり，ある形質が「多数派である」ことだけで生存と繁殖に有利に働くなら，集団にその形質は広まり，すべての個体が同じ形質をもつ。これがプラスの方向が有利に作用する正の頻度依存淘汰である。一方，ある形質が「少数派である」ことだけで有利に働くなら，多型が維持される。これがマイナスの方向が有利に作用する負の頻度依存淘汰である。

　頻度依存淘汰の存在を初めて提示したのは，ブラジルで自給自足の農業を目ざしたドイツのミューラーだった。警告色をもつ擬態はベイツ型擬態と，あともうひとつある。それはミューラー型擬態である。世評，ミューラーの名を最も高めているのは，このミューラー型擬態の発見である。ベイツ型擬態は味のうまい種が味のまずい種に似て天敵から逃れる擬態である。それに対し，ミューラー型擬態は味のまずい種どうしが似る擬態である。実は，この現象はベイツもウォレスも気づいていた。しかし，彼らはこの現象をうまく説明できずに見過ごしていた。どちらの種がどちらの種に擬態しているのかもわからないし，まずい種がまずい種に擬態することで何のメリットがあるのかもわからなかったからである。ベイツはミューラー型のチョウが相互に似ているのは，相互に独立的にそのような形態になった帰結か，何か石のような非生物に両種が相互に独立して似た結果だろうと考えた。ウォレスも，まずい種が相互に似ているのは地域的な特殊な現象と考えた。

しかし，1878年に，ミューラーは進化生物学史上初めての数理モデルを用いて，まずい味の種がまずい味の種に相互に似る理由を解析した。その際の前提として，彼は鳥が擬態種の味の悪さを知って捕食を避けるためには数をこなして学習する必要があると考えた。そのためには，鳥に狙われる味のまずい種は相互に似ることにより，個々の種の被害個体を減らすことができると説明した。集団中に同じ翅型模様をもつ個体が多ければ多いほど有利になる。これが正の頻度依存淘汰である。その結果，集団中の個体はすべてが同じ翅型模様になり，別種でさえも同じ翅型模様をもつようになったのである。

一方，ベイツ型擬態は擬態型のチョウが少ないと擬態の有効性が発揮される。しかし，多くの個体が擬態すると擬態の優位性は失われ，逆に派手で目立つことは天敵を引き付けるので不利になる。この擬態の優位性と不利が均衡する平衡点で，擬態率は決まる。このように，ベイツ型擬態は，集団中に同じ翅型模様をもつ個体が少なければ少ないほど有利になる。その結果，集団中に多型が維持される。これが負の頻度依存淘汰である。

ミューラーが数理モデルで示したのは，ベイツ型擬態の負の頻度依存淘汰ではなくミューラー型擬態の正の頻度依存淘汰である。しかし，正の頻度依存淘汰を説明できて初めて，その逆に作用する負の頻度依存淘汰も考えられるようになった。正と負の頻度依存淘汰という語彙を考え，整理したのは，イギリスのポールトンだった。彼は1884年に動物の体色の多型を説明する際に，負の頻度依存淘汰を初めて用いている。ポールトンはさらに，1898年には，ベイツ型擬態とミューラー型擬態，という語彙も作りだした。

ミューラーの示した頻度依存淘汰説の前提は，鳥は本能的に警告色をもつ種は味がまずいことを知って避けているわけではなく，学習し記憶することでまずい種を覚えて避けている，としている。この前提は現在では至極当然のこととして受け入れられているが，ミューラー以前の博物学者は誰もこのことに気づいていなかった。たとえば，警告色をもつ種は味がまずく，ベイツ型擬態種は，そのような警告色をもつ味のまずい種に擬態することで鳥の捕食を避けていることは，ベイツも，ウォレスも，ベルトも，ダーウィンも認めた。しかし，彼らには，鳥は警告色をもつ種の味の悪さを学習によって覚える，という発想がなかった。警告色をもつ種は味が悪いと本能的に知っていると考えてい

た．だから，なぜ一部のメスだけが擬態するのか考えつかなかった．

　性淘汰は雌雄の異なる二型を説明した．しかし，同じ性に存在する二型，たとえば，チョウの擬態種のメスに存在する，擬態型と原型の二型を説明することはできなかった．この同性内の多型を説明するのが負の頻度依存淘汰である．その後，多型の維持のメカニズムは，負の頻度依存淘汰から発展した平衡淘汰で検討されている．

ベイツ型擬態のモデルの警告色と血縁淘汰

　ミューラーの示した頻度依存淘汰仮説は，鳥はまずい味のチョウを何匹かついばんでみてまずい味を学習し，その後，そのようなチョウを忌避することを前提にしている．つまり，鳥が学習の成果をあげて記憶を定着するまでに，犠牲となるチョウが必要なわけである．このことは，ミューラーたちの生きた時代にはなんの問題にもならなかった．ダーウィンやウォレスでさえ，一部の犠牲者の存在は種全体にとっては良いことなので適応的と受けとったからである．

　しかし，ダーウィンの進化論の基本は，個体は生存競争を行い，より優れた個体が勝ち残り，より多くの自分の子供を残すように進化してきたとなっている．その際に，各個体はいかに自分の子孫を残すか利己的に振る舞っているのであり，同種の他個体のために犠牲になり，利他的に振る舞うことはありえない．そこで問題になったのは，警告色の進化のメカニズムである．

　警告色は味のまずさと結び付いて進化した．つまり，よく目立つ警告的な色をもつ個体が犠牲になって捕食者に味のまずさをアピールし，他個体を守るように進化したのである．ならば，犠牲者となり，本来は広がるよりも絶滅する可能性の高い警告的な色彩の遺伝子が，どのようなメカニズムで全体に広がり優勢になったのだろうか．同じことだが，そのような利他的な個体の遺伝子がどのようなメカニズムで全体に広がって優勢になったのだろうか．

　犠牲者の遺伝子が広がるメカニズムに初めて説明を試みたのは，イギリスのフィッシャーで，1930年のことだった．もし味のまずい個体が家族として集団で生活しているならば，そのなかから犠牲者が出ても，その結果守られるのは家族であり，犠牲者と同じ遺伝子をもった他個体の生存率は改善されるだろ

う，とフィッシャーは考えた。

　この考えを，1964年にイギリスのハミルトンが理論的に発展させた。たとえば，自分と同じ遺伝子は，子供と兄弟姉妹は50％ずつ共有する。孫や甥姪ならば25％，ひ孫やいとこならば12.5％の共有である。この遺伝子の共有率を血縁度と言う。したがって，自分が犠牲になることで，2匹以上の子や兄弟姉妹，4匹以上の孫や甥姪，8匹以上のひ孫やいとこを救うことができるなら，自分が犠牲になることで自分のもつ遺伝子の助かる確率は向上する。したがって，そのような血縁者を救う利他行動は進化する。このように，共有する遺伝子の率から利他的行動を説明したのが血縁淘汰仮説である。血縁淘汰は自然淘汰でも性淘汰でも，頻度依存淘汰でも説明できない現象を説明した。

　しかし，警告色をもつ種は必ずしも血縁者で群れているわけではなく，単独で生活する種もいる。したがって，血縁淘汰では説明できないケースもある。ハミルトンはこのようなケースも緑ひげ効果で説明している。緑ひげとは，もし人間が緑の顎ひげをもつなら著しく目立ち，他人に容易に識別されるだろうという比喩である。このように，他とは識別できる特徴をもつ個体どうしが，利他的に振る舞うことで互恵援助をする，という仮説である。緑ひげ効果は1998年にケラーとロイにより検証された，という報告があった。

ベイツ型擬態における性淘汰仮説のその後

　ベイツ型擬態における異性間性淘汰仮説と負の頻度依存淘汰仮説は，検証されないまま150年の時間を経て現代まで定説として受け入れられてきた。しかし，これらの仮説を含むベイツ型擬態の不思議な謎は生態学者の興味をそそり，この150年間に1,500編を超す論文が発表されている。しかし，メスしか擬態しない理由がメスによる性淘汰の結果だという仮説は，その後忘れ去られていた。たとえば，1968年に，ドイツのヴィックラーが書き，1970年には日本語にも翻訳された『擬態』という本には，ベイツ型擬態のことが詳述され，メスだけが擬態することも「擬態するチョウの多型」という独立した章を立てて解説してある。しかし，性淘汰という語彙はどこにもなく，代わりに，オスが擬態しないと擬態するものの数が減って，種にとって有利なのかもしれない，と記述してある。このオスがメスの犠牲になる，という考え方は，現代の進化

生態学では完全に否定されている利他的な振る舞いに基づいた考え方である。

性淘汰仮説が見直されたのは，進化生態学が隆盛になった1978年に，イギリスのターナーと，オランダのルトウスキーが，それぞれの論文で，メスしか擬態しない理由をメスによる異性間性淘汰によると強調してからである。

ベルトのメスによる異性間性淘汰仮説に最初に疑問を呈したのはアメリカのシルバーグリードである。彼は1984年に異性間性淘汰仮説の検証をパナマで試み，失敗し，変わる仮説として同性内性淘汰仮説を提唱した。1996年にアメリカのレーダーハウスとスクライバーはミシガン州で行った実験で，同性内性淘汰仮説を検証したという論文を発表した。

擬態研究の現在

野外におけるチョウの擬態研究の第一歩として，どのようなチョウが天敵に襲われ，どのようなチョウが天敵に襲われないかが調べられてきた。ベイツ型擬態種と擬態される種の特徴は，派手で目立つ体色である。色彩を認識できる能力は，人間，サル，鳥，そして魚にはあるが，他の多くの動物にはない。多くの動物にとって，この世界は無彩色のモノクロの世界なのである。したがって，チョウの主要な天敵は鳥と考えられ，鳥による襲撃の有無の手がかりとして，チョウの翅に残る鳥の襲撃痕のビーク・マーク（鳥の嘴によって破れた跡）があるかどうかが，1890年代から利用されるようになった。ビーク・マークが多ければより頻繁に鳥の襲撃を受けるチョウで，少なければ襲撃を受けないチョウというのが暗黙の前提だった。

しかし，1974年にイギリスのエドマンズにより，ビーク・マークのもつ意味に幾つかの疑問が提示された。エドマンズの主要な指摘は，ビーク・マークが多い個体はより天敵に襲われる種というよりも，天敵から逃れることが上手な種や，寿命の長い種の可能性がある。一方，ビーク・マークが少ない個体は天敵に襲われない種というより，逃れることが下手で天敵にいつも捕食される種や，寿命の短い種の可能性がある，というものだった。この指摘に妥当性を感ずる研究者は多く，野外での擬態研究はその基本的研究手段を失って下火となっていた。

私はボルネオ島のビンコールの森で調査を行い，その結果，ビーク・マーク

のもつ意味を微分方程式を用いて解析し，ビーク・マーク率の高い性や高い種は実際に鳥に捕食されている確率が高いことを示した。そしてその推定式に基づいて，オスはメスよりも鳥に襲われる確率が低く，もし擬態することに何らかのコストがかかるなら，オスは擬態しないほうが得であることを提言した。この推定式と提言は1995年にイギリスの科学誌 Nature に掲載された。

　さらに，擬態のコストを伊丹市昆虫館の協力で調べ，擬態すると生理的寿命が短縮する，という新たな擬態のコストの存在を示した。つまり，擬態すると鳥の捕食を逃れ生態的寿命は延長するベネフィットが得られる反面，生理的寿命は短縮するというコストがかかる，という擬態のトレード・オフ関係を明らかにした。トレード・オフとは，あちら立てればこちら立たずの二律背反現象をいう。

　では，なぜ，オスのチョウはメスよりも鳥に襲われないのか。それを明らかにするために，私はケニアの西部，世界最大の淡水湖のビクトリア湖の畔にあるカカメガの森で調査を行い，鳥の最適採餌戦略から説明できることを明らかにした。鳥は1日に必要なエネルギー量が決まっている。それを取り込めるかどうかは死活問題である。したがって，鳥は単位時間当たり最も効率的にエネルギーを取り込むように餌を選択している。周囲に価値の低い餌がいくらあっても，もし価値の高い餌が十分にあるなら，鳥は価値の高い餌だけを捕食する。そのような価値の高い餌は，胴部に卵が詰まっているメスのチョウであり，大型のチョウである。子持ちシシャモが十分にあるなら，通はオスのシシャモを酒の肴にしない。

　擬態は，このような餌として価値のある種や性に進化する。餌として価値があるだけに，鳥の高い捕食圧という自然淘汰がかかり，擬態は進化した。この最適採餌戦略と擬態のトレード・オフ関係から，チョウは3つのグループに分けられることが明らかになった。つまり，(1) 雌雄の両性がともに擬態したほうが有利な種，(2) メスだけが擬態したほうが有利な種，(3) 雌雄の両性とも擬態しないほうが有利な種である。擬態するのはより大型種のメスであり，両性が擬態するのは特に大型の種である。

　以上の結果は，ベルト以来の性淘汰仮説を否定している。それと同時に，ミューラーの頻度依存淘汰仮説から予測できる擬態率の決定メカニズムを修正

している。従来の負の頻度依存淘汰仮説は，擬態型があるレベル以上に達すると擬態のベネフィットが失われ，擬態型が警告色をもつだけ目立ち，鳥に襲われやすくなるとしている。それが擬態のコストであり，そのコストだけを擬態のコストとして，ベネフィットとコストの平衡点で擬態率が決まると予測している。この場合，原型は擬態型の犠牲者ではなく，鳥による捕食の被害は，擬態型と原型は等しいと考えられていた。しかし，私は擬態すること自体にコストがかかることを明らかにした。したがって，擬態率は従来の負の頻度依存淘汰仮説の予測とは異なって，もっと低い率で平衡に達する。この場合，擬態のコストを払っている擬態型は，コストを払っていない原型よりも，鳥による被害は少なくなる。しかし，両者の適応度は等価である。このことをまとめた私の論文は，2005年にイギリスの動物生態学誌 *Journal of Animal Ecology* に掲載された。さらに私は，ベイツ型擬態の進化にチョウの体温の違いや体温調節機構が深く関与していることを上記の論文で指摘した。

　本書では，150年前のベイツによるベイツ型擬態発見に至る科学史上の背景と，その発見が生物は神が創造したという創造論からダーウィンの進化論へと世の中の認識を大きく変えた過程をまず紹介する。そして，150年もの間，解き明かされないまま残ったベイツ型擬態のさまざまな興味ある謎と，その謎解きの変遷と，謎解きの変遷と平行して進展した進化生態学の変遷を解説するとともに，私がその謎解きに参加して行ったこと，明らかにしたことを紹介する。

Box 0-1　ヘリコニウス科の分類学的位置

　ここまで，本書では，ベイツ型擬態発見にかかわるモデル種を，ヘリコニウス科として統一してきた。ヘリコニウス科は，日本語でドクチョウ科と訳されている。したがって，ヘリコニウス科のチョウというとドクチョウ科のチョウのことである。ベイツがアマゾンに行くまでヘリコニウス（ドクチョウ）科とされていたチョウは，その後，ベイツによってヘリコニウス（ドクチョウ）科とマダラチョウ科の2つのグループに分けられた。現在は，両科はタテハチョウ科のヘリコニウス（ドクチョウ）亜科とマダラチョウ亜科に分けられている。

Box 0-1　ヘリコニウス科の分類学的位置

　そして，ベイツ型擬態の発見につながった無毒のシロチョウ科のチョウが擬態していたのは，マダラチョウ亜科のチョウに対してであった。ヘリコニウス（ドクチョウ）亜科のチョウに対してではない。このマダラチョウ亜科のチョウはさらに3つの族に分けられる。マダラチョウ族，ルリマダラ族，トンボマダラ族である。このうち，アマゾンの熱帯林に生息し，ベイツ型擬態のモデルになっていたのは，トンボマダラ族のチョウである。族の下の分類単位が属で，その下の分類単位が種である。
　日本に生息するマダラチョウ亜科のチョウは，マダラチョウ族とルリマダラ族だけで，トンボマダラ族は中南米にしか生息していない。したがって，アマゾンのマダラチョウ亜科は，日本のマダラチョウ亜科から連想するチョウの形態とはかなり異なり，細長い透き通った翅をもち，むしろヘリコニウス（ドクチョウ）亜科によく似たチョウである。なお，現代の分類学者のなかには，トンボマダラ族をマダラチョウ亜科から分離独立し，新たにトンボマダラ亜科を創設すべきだという主張もある。
　擬態のモデルというと，アマゾンをはじめとする南米に生息するヘリコニウス（ドクチョウ）亜科がしばしば例示される。この南米に生息するヘリコニウス（ドクチョウ）亜科は，ヘリコニウス（ドクチョウ）族のヘリコニウス（ドクチョウ）属のさまざまな種のチョウである。この属のチョウにはベイツ型擬態のモデルはあまりいない。ヘリコニウス（ドクチョウ）属が擬態の例としてしばしば紹介されるのは，まずい種どうしが相互に似る，ミューラー型擬態種を数多く含むからである。ベイツはミューラーに先立って，この変な臭いのするヘリコニウス（ドクチョウ）属のなかに，相互に似る種が存在することを知っていた。ただ，なぜ似るかの説明ができなかったので，ミューラー型擬態発見の栄誉をミューラーに譲る結果になった。ただし，ベイツが地域が異なると種は変化することを知る契機になったのは，マダラチョウ亜科のトンボマダラ族のチョウよりも数の多かった，ヘリコニウス（ドクチョウ）亜科のヘリコニウス（ドクチョウ）族のヘリコニウス（ドクチョウ）属のチョウによってである。
　実は，日本にもヘリコニウス（ドクチョウ）亜科のチョウは数多く生息している。豹柄模様のヒョウモンチョウのグループである。ヒョウモンチョウはヘリコニウス（ドクチョウ）亜科のヒョウモンチョウ族のチョウの総称である。このことを，読者は記憶しておいてほしい。12章で大きな意味をもってくるからである。

1章
ベイツの時代と進化論

ダーウィン以前の進化論

　ベイツ型擬態（Batesian mimicry）の発見と，ベイツ型擬態にまつわる謎解きは，進化生態学（evolutionary ecology）の発展と軌跡を重ねて進行した。本章では，ベイツが生きた時代の進化学がどのような展開の過程を見せたのかを描いていきたい。

　ダーウィンによる『種の起源（On the Origin of Species）』の出版に先立つ11年前の1848年，ベイツとウォレスがアマゾンに旅立つ直前に，ウォレスがベイツに宛てた手紙で，その旅を「種の起源の問題を解くため」の旅，と規定している。そして，『種の起源』が出版される2年前には，ベイツもウォレスも，「生存競争（struggle for existence）」，「適者生存（survival of the fittest）」，「自然淘汰（自然選択；natural selection）」で説明される進化の仕組みを理解し，自分たちを進化学者として認識していた。

　このように，進化論はダーウィンだけが考えていたわけではない。この時代に先立ち，地質学者たちは化石を調べることで，相同器官や痕跡器官の存在に気づき，生物は進化したと考えていた。たとえば，鳥の翼と獣の前肢は外見上の相違はあるが，発生的にも，器官の配置の基本形式である体制的にも同一である相同器官である。また，人間の尾骨や鯨の後肢骨のように，現在は退化し痕跡が残っているだけのものが痕跡器官である。これらの器官をもつ種は，基となる器官をもつ同じ種から分化した異なる子孫的種であると考えられた。しかし，このような化石を基にして当時の多くの地質学者が考えた進化の

メカニズムは，神が祖先的な種を創造し，神の意志で，神の設計図に従って，多くの種が生成され，現在の安定不変な状態になっている，というものだった。それによって，神が1日で作った生物がかくも多様に存在し，小さなノアの方舟(はこぶね)で救われた種がかくも多くいることが説明できたのである。

神を媒介としない進化のメカニズムを最初に説いたのは，『種の起源』を著したチャールズ・ダーウィン (Charles Robert Darwin, 1809‐1882) の祖父のエラズマス・ダーウィン (Erasmus Darwin, 1731‐1802) と言われている。祖父は孫の陰に隠れて現代ではあまり目立たない存在だが，往時にはイギリスきっての大文化人としてヨーロッパ世界の著名人だった。彼の本業は医師だったが，著名な詩人で，発明家で，植物学者で，自然哲学者であった。祖父が思弁で説いた進化論は，彼が63歳のときに出版した『ズーノミア：生物の生活法則 (Zoonomia, or The Law of Organic Life)』全2巻 (1794‐1796) と，71歳で死去した翌年に出版された詩集『自然の殿堂 (The Temple of Nature)』(1803) に収められている。彼の考えでは，人間を含むすべての生物は，海の中に生じた生命ある糸屑(いとくず)のようなものが元であり，刺激に応じて体の一部が変化して，その変化は子孫に受け継がれ，漸次いろいろな生物に進化した，というものだった。彼の思想のなかには，孫が説いた「生存競争」や「性淘汰 (sexual selection)」の考え方がすでにあった。

科学の体系を整えた進化のメカニズムを最初に提案したのは，フランス自然史博物館に勤めるジャン＝バティスト・ラマルク (Jean-Baptiste Pierre Antoine de Monet, Chevalier de Lamarck, 1744‐1829) である。ラマルクの長い名が示すように，彼はフランス貴族の家に生まれた。1789年のフランス革命の際には革命に熱狂的に賛同し，貴族の称号を投げ捨てている。彼が62歳のときに著した『動物哲学 (Philosophie Zoologique)』(1809) で，生物の個々の個体はその生涯の間に適応を生じ，それがその子孫に継承される，と主張した。この考え方は，エラズマス・ダーウィンに酷似している。ラマルクはその適応のメカニズムをもう少し踏み込んで考え，頻繁に使う器官は発達し使わない器官は退化する，という「用不用説 (use and disuse of characteristics)」と，個体が一度獲得した有利な形質は子孫に受け継がれる，という「獲得形質の遺伝説 (inheritance of acquired characteristics)」で説明した。彼は，そのような世代

の継承は，ある意味で完全なものに向かって，単純な生物から複雑な生物へと時間をかけて変化する過程である，という生物の「前進的発達論 (continuous process of gradual modification)」を考えた．ラマルクの主張は彼の全くのオリジナルな考えではなく，この時代に博物学者たちに流布していた考えをまとめたものである．これらの説は，その後の遺伝学の発達で否定された．しかし，現代の分子生物学者のなかに，生物の形態形成には物理的制約があり，進化はある枠組みのなかで方向性をもって進行する，と主張する人もいる．

　1400年代中ごろにヨーロッパで始まりアメリカ大陸の発見につながった大航海時代は1600年代の中ごろに終わり，1700年代は博物学者の海外学術探検の時代になっていた．それにより，博物学者は熱帯には多種多様な生物が存在し，それぞれが地域の違いで微妙に異なることを目の当たりにし，生物の進化，分化，多様化，のメカニズムを考えだしていた．特に，ダーウィンやベイツやウォレスに多大な影響を与えたのは，ドイツのアレクサンダー・フォン・フンボルト (Alexander von Humboldt, 1769-1859) の南アメリカ学術探検だった．

　フンボルトはドイツ，プロシアの貴族の出で，母の死後に政府の鉱山省の技師を辞め，30歳で母の遺産で南アメリカの学術探検に乗り出した．帰国後に21年間をかけて30巻にまとめた学術探検書『新大陸赤道地域の航海 (Le Voyage aux Regions Equinoxiales du Nouveau Continent)』(1807-1822) は，多くの博物学者に南アメリカへの学術探検の夢を掻き立てた．彼の探検は1799年から5年間にわたり，ベネズエラのオリノコ川がブラジルのアマゾン川と支流で結ばれていることを明らかにした．さらに，ペルー沿岸を流れるフンボルト海流や，その沿岸に住むフンボルトペンギンなどの名称にその足跡を残している．彼の業績は膨大で枚挙にいとまないが，最大の業績は等温線図の作成である．彼はこの旅で約6万種の動植物の標本を採集し，そのうちの数千種が新種だった．その採集した動植物の分布を，採集地の緯度や経度の地理的な要因と気候などの要因とを結び付けて説明した．その集大成が地理学の大著『コスモス (Kosmos)』全5巻 (1845-1892) で，彼は近代地理学の祖と称されている．彼は30代後半にはすでにヨーロッパでナポレオンに次ぐ有名人になっていたというが，コスモスの第1巻の出版は彼が76歳のときの1845年であり，第4巻が89歳の1858年，そして最後の第5巻が出版されたのは91歳で死去した2

年後の 1862 年であった。

ダーウィンの出現

　進化論の島ガラパゴス諸島に至ったダーウィンの航海も，フンボルトの影響だった。ダーウィン（図 1-1）は 1809 年にイギリスのシュルーズベリに生まれた。祖父と父は医者で，彼も祖父と父が卒業したエジンバラ大学の医学部に入学した。しかし，彼は麻酔術のない時代の子供に対する外科手術を目撃し，その残酷さに耐えられずに 2 年後に中退した。父は息子の挫折に失望し，息子を収入の多い聖職者にするために，今度はケンブリッジ大学の神学部に入学させた。入学後の息子は乗馬と狩猟，そして甲虫採集に熱中した。この甲虫採集を通してダーウィンは，ケンブリッジ大学に植物園を開設した植物学教授のジョン・スティーブンス・ヘンズロー（John Stevens Henslow, 1796-1861）と知り合った。このことが機縁でダーウィンはヘンズローの開講している自然史コースに参加した。

　1831 年，イギリス海軍は南アメリカと太平洋地域に木造帆船の測量船ビーグル号を派遣した。この年，22 歳でケンブリッジ大学を卒業したダーウィンは，ヘンズローの推薦でビーグル号に乗船した。父は反対したが，母の弟，後の妻の父のとりなしで実現したという。この叔父である舅は，イギリスの高級洋食器会社ウエッジウッドの 2 代目オーナー経営者である。

　専属の博物学者はすでに決まっており，彼は 26 歳の船長ロバート・フィッツロイ（Robert FitzRoy, 1805-1865）の無給の話し相手として採用された。採

図 1-1　ダーウィン。

用の決め手は，彼が高名なエラズムス・ダーウィンの孫である，という点もあった。フィッツロイは天気予報を確立した気象学者で，後にニュージーランド総督になった。ダーウィンが『種の起源』を出版したときに，ダーウィン支持派と批判派で大討論があった。その際にフィッツロイは批判派の中心人物だった。ビーグル号は1831年12月27日にコンワール半島中部のプリマスを出港し，南アメリカ，南太平洋，オーストラリア，インド洋を巡り，再び南アメリカに寄って，5年後の1836年10月2日に半島西部のファルマスに帰還した。

　ビーグル号の出港時，フィッツロイはロンドン大学教授のチャールズ・ライエル（Charles Lyell, 1797-1875）が書いた『地質学原理（Principles of Geology）』全3巻（1830-1833）のなかの，出版されたばかりの第1巻を，否定的な言葉を伴ってダーウィンに紹介したという。ライエルは，地質は長い年月をかけてゆっくりと変化するという「斉一説（uniformation）」を説いていた。斉一説はイギリスの地質学者ジェイムズ・ハットン（James Hutton, 1726-1797）が1785年にその骨格を発表した理論だが，難解な解説が原因で埋没していた。それをライエルが発展させ，世に広めたのである。当時の定説は旧約聖書創世記の「天地創造説（creation）」と同様に地質は天変地異で変化するという，フランスのパリ大学総長の古生物学者ジョルジュ・キュビエ（Georges Cuvier, 1769-1832）の説く「激変説（catastrophism）」だった。激変説では地球の歴史を約6,000年としていた。ダーウィンは斉一説に接し，動植物も長い年月をかけてゆっくりと変化するのではないかと考えた。航海中のダーウィンにとって，フンボルトの『新大陸赤道地域の航海』とライエルの『地質学原理』は座右の書になったという。

　地球の誕生年度を，旧約聖書を基にして計算するのが1600年代に流行した。『種の起源』が発表されたときに定着していた誕生年度は，イギリス国教会のアイルランド大主教ジェイムズ・アッシャー（James Ussher, 1581-1656）が1648年に発表した紀元前4004年10月23日午前9時説で，これは現在でも欽定英訳聖書の創世記の冒頭に書かれている。そのほか，ドイツの天文学者で，惑星の軌道をそれまで信じられていた神の作った完全円ではなく楕円とする，ケプラーの法則を考えたヨハネス・ケプラー（Johannes Kepler, 1571-1630）の紀元前3992年説，ケンブリッジ大学副学長で神学者だったジョー

ン・ライトフット（John Lightfoot, 1602‒1675）の紀元前 3929 年説，ケンブリッジ大学教授で万有引力や微積分を考えたアイザック・ニュートン（Isaac Newton, 1643‒1727）の紀元前 4000 年説が知られている．

現在，地球の年齢は約 46 億年と言われている．ダーウィンは化石類を含む地層の研究から，地球の年齢を少なくとも 3 億年と計算し，1859 年発刊の『種の起源』第 1 版に記入した．しかし，1862 年に，イギリス・グラスゴー大学教授のウィリアム・トムソン（William Thomson, 1824‒1907）に，その推定年齢を批判された．トムソンは後にケルビン卿（Lord Kelvin）と言われ，絶対温度 K（彼の名前の頭文字）を導入し，熱力学第二法則（トムソンの法則）を考えた物理学者だが，彼は球の冷却温度から地球の年齢は 2,000 万年と計算し，ダーウィンの進化論を批判した．ダーウィンは批判を受けて，その後に版を重ねた『種の起源』から地球の推定年齢を削除している．ケルビンの推測値が否定され，ダーウィンの名誉が回復するのはダーウィンの死後であり，その契機になったのは，1902 年のキューリー夫妻の放射能の発見である．以後の研究者は，放射性同位体の半減期の研究から，地球の年齢を推定するようになった．

ダーウィンが，南アメリカ大陸のエクアドルの沖合 1,000km 離れた赤道直下の太平洋上に浮かぶガラパゴス諸島に着いたのは 1835 年 9 月 15 日で，10 月 20 日まで滞在している．その 3 年前から，ガラパゴス諸島はエルアドル領有の囚人流刑地だった．ダーウィンとガラパゴス諸島というと，ダーウィン・フィンチが有名である．ダーウィン・フィンチはスズメほどの大きさの鳥で，ガラパゴス諸島には 13 種が生息し，利用している餌の違いなどから嘴の形態や生活習性が分化していた（当初は 14 種だったが，後に DNA 鑑定により 13 種に減った）．ダーウィンは，ダーウィン・フィンチを観察して，近縁種は生息する環境に適応して分化し異なる種に進化したものだ，と思い至った，と喧伝されている．しかし，現実のダーウィンは，後にダーウィン・フィンチが進化論に果たした重大な役割に気づかず，彼らを全く別個の種と考えて見過ごした．後年，ダーウィンはこのことを非常に後悔したという．『種の起源』でもダーウィン・フィンチにはほとんど言及していない．

ダーウィン・フィンチが相互に近縁種だと気づいたのは，鳥類学者のジョン・グールド（John Gould, 1804‒1881）だった．グールドは鳥類図鑑の制作

者で，最新の石版画の技法を用いて，数々の精密で美しい鳥類画を残している。彼はビーグル号が持ち帰った鳥の標本の整理を請け負い，主にフィッツロイの採集した標本から，ダーウィン・フィンチの類縁性に気づいた。ダーウィン・フィンチと言う名は，1936年にイギリスの医師で鳥類学者のパーシー・ロウエ（Parcy Lowe, 1870-1948）が，ダーウィンのガラパゴス諸島訪問100周年を記念して名づけた。ガラパゴス諸島でダーウィン・フィンチの本格的な研究を行ったのは，100年後のオックスフォード大学のデビット・ラック（David Lack, 1910-1973）だった。結局，ダーウィンに進化論のヒントを与えたのは，ガラパゴス諸島で見た体長20～30cmのマネシツグミや，南アメリカ大陸で発見したさまざまな化石類，そして，イギリスで接した人為的に多様に分化したイエバトだったという。

　1836年10月2日，ダーウィンが帰国したときには，彼はすでに著名な地理学者になっていた。航海の途上で恩師ヘンズローにたびたび送った化石や地理学的な報告文，それはライエルの斉一説を基にした考察だが，それらがヘンズローによって広められ，研究者のなかでダーウィンはすでに時の人になっていたのだ。帰国27日目の10月29日にダーウィンはライエルに会い，その後，終生の親友になっている。後にダーウィンが『種の起源』を書く契機になったのはライエルの勧めである。

　このとき，ダーウィンはライエルからリチャード・オーウェン（Richard Owen, 1804-1892）を紹介された。オーウェンは，後にベイツの標本の多くが収蔵されたロンドン自然史博物館の創設者で，「恐竜（dinosaur）」という語彙を考案した比較解剖学と古生物学の研究者だった。彼はダーウィンがビーグル号で持ち帰った化石類の整理を引き受けた。ダーウィンは，南アメリカ大陸で発見した巨大動物の化石骨を，アフリカに住むゾウやキリンのような巨大動物の類縁種だと考えていた。しかし，オーウェンは，その巨大化石は南アメリカに現存している小さな齧歯類やナマケモノの類縁種で，すでに絶滅した種のものであることを明らかにした。このオーウェンの研究結果は，その後ダーウィンの内部に形成されていく進化論に大きな影響を与えた。しかし，『種の起源』の出版後は，オーウェンはダーウィンの進化論に対する最大の批判者になった。

　ダーウィンの名声を確立したのは1839年に書いた『ビーグル号航海記（The

Voyage of the Beagle)』である。この本の初版は船長フィッツロイとの共著で，全4巻のうち，第3巻がダーウィンの分担だった。第4巻は索引である。ダーウィンは，航海中に家族に送った手紙類を基にして，この航海記を綴った。

　ダーウィンの父は息子の成功を喜び，ダーウィンがイギリス紳士として，また科学者として自活できるだけの基金を設けた。その年額は，当時の平均的中流家庭の年収の約10倍だった。帰国後のダーウィンは，帰国直後に王立地理学会の事務長をしただけで，31歳の1842年から死去する1882年までケント州ダウン村の緑に包まれた公園のような広大な敷地の家に籠り，研究と執筆に一生を捧げた。1843年に，ダーウィンは『ビーグル号航海記』を現在の普及版の単著に改めた。『種の起源』を出版するのは1859年で，ダーウィンが50歳のときのことである。

ベイツ南米に行く

　ベイツ型擬態の発見者ヘンリー・ウォルター・ベイツ（Henry Walter Bates, 1825-1892）（図1-2）も，フンボルトやダーウィンの影響を受け，南米の学術探検に憧れていた。ベイツは昆虫の採集家で，もともとはチョウの愛好家だった。しかし，北海道と同じ高緯度寒帯のイギリスにはチョウは66種しかいなかった。温帯の日本には約240種のチョウがおり，亜熱帯の台湾には約400種のチョウがいる。そして熱帯のボルネオ島には約2,000種のチョウがいるように，熱帯は種の多様性に富んでいた。進化論の賛同者だったベイツは，種の起源，進化による生物の多様性を説明するためには多様な種が生息する熱帯，特に南米での検証が絶対に必要だと考えていた。

　1848年，ベイツは友人のアルフレッド・ラッセル・ウォレス（Alfred Russel Wallace, 1823-1913）（図1-3）に誘われてブラジルに旅立った。旅立つ直前のベイツの職業はビール工場の事務員だった。ウォレスは兄の家業を継いだ測量家で，昆虫採集家だったが，もともとは植物愛好家だった。ベイツとウォレスは，1844年にイングランド中部の町レスターの図書館で知り合ったという。彼らはともにフンボルトの『新大陸赤道地域の航海』やダーウィンの『ビーグル号航海記』など，進化論に通ずる書物の書評の交換や，熱帯への学術探検の可能性を話し合った。特に，アメリカのチョウの分類家ウィリアム・ヘン

図1-2　ベイツ。　　　　　図1-3　ウォレス。

リー・エドワーズ (William Henry Edwards, 1822-1909) が1847年に出版した『アマゾン河遡行，あわせてパラの滞在 (A Voyage Up the River Amazon, with a Residency at Para)』は彼らにアマゾンでの学術探検を現実のものとして考えさせた。

　ベイツとウォレスがイギリスのリバプールからブラジルに旅立ったのは1848年の春である。そしてちょうど1カ月後にアマゾン川の河口の町パラ（現ベレン）に到着している。彼らがベイツ型擬態のモデルとなるヘリコニウス亜科 Heliconiinae やマダラチョウ亜科 Danainae のチョウに接したのはパラに到着早々のことである。そして，その後，アマゾン川の支流のいたるところで両亜科のチョウを見ることになる。3カ月後に，彼らは競合を避けて調査地域を分割した。ベイツがアマゾンに到着した1年後の1849年に，彼はパラから800km離れたオビドスに到達した。パラとオビドスに分布する両亜科のチョウは，一見して類縁関係のない全く別個の種のように見えた。しかし，ベイツは，パラとオビドスの間に広がる土地に，2つの町のチョウを結ぶ一連の漸次的な変異があることに気づいていた。

ウォレスのサラワク論文

　一方のウォレスは4年後にマラリアにかかりイギリスに帰国したが，1854年にマラリアから回復し，今度は1人でマレー群島に出かけて8年後の1862年まで滞在している。マレー群島とは，現在のマレーシア領の島々や，シンガ

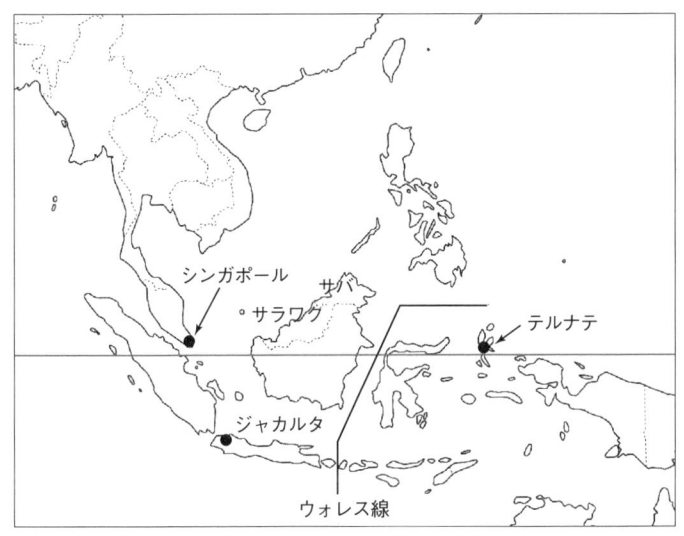

図 1-4 マレー群島の概観図。ウォレスはシンガポールに上陸した。ダーウィンが種の起源を書く契機になったウォレスのテルナテ論文は，テルナテ島から投函された。

ポール，インドネシア，パプア・ニューギニアの総称である。ウォレスは，まずシンガポールにやってきて，その後，ボルネオ島やインドネシアの島々に滞在した。この旅に彼が携行したのが，ダーウィンの『ビーグル号航海記』とライエルの『地質学原理』である。この探検で，彼はインドネシアのバリ島とロンボク島を分けるロンボク海峡の東と西で生物相が異なることを発見した。現在，東をオーストラリア区，西を東洋区と言い，分ける線はウォレス線 (Wallace's line) と名づけられている (図 1-4)。帰国後に，彼はそれまで鳥の分布で分けられていた生物地理区 (biogeographical region) に他の脊椎動物や無脊椎動物を含め，新たに6つに分けた生物地理区を提案している。帰国後に書いた2編の生物地理学の書『動物の地理的分布 (The Geographical Distribution of Animals)』(1876) と『島の生活 (Island Life)』(1880) によって，彼は生物地理学 (biogeography) の創始者と呼ばれている。なお，現在，生物地理区は8つに分けられている。

　ウォレスは，マレー群島滞在中に数編の学術論文を書いているが，そのなかに進化論上重要な論文が2編含まれている。1つは，1855年にボルネオ島の

サラワクで書き，後にサラワク論文（Sarawak Article）として知られた「生物の新種を支配する法則について（On the Law Which Has Legulated the Introduction of New Species）」である。もうひとつは，1858年にインドネシアのモルッカ諸島の小さな火山島，小豆島より小さなテルナテ島から投稿したことで，後にテルナテ論文（Terunate Article）として知られるようになった「変種が元の型から限りなく遠ざかる傾向について（On the Tendency of Varieties to Depart Indefinitely from the Original Type）」という論文だった。

　サラワクは，現在，マレーシア，ブルネイ，インドネシアの3カ国に分割されているボルネオ島の中のマレーシアの1州である。マレーシアは13州から構成されているが，ボルネオ島にサラワク州とサバ州の2つの州を領有している。ウォレスがサラワクで書いたサラワク論文は，近縁種の分化のメカニズムを説いたものである。

　サラワク論文の基本的な考えは，ビーグル号船上でダーウィンが影響されたライエルの『地質学原理』に負うもので，「あらゆる種は，以前に存在した近縁種と時空的に重なりあって出現した」という，後にサラワク法則（Sarawak law）と呼ばれる学説を主張していた。つまり，大陸は沈下と隆起を繰り返す。その結果，もともと交流可能な地域に住んでいた同一種の生物も，大陸の沈下が原因でいったんは相互に分離され隔離され，別の進化の道を歩んだ。その後，隆起が原因で再び同一の地域に住むことができるようになった。生物に見られる大きな変異が生じた原因の1つは，この大陸の沈下と隆起による，というものだった。彼のこの主張は「博物学報および雑誌（Annuals and Magazine of Natural History）」に掲載された。

　これは現在で言う，異所的種分化（parapatric speciation）の機構を説明したものである。サラワク論文はアマゾンの奥地にいたベイツの目にとまり，1857年にインドネシアにいたウォレスのもとに，この論文に全面的に同意したベイツの讃辞の手紙が届いている。ベイツはこの論文を読んで，彼自身がアマゾンで観察した事象と照らし合わせ，生物は進化することを確信した。そして，彼自身も進化論者であることを自覚した。

　ウォレスはサラワク論文を添えてダーウィンに初めて手紙を出した。この論文をダーウィンは彼の後塵を拝している論文程度にしか受け止めなかった。し

かし，ダーウィンの親友のライエルの目にとまり，彼の注目を引いた。ライエルは進化論を信じていなかったが，ダーウィンにサラワク論文の印象を語った。そのとき，ダーウィンは初めて彼が構想を温めていた進化論の全貌をライエルに話した。ライエルはそれでも進化論には賛成しなかったが，ダーウィンの理論とウォレスの理論の類似性を知り，進化論に対するダーウィンの優先権を保つために早く本を書くことを勧めた。ダーウィンは時期尚早として最初は躊躇したが，やがてライエルの強い勧めに従って，未完に終わった自然淘汰の大著を書き出した。しかし，まだ余裕のあったダーウィンはウォレスに励ましの返信を出した。高名なダーウィンから返信をもらったウォレスは，1858年にその喜びをアマゾンにいるベイツに書き送っている。

ウォレスのテルナテ論文

1858年，ウォレスがベイツに喜びの手紙を送った直後に書いたテルナテ論文は，ウォレスがダーウィンと同様に，トーマス・ロバート・マルサス (Thomas Robert Malthus, 1766-1834) の『人口論 (An Essay on the Principle of Population as It Affects the Future Improvement of Society)』(1798) の記述をヒントに，病床で一夜にひらめいた論文として有名である。ウォレスが『人口論』に初めて接したのはベイツと出会ったレスターの町の図書館で，1844年のことである。

マルサスの主張を繰り返すと，人口は等比級数的に急激に増加するが，食糧は算術級数的に徐々にしか増加しない。そして，この2つの級数を均衡に導き人口の増加を食糧の増加なみに抑える要因として，人間には，飢餓や病気のような死亡率に関する積極的抑制と晩婚による出生率の低下のような予防的抑制が起こるとした。

そこでウォレスは，人間だけでなく，生物一般も，生き残っていける数よりも多い個体が生みだされ，その結果，同種の生物には生存のための競争が起きると考えた。その際に，生存するためには，たとえわずかでもその生物にとって有利な形で変異が起こったなら，その個体はそれだけ生き残る可能性が高くなり，子孫を残すために，有利な形質が自然に淘汰され進化すると考えた。

論文の内容の自然淘汰によって適者が生き残る，という主張は，まさにダー

ウィンがビーグル号の航海から戻った後の20数年間構想を温めてきた進化論と同じ内容だった。ダーウィンがウォレス同様にマルサスの『人口論』を読んで自然淘汰を思いついたのは1838年だと言われている。このテルナテ論文はダーウィンに直接送られ，添えた手紙には，もしこの論文に見込みがあるなら，『地質学原理』の著者であるライエルに論文を送って意見を聞いてほしいと書いてあった。

『種の起源』の出版

テルナテ論文はダーウィンを驚愕(きょうがく)させた。このウォレスの論文が世に出ると，進化論の優先権はウォレスのものになるとダーウィンは考えた。悩んだ末にダーウィンは，ライエルと，ロンドン大学教授で植物分類学者のジョセフ・フッカー (Joseph Dalton Hooker, 1817-1911) に悩みを相談した。フッカーは，ダーウィンが種は不変でないと考えていることを最初に告白した友人で，ダーウィンの20数年間に及ぶ構想を知っていた。ライエルとフッカーは，テルナテ論文が投函された1858年のリンネ協会 (The Linnean Society of London) の会議で，ダーウィンの考えている進化論の概要と，ウォレスのテルナテ論文を同時に紹介することをダーウィンに勧めた。7月1日の会議では，2人の責任のもとに，2つの論文は彼らによって読み上げられた。この日，ダーウィンは幼い息子の病死が原因で学会には出席していない。その後出版された講演の紀要はダーウィンとウォレスの共著という形になった。

共著論文の題は「変異の永続性と種の分化に果たす自然淘汰の役割 (On the Perpetuation of Varieties and Space Species by Natural Means of Selection)」と言い，三部に分かれていた。第一部はダーウィンの進化に対する試論である。第二部はダーウィンがアメリカ・ハーバード大学教授で植物分類学者のエイサ・グレイ (Asa Grey, 1810-1888) に宛てた手紙である。ダーウィンは，テルナテ論文を受けとる前年の1857年に，グレイに対して進化論に関する手紙を書いていた。この手紙はダーウィンがウォレスのアイデアを盗んだのではないことを実証するために挿入された。第三部はウォレスが1858年2月にダーウィンに送ったテルナテ論文である。

ダーウィンは執筆中の未完に終わった自然淘汰の大著を中断して，急遽(きゅうきょ)そ

れよりも短い『種の起源』を書き，翌 1859 年に初版を刊行した。もしダーウィンがテルナテ論文を知ることがなかったなら，進化論を唱えた優先権はウォレスにあったかもしれない。共著になった紀要の第一著者はダーウィンである。このことを，ダーウィンは気にしていたという。しかし，進化論をダーウィニズムと初めて表現したのはウォレスその人である。1889 年にウォレスは『ダーウィニズム (Darwinism)』という表題の本を出版して，進化論の解説をしている。

オックスフォード大学自然史博物館での大討論

　オックスフォード大学は英語使用圏での最古の大学で，ロンドンの北西 90 km に位置するオックスフォード州の州都オックスフォード市にある。市は人口 13 万余と小規模だが，「夢見る尖塔の都市 (the city of dreaming spires)」と呼ばれている。尖塔を伴うオックスフォード大学の建築群が町を形造っているからだ。オックスフォード大学の記録上の開校は 1214 年だが，実際はいつ開校されたのか定かではないそうで，1096 年に講義が行われていた記録がある。1167 年に最初のホール（寮）が作られ，1263 年に最初のカレッジ（学寮）が設置された。現在は 39 のカレッジと 7 つのホールがあり，すべての学生と教職員はいずれかのカレッジかホールに属し，3〜5 人の小クラスで講義を受けるとともに，専門とする学科に通っている。

　オックスフォード大学に自然史博物館が創設されたのは 1860 年だった。オックスフォード大学の自然史博物館はビクトリア朝時代の荘厳なゴシック建築だが，中央には従来の石柱に代わる鋳鉄と錬鉄による数多くの細い支柱とアーチに支えられた巨大な吹き抜けのガラス屋根のセンター・コートがある。支柱を飾る柱頭彫刻も，石材ではなく，金属という全く新しい素材で，当時の最新の近代建築であることがうかがわれる。

　このオックスフォード大学自然史博物館で，創設されたのと同年の 1860 年 6 月 30 日と 7 月 1 日の 2 日間にわたり，科学史に残る王立協会の会議があった。王立協会 (The Loyal Society) は 1660 年にイギリスに設立された世界最古の学会で，科学のあらゆる分野を包含し，現在は毎年会員によって，新たな国内会員 44 名と外国会員 6 名が選ばれている。王立とあるのは，会に対する

不当な干渉を排するために国王の許可を得て設立したことを示しており，国王が実際に関与しているわけではない。ダーウィン自身は，ビーグル号の航海から帰国した直後の 1839 年に会員に選出されている。

会議では，前年度に出版されたダーウィンの『種の起源』を巡って，支持派と批判派が激突した大討論が展開された。このときの一般聴衆は 1,000 人を超えたという。支持派の論客は王立鉱物学校（後のロンドン大学インペリアル・カレッジ）の生物学者トーマス・ハクスリー（Thomas Henry Huxley, 1825‐1895）で，彼は『種の起源』を読んでダーウィンの進化論の熱烈な支持者になった。後にハクスリーは，人間はサルと類縁関係にあることを説いた『自然界における人間の位置についての証拠（Evidence as to Man's Place in Nature）』(1963) を出版した。ハクスリーを援護したのは彼とダーウィンの共通の友人だったフッカーだった。

なお，ハクスリーは不可知論（agnosticism, 1868）の提案者である。不可知論は，形而上の存在，たとえば，神の存在や死後の世界のような客観的本質的な実存を認識することは不可能である，とする哲学的な立場で，彼は不可知論でやんわりと神の存在を否定したのである。彼は進化論を熱烈に支持し，ダーウィンの番犬（Darwin's Bulldog）と自称したが，ダーウィンの多くの学説には反対した。彼は自然淘汰よりは，事物の本質ないし原理は物質や物理的現象である，と考える唯物論的科学（materialism）に対する興味があった。したがって，生物が神の意志や創造ではなく，物質から生命が誕生し，多様な生物種に進化したという進化論を支持したものと思われている。

批判派の中心は，クライスト・チャーチ大聖堂（オックスフォード大聖堂）の司教であるサミュエル・ウィルバーフォース（Samuel Wilberforce, 1805‐1873）と，ダーウィンの持ち帰った化石類を整理した大英博物館自然史分館分館長のオーウェン，そしてビーグル号の船長だったフィッツロイだった。

クライスト・チャーチ大聖堂はオックスフォード大学の主要なカレッジ，クライスト・チャーチ・カレッジの主体となる大聖堂で，オックスフォード大学の大聖堂であるとともに，イギリス国教会オックスフォード主教管区の司教座聖堂も兼ねていた。ウィルバーフォースは，その大聖堂の司教であるとともに，王立協会の会員でもあった。この会議では，彼は司教という立場より王立協会

の会員の立場で，ダーウィンの主張する，生存競争，適者生存，自然淘汰を具体的に立証する事実はないことを指摘して，ダーウィンの進化論を批判した。

オーウェンは，古生物学者として種は進化することは認めていた。しかし，彼が主張する進化は，種の生成は神の御心のなかにある大いなる意志によって配剤された変化であり，神により設計された法則に従う方向性があった。それをダーウィンが方向性をもたないランダムな自然淘汰説で否定したことに感情的になっていた。特に，彼は，人間は神の意志によって万物の霊長とされ，他の動物との間には決定的な差があると考えていたので，ダーウィンに同調して，人間とサルは類縁関係にあると説くハクスリーと激しく対立した。フィッツロイも，オーウェンと似たような立場でダーウィンに裏切られた気持ちで討論に参加したと言われている。

ベイツ型擬態の発表

そのような大討論の余熱冷めやらぬ1861年に，ベイツによってベイツ型擬態（図1-5）が発表されたのである。ベイツは1859年6月にイギリスに帰国していた。同年の11月に出版されたダーウィンの『種の起源』は世の中の大きな反発を受けた。何よりも，ウィルバーフォースが批判したように，進化を実証する具体的な例がないことが批判に勢いをもたせた。ベイツはベイツ型擬態の発見とマレー群島に滞在するウォレスとの手紙のやりとりから，アマゾン滞在中から彼自身が進化論者であることを確信していた。しかし，イギリスに帰国した直後に出版された『種の起源』を一読し，彼の発見したモデル種の分布や擬態の存在が，ダーウィンの主張する生存競争と自然淘汰で子細に美しく説明できることを知ったのだ。

ベイツは彼の発見を帰国直後の1860年の3月と11月のイギリス昆虫学会の例会で「アマゾン流域の昆虫相への寄与（Contributions to an Insect Fauna of the Amazon Valley）」という表題で，『種の起源』で得たばかりの理論に沿って，種と変種の地理的分布と種と変種の関係を進化論的見地から発表した。発表は論文としても出版された。その論文の価値を最初に認めたのはインドネシアのスマトラ島にいたウォレスで，1861年12月に，ベイツに宛てた手紙で，「この論文は君の名声を確立すると同時に，ダーウィン説のわかりやすさと整

図 1-5 ベイツ型擬態種。上は擬態種のシロチョウ科コバネシロチョウ属のチョウで，下はモデル種のマダラチョウ亜科のトンボマダラ族のチョウである。

合性をよく説明するものとなるだろう」と書いている。ベイツはその論文を添えてダーウィンに初めての手紙を出した。論文の内容は，ダーウィンを喜ばせるのに十分だった。ベイツはダーウィンから賛辞に満ちた返信を受けとった。

　ベイツがそれまで論文の発表の場としていた昆虫学会や動物学会は，当時，その会員の多くはアマチュア研究者で占められていた。そこで，ベイツは，今度はプロの研究者で構成されているリンネ協会の会合で講演することにした。その3年前に，ダーウィンとウォレスも共著の進化論をリンネ協会で発表していた。リンネ協会は現在でも権威ある博物学の学会だが，当時，最も権威ある博物学の学会だった。

　リンネ協会の名称は，生物の学名を属名と種名の組み合わせの二名法で表すことを考えた「分類学の父」，スウェーデンのカール・フォン・リンネ（Carl von Linné, 1707-1778）に由来する。リンネとリンネの息子の死後，標本を含むリンネのすべての学問的遺産は，リンネと親交のあったイギリスの植物学者ジョセフ・バンクス（Joseph Banks, 1743-1820）によって買い取られた。バンクスは，若い友人である植物学者のジェイムズ・エドワード・スミス（James Edward Smith, 1759-1828）に，それらすべてを無償で譲ろうとした。しかし，スミスは固辞した。それで，代わりに安価な代金を支払ってもらうことで譲り渡した。スミスは25歳の1784年にこれらを手にいれ，ロンドンのバーリント

ン・ハウスに収蔵した。そして，1788 年にバーリントン・ハウスに本部を置くリンネ協会を設立し，初代協会長になった。

なお，バンクスは，1768 年から 1771 年まで南太平洋の学術調査に出かけ，ブーゲンビリア，ユーカリ，アカシア，ミモザなどを初めてヨーロッパ社会に紹介している。彼が乗船した船がイギリス海軍の帆船エンデバー号で，船長がジェイムズ・クック (James Cook, 1728-1779) だった。この航海はイギリス海軍の測量調査が目的だったが，バンクスは子供のころからの知り合いの海軍大臣でサンドイッチの語源の基になったサンドイッチ伯爵 (John Montagu, 4th Earl of Sandwich, 1718-1792) に頼み，25 歳のときに自費で自分自身の学術調査団を組織して参加した。調査団員のなかには植物画を描く多数の画家が含まれていた。このときに描かれた絵は，現在，日本でも人気のあるボタニカル・アートの源流で，銅版にしてバンクス植物図譜として大英博物館に収蔵されている。彼らの航海は世界一周旅行で，途中オーストラリアに上陸して，イギリス領有を宣言している。

リンネ協会におけるベイツの講演は 1861 年 11 月 21 日で，擬態の問題を自然淘汰の実例として発表した。翌 1862 年にその講演の紀要，一連の発表と同名の『アマゾン流域の昆虫相への寄与，鱗翅目：ヘリコニウス科 (Contributions to an Insect Fauna of the Amazon Valley, Lepidoptera: Heliconidae)』が出版された。この 1862 年が，科学史に公式に残るベイツ型擬態発見の年である。

ベイツのリンネ協会での講演は，進化論の支持者たちに強い感銘を与えた。ベイツの講演に先立つ 3 年前に，リンネ協会でダーウィンとウォレスの共著論文が読み上げられた。その際に，ダーウィンがウォレスよりも先に自然淘汰に基づく進化論を考えていたことを立証するために，ダーウィンが，ハーバード大学のグレイに宛てた手紙が読み上げられた。そのグレイは，ダーウィンへの手紙で「ベイツの論文は，これ以上望めないくらい間近に種が作られる過程を説明している」と書いた。ダーウィン自身は，論文に対するコメントを『博物学評論』に寄稿し，「この地球上における新種の創造をこれ以上望めないほど間近に見る思いがすると言っても過言ではない」と述べている。

このリンネ協会での発表の後に，ダーウィンはベイツにアマゾン紀行を書くことを強く勧めた。ダーウィンは勧めるだけでなく，出版社のジョン・マレー

社を紹介し，契約条件や本の形式についても助言した．さらにダーウィンは原稿にも目を通した．1863 年にベイツ著の『アマゾン河の博物学者 (The Naturalist on the River Amazon)』が出版されると，ダーウィンは「ベイツはフンボルトにつぐ唯一の人です」，「この本は英国で今までに出版された最高の博物学探検記です」と，事あるごとにこの本の宣伝を行ったという．『アマゾン河の博物学者』の日本語翻訳版は 133 年後の 1996 年に出版された．

　ベイツとダーウィンの温かい親交はダーウィンが死去する 1882 年までの 20 数年間続き，数多くの往復書簡が残っている．『アマゾン河の博物学者』出版以後のベイツの研究は，論理的な側面を離れ，大英博物館に売却した膨大な採集品の分類と記載に費やされている．しかし，彼がアマゾンで得た豊かな知見，特に，生物の雌雄間の相違に関する知見は，1872 年にダーウィンが発表した性淘汰理論に生かされていることは疑いの余地がない，とベイツの評伝『ベイツ：アマゾン河の博物学者 (Henry Walter Bates, Naturalist of the Amazons)』で著者のジョージ・ウッドコック (George Woodcock) は言及している．

メスしか擬態しないベイツ型擬態種

　ベイツ型擬態の論文が世に出た 1862 年に，ウォレスもマレー群島より帰国した．帰国後のウォレスはさらに科学史に残る記録を幾つか加えている．

　1864 年にダーウィンとウォレスの間で警告色を巡っての論争があった．警告色については後に詳述するが，派手で目立つ色がどうして進化したのか，『種の起源』を最初に書いた時点でダーウィンはわからなかった．当初，自然淘汰で説明を試みたが，捕食者にとっても餌種にとっても目立つことが適者生存で自然淘汰されることを説明できなかった．そこで，性淘汰で説明を試みた．しかし，性淘汰での説明はウォレスに反対された．ウォレスは，派手で目立つ色は，まずい種がまずさをアピールするうえで自然淘汰された警告色だと主張した．ダーウィンはこの主張の妥当性を納得した．警告色の最初の発見者がウォレスなのかベイツなのかはわからない．ベイツの発見したベイツ型擬態は警告色の理解を前提としている．しかし，ダーウィンとウォレスの論争が，その後，警告色というとウォレス，というように，警告色とウォレスの強い関係を科学史に残した．

チョウのベイツ型擬態はメスだけが擬態していた。それに最初に気づいたのはウォレスである。マレー群島から帰国後に，ウォレスはベイツ型擬態のモデル種が，地域が異なると次第に変化する，という発見に触発され，マレー群島で採集したアゲハチョウ科のチョウの標本を調べて，ベイツ型擬態がメスだけに発現していることに気づき，「マレー地域のアゲハチョウ科によって説明される変異と地理的分布の現象について（On the Phenomena of Variation and Geographical Distribution as Illustrated by the Papilionidae of the Malayan Region）」(1865) に書き残している。しかし，なぜメスだけが擬態する種がいるのか，ウォレスはわからなかった。

メスだけが擬態する理由を，1874年に，ベルトはダーウィンが1871年に提唱した性淘汰を持ちだして，メスによる異性間性淘汰の結果だと提案した。性淘汰についても後に詳述する。しかし，ウォレスはダーウィンの提唱した性淘汰説自体に最後まで反対した。その原因の1つは自然淘汰に対する2人の考え方の差であった。

ダーウィンの自然淘汰は，生存と繁殖をかけて同種の間で生存競争が起こることが論理の柱である。一方のウォレスの自然淘汰は，生物地理的に異なる場所で環境圧力が変種や種にかかりそれぞれの生息場所に適応していくという論理である。現代的な解釈をすると，ダーウィンは生物間の相互作用を重視し，そこから性淘汰という考え方が生まれている。一方のウォレスは天候などの物理的機械的淘汰圧を重視した。したがって，メスの好み（female choice）のような恣意的とも思える淘汰圧を受け入れることはできなかった。

この論争は，人類の進化に対する見解で，2人を全く逆の異なった方向に導いた。ダーウィンは人間の進化も自然淘汰で説明を試みた。この試みは，次第に進化論を受け入れるようになった社会で，優生学（eugenics）や人種差別の論理として悪用されるようになった。熱帯地域での滞在が長いウォレスは，地域による人類の文明の差は認めたが，個々の人間の能力の差は認めず，そのような風潮に反発して，人間を進化の例外においた。そして，次第に心霊的なものに興味をもち，死後の霊魂との交信を試みる交霊会を主催するようになった。

しかし，ウォレスは自然淘汰そのものを捨てたわけではない。1889年に自然淘汰を説明した『ダーウィニズム』で，彼は，後に「ウォレス効果（Wallace effect)」と呼ばれるようになった種分化のメカニズムを説いている。

　ある状況に少しでも異なる適応を獲得した変種が生まれたとする。すると，ある時点から異なる変種間の交雑個体よりも同じ変種内で生まれた個体のほうがより適応的であり，交雑個体は不適応なので自然淘汰されて絶滅する。そのような状況下では自然淘汰が交雑を妨げる生殖隔離として作用し，異なる変種が別種として分化するのを促進する。

　それまでの種分化のメカニズムは，ウォレスがサラワク論文で説いたように，分布を拡大した同じ種が異なる環境に適応して次第に別種になっていく，という異所的種分化で説明されていた。しかし，このウォレス効果と呼ばれる考え方は，異所的種分化とは別の同所的種分化（allopatric speciation）のメカニズムとして現代生態学でも熱く注目されている考え方である。

Xクラブとネイチャー

　ダーウィンが『種の起源』をなかなか世に問わなかったのには理由があった。時代の生物観は聖書に記されている創造論であり，創造論を唱える教会勢力は世の中の隅々にまで影響力を発揮していた。その結果，大学や博物館に勤務する公職の博物学者が進化論を称えることは，職を失うことにつながった。たとえば，本書では，ベイツ型擬態に関与した人物のなかで，この時代に生きた人物5人を取り上げて特別に言及した。ベイツ，ウォレス，ダーウィン，そして，メスだけに発現するチョウのベイツ型擬態の要因を性淘汰だと提唱したトーマス・ベルト（Thomas Belt, 1832-1876）と，すべてのメスではなく一部のメスだけが擬態するベイツ型擬態の理由が負の頻度依存淘汰説（negatively frequency dependent selection）で説明される基になったミューラー型擬態の正の頻度依存淘汰（positively frequency dependent selection）を提唱したフランツ・ミューラー（Fritz Müller, 1821-1897）（図1-6）である。

　このなかの人々で，大学で博物学の正規の教育を受けたのはドイツのミューラーだけである。彼はベルリン大学で博士号を取得した。彼はさらにグライフスヴァルト大学で医学も修めている。他の人々は，たとえばダーウィンはエジンバラ大学医学部を中退しケンブリッジ大学で神学を修めたが，博物学者としてはアマチュアで，裕福な医者である父親の資産で一生を過ごした。ベイツは

図 1-6　ミューラー。

ビール工場事務員で，ウォレスは測量技師である。そしてベルトは鉱山技師で，誰も博物学の正規の教育を受けておらず，公職にもついてはいなかった。唯一のプロの博物学者のミューラーも進化論に同調することにより教会勢力の圧力で大学を追われ，完全自給自足の農業者を目ざしてブラジルに移住した。

　このように，正規に博物学を修め大学や博物館などの公的研究機関に所属している研究者には進化論に同調できない状況があった。そのような時勢のなかで『種の起源』を公表するために，ダーウィンは完璧を期したかった。彼は生物の進化に関するさまざまな傍証を得ていた。しかし実証例がなかった。だが，ウォレスの出現により，押し出されるような形で『種の起源』を出版したのである。

　『種の起源』の出版後のオックスフォード大学自然史博物館における進化に対する大討論でダーウィンを熱烈に支持したハクスリーは，1864 年に公的研究機関の研究者も進化論を論ずることのできる定期的な研究集会を立ち上げた。しかし，会場は教会勢力をはばかり，大学や博物館のような公的機関ではなくロンドンのセント・ジョージホテルの一室で，月一度の晩餐会という体裁をとった。この研究集会は X クラブ (X-Club) と名づけられた。その集会での発表内容は 1869 年より研究報として発刊されるようになった。これが現在世界で最も権威ある科学誌と言われる *Nature* である。

進化と適者生存

　ここまで，私は進化 (evolution) という言葉を幾度か用いているが，X クラ

ブが結成された時代まで，ダーウィンが進化という言葉を使った形跡はない。ダーウィンは『種の起源』を 12 年間に 5 度書き改め，6 版まで出版している。進化論に対して強い批判が出るたびに，その批判に対応すべく加筆修正されていったのだ。彼が，進化という語彙(ごい)を用いたのは，1872 年に出版した第 6 版だけで，しかも数カ所だけである。進化の代わりにダーウィンが用いた言葉は，「穏やかな変化 (ascend with modification)」だった。

　本書を書いているときに，私は，進化という語彙を現在使われている意味で初めて使ったのはダーウィンの祖父のエラズマス・ダーウィンだ，という日本語の記述を目にした。進化という語彙は，本来，内側に巻き込んでおいたものを外側に展開することを表す語彙だったという。孫は実証主義者で，祖父の思弁で進化を語るスタイルを嫌って，祖父の使った進化という言葉自体を意図的に避けた，と記述してあった。

　さらに，私はそれとは異なる日本語の解説にも出会った。進化という語彙を作ったのはイギリスの哲学者で社会学者のハーバート・スペンサー (Herbert Spencer, 1820 – 1903) で，『種の起源』出版の 7 年前の 1852 年に，『発達仮説 (The Developmental Hypothesis)』ですでに進化の考え方を発表している，と記述してあった。当時，スペンサーは，現代でもイギリスを代表する雑誌 *The Economist* の副編集長だった。ダーウィンにとって，スペンサーの進化論は，人間の功利主義や自由競争という社会現象からの思いつきを基にした荒っぽい議論で，近代科学とは言い難く，自分の主張がスペンサーの思想と混同されることを嫌って「進化」という語彙の使用を避けた，と解説してあった。

　そこでまず，私はエラズマス・ダーウィンの著作のなかの進化に関する部分や，彼を紹介する幾つかの英語の文献を読み返してみた。しかし，どこにも，進化 (evolution) という語彙は見いだせなかった。代わりに，展開 (unrolling) という語彙を用いて進化の概念や進化の過程を説いていた。また，彼の紹介文に，進化の概念や進化の過程を初めて説いた人，というような表現に幾つか出会った。この表現が，ひょっとすると，日本語の解説では，進化 (evolution) という語彙を言い出した人，と飛躍させた可能性を感じさせた。

　次に，スペンサーが進化について初めて書いたという「発達仮説」を読んでみた。これは，スペンサーが匿名で雑誌 *The Leader* に書いた短いエッセイだっ

た。このエッセイでは，確かに「進化 (evolution)」という語彙を進化の意味で用いていた。しかし，読者はすでにこの語彙の意味を知っているかのように解説抜きに唐突に使われており，語彙の定義や，新しい語彙の提案，といった体裁はなかった。私には，このエッセイで進化という語彙が初めて現在の進化という意味で使われたとはとても思えなかった。

　これらのことを調べている過程で，エラズマス・ダーウィンとスペンサーを結ぶ興味深い絆を知った。エラズマス・ダーウィンは，自宅で晩餐をともにしたサロンを幾つか主宰していた。そのなかに，1784年に設立したダービー哲学協会がある。これは博物学や自然哲学を語る会で，後に会場をホテルに移し，さらに図書館や博物館をも持つような組織に発展した。このダービー哲学協会にスペンサーも参加し，事務長を勤めていた時代があった。もちろん，スペンサーが参加したときにはエラズマス・ダーウィンは物故している。しかし，この協会で，スペンサーはダーウィン以前の進化論である，エラズマス・ダーウィンやラマルクの進化論を学んだであろう。スペンサーは反権力者の父の方針で公教育を受けずに父が自ら教育した，基本的には独学の人である。その点で，彼の進化論形成にダービー哲学協会が果たした役割は非常に大きかったと想像される。

　事実，スペンサーが『種の起源』に先立つ2年前に実名で初めて書いた進化論『発達：その法則と原因 (Progress: Its Law and Cause)』(1857) と，その5年後に前書を発展させた『哲学新体系の第一原理 (First Principles of a New System of Philosophy)』(1962) は，サミュエル・コールリッジ (Samuel Taylor Coleridge, 1772-1834) の『生命の論理 (The Theory of Life)』(1848) に深く影響されて書いた，という記述に出会った。コールリッジは，ビクトリア朝期に確立されたイギリス詩界のロマンチシズムを代表する詩人の1人で，思想家でもあった。彼はエラズマス・ダーウィンのサロンに出入りしており，「エラズマス・ダーウィンは，おそらくヨーロッパのいかなる人物よりも広範な知識をもち，最も才能ある哲学的な人だ」という言説を残している。『生命の論理』は，コールリッジの死後14年目の1848年に出版されている。『生命の論理』は，一読して，エラズマス・ダーウィンやラマルクの影響を強く感じさせる内容だが，それと同時に，1826年に哺乳類の卵子を初めて発見し，発生学

(embryology) を創設したドイツのカール・アーネスト・バエル (Karl Ernst von Baer, 1792-1876) の影響を受けていた。

Evolution という語彙は，発生学では，あらかじめ用意された個体の構造が展開生成する過程を表す語彙である。『生命の論理』のなかで，コールリッジは名詞としての「evolution」と，動詞としての「evolve」を何度も用いている。いずれも「展開」と訳すとよく意味の通る使い方だった。おそらく，進化 (evolution) という語彙は，スペンサーが使いだす前に，ダービー哲学協会に属する人々がよく口にした語彙で，スペンサーも著作で使う場合に解説抜きに使う土壌がすでにあった可能性を感じさせた。以上のことより，「進化 (evolution)」という語彙は，誰が最初に用いたかと言うより，ベイツが生きたこの時代が生んだ語彙であり，思想だったと私は思う。

ダーウィンの自然淘汰説を説明する適切な言葉に「適者生存」がある。この言葉は明らかにスペンサーが考えた言葉であるという。スペンサーは『種の起源』を読んでこの言葉を思いつき，1864年に書いた『生物学原理 (Principles of Biology)』で用いている。ダーウィンがこの言葉を用いたのは，1869年に出版した『種の起源』の第5版からである。

スペンサーの社会進化論は，社会はある理想的な状態へと進化していくものであり，現在の社会はその途上にある，とされていた。この考え方の基は，エラズマス・ダーウィンの進化論であり，ラマルクの「前進的発達論」である。これらの不完全なものからより完全なものへと方向性を伴う進化論に対し，ダーウィンの主張する「自然淘汰説」は，偶然の変異による機械的なもので，環境の変化に伴う予測性のつかない可逆性もありうる進化論だった。したがって，スペンサーの説く進化論はダーウィンには到底受け入れられる説ではなかった。ダーウィンは自分の進化論がスペンサーの説く進化論と類似に扱われることを嫌い，スペンサーの使う，進化や適者生存という言葉を使うことを極力避けたのは想像に難くない。進化という語彙は，本来，ダーウィンの主張とは異なる方向性を伴う語彙だからである。しかし，論理を一言で説明できる利便性があった。また，適者生存は自然淘汰を説明する的確な言葉だった。ダーウィンがこれらの語彙や言葉を使う契機になったのは，ウォレスの強い勧めがあったからだという。

2章
ベイツ南米の旅

ベイツとウォレスの出会い

　ベイツは1825年にイングランド中部地方レスター州の州都レスターに生まれた（図2-1）。レスターは，シェークスピアの4大悲劇の1つ，リア王（King Lear）のモデルとなった伝説の王，レア王（King Leir）が紀元前に建設した古都である。中世にはイギリス毛織物産業の一大中心地となり，幾つもの工程を経る毛織物を扱う手職人の共同体の町として発展した。しかし，1760年から始まった第一次産業革命の波はレスターにも押し寄せていた。産業革命は，植民地から輸入する綿を利用した綿織物の機械化による大量生産が発端である。エネルギー源として大量の石炭を必要とした。その石炭の輸送を容易にするため各地に運河が掘られたが，1790年代にレスターもロンドンとバーミンガムとを結ぶ幹線運河のグレート・ユニオン運河に結ばれた。1832年にはレスターと近くの炭鉱を結ぶ鉄道が敷かれ，1840年にはロンドンに通じる全国鉄道網にも組み込まれた。ベイツの育った時代のレスターの町は，そのような工業の機械化が急速に進行していた。

　ベイツの父は，伝統的な零細な毛織ストッキング製造の染色工の親方だった。彼はベイツに基礎教育を与えるために，ベイツを近くのビルズデンにある全寮制の学校に入れた。この時代にベイツの昆虫採集が始まっている。しかし，ベイツが13歳の1838年に，父はベイツの公教育を終えさせ，当時の職人の家では伝統的な7年間の年季奉公に通わせた。奉公先は毛織ストッキングの卸し売り商だった。ここでベイツは倉庫の管理をさせられた。仕事は週6日，

朝の7時から夜の8時まで続いた。ベイツは仕事を終えると夜間の職工学校に通い，ギリシャ語，ラテン語，フランス語，作文，精図法などを学んだ。職工学校には図書館があり，さまざまな書籍に触れることができた。1839年に出版されたダーウィンの『ビーグル号航海記』は，ギボンの『ローマ帝国衰亡史』やギリシャ語で読むホメロスの『ホーマー』と並んでベイツの愛読書だった。また，ここで博物学の同好の士を得て，科学的な見方，文献の収集法など，博物学研究者としての多くの知識を得ることができた。ベイツは1843年の18歳のときにイギリスの動物学雑誌「ズオロジスト（*The Zoologist*）」の創刊号に「湿地生の鞘翅目昆虫に関する知見（On Coleopterous Insects Frequenting Damp Places」と題する論文を投稿している。

　翌年の1844年に，ベイツはレスターの町の図書館で，ウォレスと運命的な出会いをした。ベイツが19歳のときである。ウォレスはベイツより2歳年上の21歳で，レスターの町の中学校に赴任してきたばかりの製図と測地図と測量の先生だった。

　ウォレスは1823年にウェールズ東南端モンマウス州のランバドック村に生まれた。ランバドックはブリストル海峡に面した町ニューポートの近郊の村である。父は親から譲り受けた資産を投資に運用して生計を立てていた。しかし，ウォレスが5歳のときに父は投資に失敗して，一家はロンドンの北にある，母の故郷だったイングランドのハートフォードに移った。ここでウォレスは大学への進学コースのハートフォード・グラマースクールに入学した。しかし，1836年，彼が13歳のときに就学を続けることは経済的に困難になり退学し，ウォレスだけがロンドンに住む19歳の兄のジョーンのもとに移った。兄は建築家見習いだった。ウォレスはロンドンで指物師の見習いになり，ベイツと同様に職工学校に通った。

　翌1937年に，14歳のウォレスは，今度は長兄のウィリアムのもとに移った。ウィリアムは測量技師で，新たに独立して測量店を始めたので，ウォレスは兄のもとで見習測量技師になった。彼らはサウス・ウェールズのニースに落ち着き，ウェールズとイングランドにまたがる境界地帯で測量に従事した。ニースは彼らの故郷のランバドック村に近く，ニューポートと同様にブリストル海峡に面していた（図2-1）。しかし，1843年の暮れに，兄の測量店は行き詰まり，

職工学校

図 2-1 イギリスの概観図。ベイツとウォレスはレスターで出会った。

ウォレスを雇っていることが不可能になった。そこで，ウォレスは募集していたレスターの中学校の先生に応募し，採用され，1844年の秋に赴任した。6年間にわたる田舎での測量仕事はウォレスに自然に触れる機会を与え，彼は植物の愛好家になっていた。

職工学校

ベイツとウォレスが学んだ職工学校 (Mechanics' Institute) とは，1823年にグラスゴーに設立された夜間の労働者のための成人教育施設が発祥で，その後，イギリス各地で700校以上が設立された。産業革命に伴う機械化工業の発展は，知識と技術をもち新たなアイデアを提供できる優秀な労働者を必要とした。そこで，地元の企業家たちが優秀な労働者を自前で育てることを目的として，夜間の職工学校を設立した。その背景には，キリスト教の慈善主義もあった。無料，あるいは廉価な授業料で，芸術，科学，技術などさまざまな講義が用意されていたが，学校施設の中心は図書館で，労働後の余暇を，酒場でギャンブルや飲酒に耽る代わりに，読書により自己啓発する労働者が育つことが期待された。家庭の事情で就学を断念した向学心あふれる労働者は職工

学校に通い，たとえば，ベイツが職工学校で交友した博物学愛好家のなかからだけでも，博物館の学芸員や地質学のコンサルタントなどの専門の科学者が育っている。職工学校は，その後，教育施設だけでなく，博物館，劇場，映画館，レクリエーション施設，コミュニティーホールなども併設するようになった。なかには大学に昇格した例もある。

1844年，レスターにやってきたウォレスは町の図書館に頻繁に通い，後に彼の生涯に大きな影響を与えた2つのものに出会った。1つはベイツであり，もうひとつはマルサスの『人口論』である。ベイツはウォレスより2歳年下だったが，博物学の知識はウォレスより上で，ウォレスはベイツに影響されて熱心な昆虫採集家になっていった。

2人が昆虫採集をしたのは，レスターの町の北西部に広がるチャーンウッドの森である。森といっても，多くは標高278mのバードン・ヒルに連なるうねうねと続く岩場や裸地で，近隣の石造建築を支えた石切り場や，新たに活況を呈した炭鉱があった。森の広さは約25 km^{2}で，森林はところどころに散らばって存在し，森林の中に小道が伸びていた。ウォレスは，故郷のサウス・ウェールズに比べてレスターの貧相な植物相に失望し，その分だけ昆虫採集にのめり込んでいった。

1845年，年季奉公があけたベイツは，博物学仲間の紹介で，レスターの町に近いバートンの町にあるビール醸造工場の事務員になってレスターを去った。翌1846年には，ウォレスもレスターを去った。彼は測量技師だった兄が多額の負債を抱えたまま急逝したので，兄の事業を引き継ぎ，負債を返すために，サウス・ウェールズのニースに戻った。

ベイツ・ウォレス記念碑

レスターでのベイツとウォレスの親交は短かったが，彼らの歴史的出会いは，レスターの町のレスター州立博物館にある碑文に長らく記されている。博物館の周囲は1800年代のビクトリア朝時代の街並みが保存された歴史的景観地区で，街並みは1.1km続いている。博物館自体も，1836年に洗礼派教会として建てられたビクトリア朝時代を代表する石造りのゴシック建造物で，1881年に美術館として改装され，博物館を併設するようになった。現在は，音楽会会

場や結婚式場としても利用されている。博物館の表玄関にはギリシャ建築ドーリア風の巨大な柱が4本並び，その左から3本目の柱に，「ベイツ・ウォレス記念碑」の金属プレートがはめ込まれてある。碑文は以下のとおりである。

「この2人のビクトリア時代の博物学者でチャールズ・ダーウィンの友人は，レスターのこの地に強い絆がある。ベイツはこの博物館から100ヤード離れた所で生まれた。そして，この地でウォレスに出会った。当時ウォレスはロンドン通りから少し離れたコレジエイト学校の先生だった。1844年から1846年にかけての彼らの親交は，1849年（注釈：実際は1848年）に始まるアマゾン学術探検を生みだした。ウォレスは1852年に帰国し，ベイツは1859年に帰国した。この年，ダーウィンが『種の起源』を出版した。

1858年，ウォレスはダーウィンとは別に独自に進化の主要因である自然淘汰の原理を発見した。アマゾンにいたベイツは8,000種を超える新種の動物を発見した。その多くは昆虫だった。そして，現在はベイツ型擬態として知られている現象に最初に説明を与えた。」

アマゾン学術探検の夢

バートンとニースに分かれたベイツとウォレスは，離別後に頻繁に手紙のやり取りを始めた。発端はウォレスだった。ウォレスは長兄ウィリアムの測量店の立て直しは無理だったが，建築家になった兄のジョーンと始めた建築建設会社が鉄道施設ブームのなかで成功し，生活は安定した。しかし，知的な友人関係に飢え，1847年にベイツに手紙を出した。ビール工場の事務員になっていたベイツも知的な友人関係に飢えていたので，ウォレスの手紙に応えた。彼らはフンボルトの『新大陸熱帯地域の航海』やダーウィンの『ビーグル号航海記』など，進化論に通ずる書物の書評の交換を行った。熱帯への学術探検もウォレスが言いだした。1847年に出版されたアメリカのエドワーズの『アマゾン河遡行，あわせてパラの滞在』は彼らにアマゾンでの学術探検の夢を掻き立てた。

2人が話題にした本のなかに，ロバート・チェンバース（Robert Chambers, 1802-1871）が1844年に匿名で書いた『創造の自然史の痕跡（Vestiges of the Natural History of Creation）』という本がある。彼は出版社の経営者だったが，科学に興味があったので，独学で得た知識を基に，宇宙の誕生から生命の進

化までを綴った400ページの分厚い本を自ら書き上げた．彼の生物進化の話はラマルクの影響を受けており，生物は未知の法則に支配され，安定した上向きの進歩をしている，としていた．しかし，当時の専門家から見ても眉唾な話も数多く織り交ぜて書いてあり，激しい批判を受けたが，それだけに刺激に富んだ面白い読み物だったので，大変な評判になった．出版した年には12刷まで増刷され，ダーウィンの『種の起原』出版までの10数年間に2万冊が売れたそうだ．2万冊というと，現代のベストセラーには遠く遥かに及ばない冊数だが，普通，進化や生態学に興味をもつ読者を対象とした本の初版が2,000冊である場合が多い．したがって，チェンバースの本がいかに売れたかがうかがえるだろう．アメリカのリンカーン大統領（Abraham Lincoln, 1809-1865）やイギリスのビクトリア女王（Alexandrina Victoria Wettin, 1819-1901）も読んだという．ダーウィンは，当初，この本を激しく批判したが，後年，この本が彼の進化論が世に受け入れられる地ならしになったことを認めている．

　この本に対するベイツとウォレスの全く異なった評価が残っている．ベイツはこの本に軽率な一般化を感じ，専門家的な警戒心を示した．一方のウォレスは，多くの事実や新たな知見で証明しなければならない欠点もたくさんあるが，主張には考慮すべき独創的な仮説があるとして受け入れた．ベイツの対応は『種の起原』をなかなか世に問わなかったダーウィンに通ずる科学者としての慎重さがあるが，ウォレスにはダーウィンを慌てさせた拙速を恐れない大胆さがあった．だからこそ，彼は時代のパラダイムを変える数々の研究を行ったのだろう．後世の史家のなかには，この本がウォレスの興味を進化論に導いたと説いている人もいる．

　そのような時期に，彼らは昆虫愛好家の仲間に，熱帯の動植物の標本を博物館や個人の収集家に売ることによって，熱帯での生活と旅行は可能であることを聞いた．彼らはこの話を確認するために，大英博物館に手紙を出して問い合わせた．返事はすこぶる好意的なものだった．彼らはその返事に接し，アマゾンに行くことを決めて，1848年3月に詳しい話を聞くためにロンドンの大英博物館を訪れた．彼らはそのときに，たまたまイギリスにきていた『アマゾン河溯行，あわせてパラの滞在』の著者のエドワーズに会っている．エドワーズは彼らにパラに商館を構える知人たちを紹介してくれた．このとき，彼らは

アマゾンへの期待を改めて大きく膨らませたと思われる。

　大英博物館では，その場で標本の売買契約を交わした。さらに，彼らはロンドン大学教授で植物学者のフッカーに会って，植物標本の売買契約もしている。フッカーは，後にリンネ協会でダーウィンの試論とウォレスのテルナテ論文を共著論文として，ライエルと一緒に読み上げた，あのフッカーである。ロンドンでは，彼らは信頼できる標本の販売仲買人も確保した。彼らが所属する動物学会の会員のサミュエル・スティーブンズ（Samuel Stephens）である。彼は2人が定期的にブラジルから船積みする標本を博物館や個人の収集家に供給し，その売上金を定期的に送金してくれた。契約によると，標本1個の値段は4ペンスで，売り上げの20％が手数料となり，その他に5％の保険料と運送料の実費が支払われることになっていた。

　翌4月に，彼らはレスターに集まり，チャーンウッドの森で鳥を撃ち，剥製を作り，その保存法を実習し，アマゾン探検に備えた。

アマゾンの旅とヘリコニウス科のチョウ

　ベイツとウォレスが，192トン積みの木造帆船の貨物船ミスチーフ号に乗ってイギリスのリバプールからブラジルに旅立ったのは1848年4月26日である。そして，ちょうど1カ月後の5月26日に，幅は300kmとも500kmとも言われるアマゾン川の河口に到達した。アマゾン川の河口の町，1615年にポルトガル人によって建設され，スペイン，イギリス，オランダの侵入に備えた要塞都市パラ（現ベレン）に上陸したのは2日後の5月28日である。彼らはパラに3カ月間とどまり，最初の委託販売標本をイギリスに送った。そして，アマゾン川の支流，河口の川幅が24kmあるトカンティンス川を南下する小旅行を経て，1848年の9月には，2人は別行動をとるようになっていた。

　彼らはその後，二度と行動をともにして調査を行うことはなかった。しかし，後にアマゾンとマレー群島とに分かれても手紙のやり取りをし，イギリス帰国後は終世にわたって温かい交流を続けた。独創的な学術調査とは，個人の発想と独自の行動に負うものである。狭く貧相なチャーンウッドの森から，広大で豊かなアマゾンに解き放された新進気鋭の2人の研究者にとって，共同歩調の学術調査は，無理な段階に入っていたのだろう。

図 2-2 ブラジル・アマゾンの概観図。ベイツはアマゾン川本流を探検した。前半の本拠地はサンタレン，後半はエガだった。ウォレスはネグロ川流域を探検した。ミューラーはサンパウロ郊外に入植した。

　別れる前に，彼らは仕事が重なり合わないように，それぞれの守備範囲を分担することを話し合った。その結果，アマゾン河口から1,700 km奥地にあるアマゾンの中心都市バーラ（現マナウス）を起点として，ベイツは，アマゾン川本流を遡上し，奥地のエガ（現テフェ）を根拠にペルーとの国境近くまでの南部に分かれる支流群を踏査することとし，11年間に及ぶ博物学研究を行っている。一方のウォレスは，バーラからアマゾン川の本流を離れて北上する大きな支流のネグロ川を遡上し，ベネズエラに入り，カリブ海に流れ出るオリノコ川との錯綜部を探検し，4年後にマラリアにかかってイギリスに帰国した。このウォレスのたどったコースが，コナン・ドイルの『失われた世界』のモデルになった（図2-2）。

　ベイツがベイツ型擬態のモデルとなるヘリコニウス科のチョウに接したのは，パラ（現ベレン）に到着早々のことである。森の中に入ると，真黒な細くて長い翅に，濃い紅や白，鮮やかな黄色の斑紋や帯のあるチョウが，ゆっくりと滑るように飛び交っていたのである。そのチョウが，ヘリコニウス科のチョウ

だった。ヘリコニウス科のチョウは，パラだけでなくベイツが行く先々の森に生息していた。しかも，容易に区別のできる色彩や紋様によって，明らかに少しずつ異なる別の種として生息していた。

ベイツが40トン積みの小型帆船に乗ってパラを離れ，本格的にアマゾン川を遡上したのは，パラ到着後1年以上もたった1849年9月6日のことである。そして，10月9日にサンタレンを過ぎ，10月11日に，パラから800km離れたオビドスに到着した。オビドスはバーラ（現マナウス）までのちょうど中間点にある。ベイツは，途中，アマゾン川に沿った森のいたるところでヘリコニウス科のチョウを観察した。その結果，パラとオビドスに生息する一見して全く類縁関係のないように見えた明らかに別種のヘリコニウス科のチョウが，この2つの町の間に広がる広大な空間で漸次的に変化した近縁種であることを悟った。

ヘリコニウス科のチョウの漸次的な変化は，種は不変でなく徐々に変化し，変種になり，変種は長い時間をかけてさらに変化して新たな種になることを示していた。帰国後に出版した『アマゾン河の博物学者』のなかで，ベイツは，進化を証明するこの事実に遭遇した興奮を書き残している。後のベイツの調査は，ヘリコニウス科のチョウの変異が漸次的であることを確実に検証するために費やされている。

1850年1月22日，ベイツはアマゾン盆地の中心都市，バーラ（現マナウス）に到着しウォレスに再会している。しかし，これが2人のアマゾンでの最後の出会いだった。バーラは1669年にポルトガル人によって建設された町で，隣国ギアナからネグロ川を下って侵入してくるオランダ人を迎え撃つ要塞が建設された。しかし，後に奥地のアマゾン原住民を奴隷として狩りだす根拠地になった。ベイツやウォレスが滞在したころは，町は衰退していたが，ベイツがくる直前の1848年にアマゾン州の州都となり，1856年にマナウス（神々の母）と改名した。コナン・ドイルが『失われた世界』を出版した1912年には，マナウスは，1890年から1910年にかけてアマゾン一帯で爆発的に栄えたゴム栽培の一大中心都市になっていた。

アマゾン本流と，アマゾン川最大の支流ネグロ川はバーラで1つの流れになる。アマゾン本流は濁ったコーヒー色で，ネグロ川は文字どおり黒い流れである。ジャングルの樹液が河に溶け込み，河の流れを黒く染め上げているとい

う．これらの2つの流れは，バーラの合流点で1つの流れになるが，混じり合うことなく，数十キロにわたってそれぞれの河が帯状の流れになって下流に並走している．

　ベイツはバーラからさらにアマゾン主流を遡上し，650 km 先のエガ（現テフェ）を目ざした．ベイツがバーラを船出したのが 1850 年 3 月 26 日で，4 月 30 日にエガについた．ベイツはこのときはエガに 10 カ月間滞在しただけだったが，1855 年以後のアマゾン滞在後半は，エガを本拠地としている．前半の 1855 年までは，オビドスの手前のサンタレンを本拠地にしていた．

アマゾンでの暮らし

　1850 年代のアマゾン探検というと，どのような生活を想像するだろうか．ブラジルに最初にポルトガル人が現れたのは 1500 年である．1808 年にはポルトガル国王ジョアン 6 世がナポレオン軍の侵攻を逃れて植民地のブラジルに渡り，リスボンからブラジルのリオデジャネイロに遷都している．国王は 1821 年にポルトガルに帰国したが，摂政として残った皇太子ドン・ペドロを擁した在地支配層が 1822 年にブラジル帝国を樹立してポルトガルより独立した．複数の国を支配するのが帝国である．南アメリカのスペイン領は多数の国々に分裂したが，ポルトガル領は，ブラジル帝国の支配地として統一を保った．そして，1889 年に共和制革命が起こった．

　ブラジルに渡ったポルトガル人は，主に宣教師が先頭に立って，アマゾン川に沿って奥地へ奥地へと遡上し，幾つもの植民都市を作り上げた．ベイツがアマゾンにやってきた 1848 年ごろの交通の便はスクーナーという小型帆船で，河口のパラ（現ベレン）からベイツの本拠地になった奥地のエガ（現テフェ）に行くのに，季節や天候次第で 3～5 カ月かかった．しかし，1853 年にはパラからアマゾン最奥地のペルーの国境まで蒸気船が通うようになり，パラからエガまでの船旅は 2 週間もかからなくなった．エガはその前年の 1852 年に市制が施され，裁判所も設置された．町の住民は地元のインディオが多かったが，白人は貿易商や綿やコーヒーのプランテーション農業の農園主として廉価に土地を入手し，黒人奴隷やインディオを安い労働力として使い，豊かな生活を送っていた．黒人奴隷は，最初はサトウキビ栽培の労働力として 1530 年ごろ

よりアフリカから連行された。アフリカからの奴隷輸入が禁止になったのは1850年で，奴隷制そのものが廃止になったのは1888年のことである。ヨーロッパからの移民が増え，奴隷を抱えるよりも安価な労働力が手に入るようになったからだ。この間，アフリカからブラジルに直接連行された黒人奴隷は300万人にも達している。

　白人の住居は，日本の開国後に長崎や横浜の外国人居留地にできた洋館を思い浮かべてもらったらよいと思う。アマゾンでは敷地は日本よりもはるかに広大で，広いベランダを巡らした瀟洒な洋館が建設された。ベイツやウォレスがアマゾンで生活の本拠とした家は，そのような白人の家や別荘だった。ベイツがイギリスに書き送った手紙には，「休日に男たちは燕尾服にシルクハットをかぶり，エナメル革の磨きたてたブーツをはいて社交界に集まった」とある。後にマレー群島に渡ったウォレスの生活も同様である。

　欧米からやってきていた学術探検家たちは，文明圏からやってきた知識人として地元の人々から大切にされた。一方，彼らは相互に知的な交流を求めて彼らで小さな社会を形成している。イギリスからきていた植物学者のリチャード・スプルース（Richard Spruce, 1817-1893）は，アマゾンで出会ったウォレスに，イギリスに帰国後，後にウォレス夫人になった彼の知人の娘を紹介している。現在，アフリカや東南アジアの発展途上国で学術調査をしている日本人も，外国から集まってきた学術調査隊の人々と，さまざまな交流を重ねている。なお，スプルースは，ベイツよりも長い15年間もアマゾンに滞在し，帰国後はダーウィンの進化論の熱心な支持者になった。

　エガ時代のベイツの住環境は，最初はもう少し悪かったようで，『アマゾン河の博物学者』には，床の張られていない土間のままの家で過ごした，と書いてある。しかし，プランテーションの農園主から借りた一戸建ての家であり，インディオの召使や使い走りの子供を雇い，ベイツはイギリス本国では経験できない生活を送った。

2人の帰国

　ウォレスは4年後にマラリアにかかり，1852年にイギリスに帰国した。帰国途中の南アメリカのギアナ沖で，ウォレスの乗った帆船ヘレン号は，積み荷

の香料バルサムから出火し，沈没してしまった。ウォレスは船員たちと救命ボートに乗り10日間洋上を漂流している。帆船ヨルデンソン号に救助されたときのウォレスの持ち物は，日記の一部と数枚のスケッチだけで，自ら持ち帰ろうとした採集品をすべて失った。

　帰国後のウォレスは，失った採集品に掛けてあった保険金で生計を立て，18カ月間の闘病生活を送っている。この間に，6編の学術論文と，『アマゾンの椰子の木とその利用法 (Palm Trees of the Amazon and Their Uses and Travels on Amazon)』(1853)，『アマゾン旅行記 (Travels on the Amazon and Rio Negro)』(1853) の2冊の本を書いている。

　ウォレスは，マラリアから回復後の1854年に，今度は1人でマレー群島に出かけた。そして8年後の1862年まで滞在している。彼がアマゾンに戻らなかったのは，アマゾンにはすでにベイツ以外にもイギリスの高名な鳥の剥製業者ホークスウェル (J. Hauxwell) がいたからだという。ウォレスは同業の標本業者との競合を避けたのだ。

　ベイツは1859年にイギリスに帰国した。往路は帆船だったが，復路は蒸気船フレデリック・デミング号である。アマゾンから持ち帰った標本類は3つに分けて搬送している。ウォレスが遭遇した船の火災を恐れたからである。ベイツが11年間のアマゾン滞在中に得た標本は，昆虫類14,000種，鳥類360種，爬虫類140種，魚類120種，哺乳類52種，陸棲貝類35種，イソギンチャク類5種，の計14,712種だった。そのなかの約8,000種が新種だった。

帰国後の2人

　1859年にアマゾンから帰国したベイツはレスターの家族の元に戻り，家業のストッキング製造を手伝っている。1862年にリンネ協会でベイツ型擬態を発表して理論科学者としての地位を確立し，1863年に出版した『アマゾン河の博物学者』で名声も獲得した。その出版直後の1863年の春，結婚を機会にロンドンに移り，研究で生計を立てることを模索した。特に，納入した標本の整理を行っていた大英博物館への正規の就職を希望し，動物学部門の助手の公募に応募している。しかし，採用されたのは動物学とは全く無縁の詩人で，博物館幹部の友人だった。ベイツが採用されなかった背景として，学歴，年

齢，縁故などさまざまな要因が推測されているが，ベイツの名が進化学者として高名になりすぎたことが，いろいろな意味で，公的な研究機関に就職できなかった理由の1つだと言われている。

彼が結局得た職は，王立地理学会の副事務局長で，この職の採用の際に最後まで残った他の応募者はウォレスだった。彼の主たる仕事は，学会の会報の編集発行と，海外学術探検隊の派遣支援業務である。アフリカで消息が途絶えた探検家，医師で宣教師で奴隷制度廃止運動家で，アフリカの父と呼ばれたデビッド・リビングストン（David Livingstone, 1813-1873）の1869年の捜索救援探検隊の派遣も彼が手がけた。そのときに派遣されたのが，ニューヨーク・ヘラルド社の新聞記者ヘンリー・スタンリー（Henry Morton Stanley, 1841-1904）である。

ベイツはそのほかさまざまのアルバイトをしている。特に，マレー社から出版される本の編集を請け負い，ベルトの『ニカラグアの博物学者』も彼が手がけた。ベイツはこれらの仕事を1892年の彼の死去の日まで続けた。研究者としてのベイツは，大英博物館に納入した標本の分類と記載を継続して，カミキリムシとオサムシの系統分類学者として活躍した。1881年にダーウィンの推薦で，王立協会の会員に選ばれている。

ウォレスは，1862年にマレー群島から帰国した。帰国直後に結婚し，マレー群島で採集した標本の売り上げを鉄道敷設や鉱山開発に投資して生計を立てようとしたが，失敗し，研究職を探し求めた。しかし，状況はベイツ以上に厳しく，正規の職には生涯就けなかった。その一方で，死去する1913年まで『マレー群島（The Malay Archipelago）』（1869）をはじめとする旺盛な執筆活動と欧米各地での講演活動を続け，理論科学者として一世を風靡し，ベイツと同様に1893年に王立協会の会員に選ばれている。また，種痘反対運動や，大地主から土地を取り上げ国民に平等に土地を貸す土地国有化運動，女性参政権運動，反軍備運動，などの社会主義的運動家としても活躍した。『熱帯の自然（Tropical Nature and Other Essays）』（1878）や，『島の生活（Island Life）』（1880）などの著作では，熱帯の森林伐採や，プランテーション農業が，気候に影響を与え，土壌の浸食を招き，環境を破壊していると警告を発している。当時，人種差別の論理に人類進化論が語られ始めた。ウォレスはその

考え方に反発して，人間を進化論の対象から外して考えることを主張し，次第に心霊主義に傾倒し，自らも交霊会を主催するようになった。

　ウォレスの旺盛な執筆活動の動機の1つに経済的問題があった。そのために，友人がいろいろと彼の生活の援助をしている。たとえば，ダーウィンやライエルは彼らの著作の編集をウォレスに依頼している。ベイツはウォレスを誘って長らく地質学の国家試験の採点業務を行った。ダーウィンは1877年にケンブリッジ大学から名誉博士号を授与されるほどの不動の名声を獲得した。そのダーウィンがハクスリーと図り，大英帝国黄金期のビクトリア朝をリードした，自由党の政治家で，時のイギリス宰相グラッドストン（William Ewarf Gladstone, 1809-1898）に働きかけ，1881年にウォレスに科学に対する長年の功績を称えて年金を支給することを認めさせている。この年金によりウォレスの生活は安定した。

3章
なぜメスだけが擬態するのか

メスだけが擬態するチョウと性淘汰

　チョウのベイツ型擬態（Batesian mimicry）とは，本来は隠蔽色（concealing coloration）をもつはずのチョウが，目立つ派手な警告色（warning coloration）をもつチョウに擬態することである。隠蔽色は，捕食者にとって味の良い種が，周囲の環境に溶け込むことで捕食者から逃れるために発達した。一方，警告色は味の悪い種が，味の悪い種であることをアピールすることで捕食者から逃れるために発達している。ベイツ型擬態種は味が良くて本来は隠蔽色をもつべき種だが，味の悪い種に擬態して警告色をもつことで捕食者から逃れようとしている。

　ベイツ型擬態種の多くは，雌雄両性が擬態するのではなく，メスだけが擬態して警告色をもっている。しかもメスの一部だけが擬態し，残りのメスとオスのすべては擬態せずに隠蔽色の原型を保っている。つまり，雌雄で異なる翅の模様をもっているのだ。このことに最初に気づいたのはベイツではなかった。1862年に，ベイツがリンネ協会でベイツ型擬態を発表した時点では，雌雄で異なる翅の模様をもつ個体は，それぞれ別種として扱われていた。

　同じ種でも，翅の模様が雌雄で異なるチョウがいることに初めて気づいたのは，アメリカ在住のイギリス人，ベンジャミン・ウォールシュ（Benjamin D. Walsh, 1808-1869）である。1863年に，ウォールシュはアメリカ東部一帯に生息している2種のアゲハチョウ科のチョウが，実は同一の種であることを明らかにし，フィラデルフィア昆虫学会の会報第2号に発表した。メスだけが知

(a) 黒色型　　　　　　　　　　　(b) 黄色型

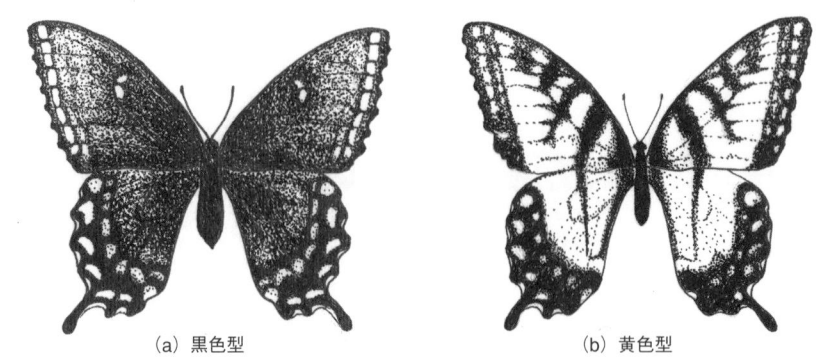

図 3-1　トラフアゲハ。(a) 黒色型。メスのみに発現する。(b) 黄色型。雌雄両性に発現する。

図 3-2　アオジャコウアゲハ。トラフアゲハのメスの黒色型のモデル種である。

られていた黒いチョウのパピリオ・グラウクス *Papilio glaucus*（図 3-1a）と，雌雄がともに黄色いチョウのパピリオ・ターナス *Papilio turnus*（図 3-1b）である。彼は同じメスのチョウが産んだ卵を成虫のチョウにまで育て上げ，異なると思われていた 2 種が同一の種であることを示した。現在，このチョウはパピリオ・グラウクス *Papilio glaucus* として統一されている。ジョージア州やバージニア州など，アメリカ 5 州の「州のチョウ」になっているトラフアゲハがこのチョウである。そして，黒いメスがアオジャコウアゲハ *Battus philenor*（図 3-2）の擬態型とされている。

　ウォールシュはケンブリッジ大学で神学を修め，文芸家を目ざしたが，1838 年の 30 歳のときに渡米してイリノイ州に 30 エーカーの農園を開き，天敵を利

用した生物的防除を主体とした農業を実践した。13 年の農業経営の後に健康を損ねて木材業に転じるが，7 年後の 50 歳のときにビジネスから引退し，昆虫学の研究を始めた。1863 年に翅の模様が雌雄で異なるチョウがいることを報告した彼の論文は，ダーウィンの『種の起源』に触発されて書いた種の定義や種分化のメカニズムについての 90 ページにわたる論評である。彼は翌 1864 年にダーウィンに進化論を熱く支持する手紙を書いた。科学史には，ウォールシュはダーウィンの進化論を支持した代表的な昆虫学者として名が残っている。1865 年に，彼は創刊された「応用昆虫学者 (*Practical Entomologist*)」の副編集者となり，すぐに実権を握るとともに名がとおり，1867 年にはイリノイ州の農業協会と酪農協会に推されて，イリノイ州の初代の昆虫専門官に就任した。1868 年には，設立されたアメリカ昆虫学会の初代の編集長になった。当時，化学農薬が発明され，導入を巡って生物的防除派と化学的防除派が対立し，アメリカ政府議会をも巻き込んだ論争があった。そのときの生物的防除派の論客がウォールシュだった。翌 1869 年に死去。彼の死後の 1870 年代に，アメリカは化学的防除を導入した単一作物大農業経営時代に入っていった。

　1865 年に，ウォレスが，ベイツ型擬態種のなかに，メスだけが擬態する種がいることを指摘した。ウォレスは，1862 年にマレー群島から帰国し，同年に出版されたベイツによるベイツ型擬態の論文を読んだ。そのなかに描かれていた，近縁種が地理的に漸次的に変化して，遠く離れた地点では全くの別種に分化していた，という内容に感激した。彼はマレー群島で採集したアゲハチョウ科のチョウの変異や地理的分布から，同じことが言えるかどうかを検討した。その際に，彼はウォールシュが 1863 年に発表した，雌雄異型の翅型模様をもつチョウの存在を知り，マレー群島で採集したアゲハチョウ科のチョウを慎重に調べた。特に，一方の性しか発見されてない種を入念に検討した。その結果，擬態種のなかに雌雄異型の翅型模様をもつチョウがおり，その場合，メスだけが同一地域に生息している別のチョウに擬態していることがわかった。シロオビアゲハ *Papilio polytes* やメスアカモンキアゲハ *Papilio aegeus* などである。彼はこのことを「マレー地域のアゲハチョウ科によって説明される変異と地理的分布の現象について (On the Phenomena of Variation and Geographical Distribution as Illustrated by the Papilionidae of the Malayan Region)」(1865)

で明らかにしている。しかし，なぜメスだけが擬態する種がいるのかは，ウォレスには説明できなかった。

イギリスのベルトは，オスに擬態型が生まれないのは性淘汰のうちの，メスによる異性間性淘汰によるのではないか，と指摘した。彼は1874年に出版した『ニカラグアの博物学者』にこのことを書いた。ダーウィンは，ベルトのこの指摘を即座に支持している。性淘汰は，その3年前の1871年に，ダーウィンが『人間の進化と性淘汰（The Descent of Man and Selection in Relation to Sex)』で提唱したものだった。

ダーウィンの進化論の柱は，生存競争，適者生存，自然淘汰である。この理論に従えば，生物には常に変異が生じ，自然淘汰によって適者だけが生き残っているはずである。その結果，ベイツ型擬態種のメスにはモデルに酷似した擬態型が進化した。つまり，擬態型は適者だから淘汰され，生き残ったのである。ならば，同じ地域に住む同種のオスになぜ擬態型が進化せず，原型にとどまっているのか不思議である。考えられることは，オスには擬態型にならずに原型を保つ何らかの淘汰がかかっているからだろう。この一見，適応的とは思えない，メスとは異なるオスを説明する便利な学説があった。それが性淘汰学説である。

性淘汰とは

ダーウィンは『種の起源』で生存競争，適者生存，自然淘汰を説いた。しかし，彼のその理論では説明できない未解決の現象があった。たとえば，オスとメスで色彩や形態の異なる性的二型（sexual dimorphism）という現象がある。カブトムシのオスにはメスにはない角がある。クジャクのオスにはメスにない大きく豪華な飾り羽がある。もし進化が適者生存，自然淘汰だけで進行するのなら，同じ環境で生活する同種の雌雄で異なる形質の性的二型が生まれることは説明できなかった。そこでダーウィンは自然淘汰に加えて性淘汰（sexual selection）を持ちだした。

性淘汰を最初に提案したのはチャールズ・ダーウィンではなく，彼の祖父のエラズマス・ダーウィンだった。ダーウィンは祖父の唱えた性淘汰を最初は無視していた。しかし，生存競争，適者生存，自然淘汰，などでは説明できな

い雌雄で異なる形質を説明するためには，性淘汰はとても便利な淘汰で，孫は，結局は埋もれていた性淘汰学説の主唱者になった。

　性淘汰とは繁殖成功度（breeding success）を上げる形質にのみ作用する淘汰である。つまり，繁殖可能な子供をより多く残すことのできる形質の進化を促す淘汰である。普通，メスよりもオスに作用する。チョウならばメスは一度の交尾で一生分の精子を獲得するし，哺乳動物ならばメスは一度妊娠すれば子供が育つまで新たな妊娠はしない。したがって，メスは繰り返して交尾をしても子供の数を増やすことはできない。しかし，オスはチョウでも哺乳動物でも繰り返して新たなメスと交尾すればそれだけ子供を多く残せる。その結果，少ない資源としてのメスを巡ってオス間で争いが起こる。その一方，メスは一度の交尾が大事で慎重にオスを選ぶことになる。そのオスの争いや，メスの慎重な配偶者の選択が作用して，オスの形質を進化させるのが性淘汰である。例数は少ないが，オスが長期にわたり子育てを担当する種もいる。そのような場合は，オスを巡って争うメスに性淘汰がかかる。

　性淘汰には同性内性淘汰（intersexual selection）と異性間性淘汰（intrasexual selection）がある。同性内性淘汰は，たとえばオスならば，メスを巡っての闘争の武器である体の大きさそのものや，爪や牙や角が発達する。オスのゴリラの大きな体躯やオスのカブトムシの大きな角などがその例である。同性内性淘汰は一夫一妻（monogamy）の種より一夫多妻（polygamy）の種により強く働き，群れを支配するオットセイのような巨大なオスが進化した。

　異性間性淘汰は，たとえばオスならばメスを引き付ける色彩や装飾が発達する。オスのクジャクの鮮やかな尾羽の飾り羽とか，オスのライオンの鬣(たてがみ)などがその例である。異性間性淘汰も一夫一妻の種より一夫多妻の種のほうにより強く働く。一夫一妻のスズメのオスは，メスと区別の難しい地味な体色だが，一夫多妻の南国の極楽鳥のオスは極彩色に進化した。なお，極楽鳥のメスは地味な茶色の鳥である。

　この異性間性淘汰は，一見，ダーウィンの，生存競争，自然淘汰を基にした進化理論と矛盾する現象をうまく説明できるのである。たとえば，クジャクのオスの長く大きな尾羽の飾り羽は，飛ぶのに不自由で，天敵の攻撃から逃げる際には邪魔で，適者生存，自然淘汰の結果において進化したとはとても考え

られない形質である。しかし，大きな飾り羽がメスを引き付け，オスの繁殖成功度を引き上げる形質だから不利な条件を犠牲にしてでも進化した，と説明されれば，半信半疑ながら，そうなのかな，とも思えてくる。

ベルトの主張

　ベイツ型擬態種のオスが原型なのは，性淘汰の結果だろう，と主張したトーマス・ベルト（Thomas Belt, 1832‐1876）は，1832年にイギリスのニュー・キャッスルに生まれた。彼は鉱山技師で，20歳のときにオーストラリアの金山を振り出しに，カナダ，ニカラグアと金山開発に従事した。この間，鉱脈に関する著作を幾つか出版している。彼はイギリスでもオーストラリアでも自然観察者の会に加入しており，ベイツとも知り合いだった。

　ベルトは，熱帯のニカラグアに，かつて氷河期が存在していた証拠をつかんだ。そして，ロシアのシベリア，南米のコロンビア，アメリカのデンバーなど各地を歩いて回り，イギリスをはじめとするこれら各地で氷河期の存在を明らかにしている。農耕するアリ，ハキリアリ $Ecodoma$ sp. が，切り取った葉を用いてある種の菌を育てて餌にしていることを初めて明らかにしたのもベルトである。

　ベルトがチョウのベイツ型擬態がメスしか擬態しない理由を異性間性淘汰で説明したのは，彼の著書『ニカラグアの博物学者』のなかでのことだった。彼は36歳のときにニカラグアの金山開発の責任者になり，4年間滞在した。ニカラグアで，彼はヘリコニウス亜科 Heliconiinae やマダラチョウ亜科 Danainae のチョウやシロチョウ科 Pieridae のチョウを観察して，ダーウィンの進化論の信奉者になった。彼はヘリコニウス亜科やマダラチョウ亜科のチョウをサルやニワトリに与え，実際に忌避されることを実験的に初めて確認した。そして，メスしか擬態しない種の，オスが擬態せずに原型なままなのは，ダーウィンが主張した性淘汰のなかの異性間性淘汰で説明できると考えた。

　ベルトが考えた異性間性淘汰仮説は，オスは生涯に何度も繰り返して交尾ができるので，メスが原型と異なる擬態型に変異して同種である確実性が減っても，オスはあいも変わらず交尾を試みるとした。したがって，メスは次第により生存率の高い完全な擬態型に進化した。

　一方，メスは1回の交尾で一生分の精子を受けとり受精嚢に蓄えて，産卵

のたびに受精卵をつくり産卵する。したがって，もし異種のチョウの精子を受けとれば，不妊卵ばかりを産むことになる。そこで1回の交尾が重要で，オスを慎重に選択する。だから確実性を期して，オスの変異個体を避けて原型の個体としか交尾しないので，オスには擬態型が進化しなかった，と考えた。このベルトの異性間性淘汰仮説はダーウィンの熱い支持を得て定説化し，検証されることなく現代まで信じられてきた。

現代まで信じられてきた，というのは誤解を生む表現かもしれない。性淘汰は自然淘汰以上に批判され，無視され，忘れられていた，というのが現実である。1968年にドイツのマックス・プランク研究所のウォルフガング・ヴィックラー（Wolfgang Wickler）が書いた，擬態研究の代表的な啓蒙書の『擬態』という本がある。この本にはベイツ型擬態のことが詳述されているが，性淘汰に関する記述がすっぽりと抜けている。抜けているだけでなく「オスが擬態しないと，擬態するものの数が減って，種にとって有利なのかもしれない」とも書いてある。この見解は，現代の進化生態学が否定した群淘汰に基づく見解である。群淘汰については第5章で詳述する。

この本のなかで，性淘汰らしきものについて全く触れていないわけではない。別の章でベルトを引用して，「メスの翅の模様はオスが同種のメスを認識するための信号となっている可能性がある」と指摘している。しかし，それが性淘汰のせいである，とは書いてはいない。

ベルトの性淘汰仮説が見直されたのは，進化生態学が隆盛になった1970年代末である。1978年に，イギリス・リーズ大学のジョン・ターナー（John Turner）と，オランダ・グローニンゲン大学のロナルド・ルトウスキー（Ronald L. Rutowski）が，それぞれの別の論文で，メスしか擬態せず，オスに擬態型が出現しない理由を，メスによる異性間性淘汰によると指摘してからである。

メスのチョウも複数回交尾する

ここまでの話で，私はチョウのメスは生涯に一度しか交尾しない，という前提で話を進めてきた。しかし，1960年にカリフォルニア州立大学リバーサイド校のマイク・スターン（Mike V. Stern）とリチャード・スミス（Richard F. Smith）がオオアメリカモンキチョウ *Colias phylodice* の複数回交尾を明らかに

してから，チョウのメスも複数回交尾していることが続々と明らかにされた。チョウのメスは交尾の際に，オスから精包という精子の詰まった袋を受けとり，それを交尾嚢という器官にしまい込む。そして，チューブを抑えるようにして精子を受精嚢に押し出す。受精嚢の精子は，卵巣から輸卵管を通ってやってくる卵子に，産卵の直前に振りかけられる。したがって，交尾嚢にある精包の数を数えることにより，何回交尾したかがわかる。たとえば，私の調査によると，モンシロチョウの成虫の寿命は，長い個体で1カ月，平均で2週間程度である (1980)。その間に，3回前後の交尾を行っていることが，農林水産省の鈴木芳人 (1979) や，筑波大学の渡辺守たち (1993) によって明らかにされている。

　メスのチョウは，なぜ複数回交尾するのだろうか。1979年にアメリカ・テキサス大学オースティン校のキャロル・ボグス (Caroll L. Boggs) とローレンス・ギルバート (Lawrence E. Gilbert) は，放射性同位体を用いてその意味を検討した論文をアメリカの科学誌 Science に発表した。彼らは放射性同位体を混ぜた餌でオオカバマダラ Danaus plexippus や2種のヘリコニウス属のチョウ (Heliconius hecale, H. erato) の幼虫を育て，オスの精包を放射性同位体で標識し，そのオスと交尾したメスの体内の各組織から発する微量の放射線の有無をチェックした。その結果，交尾時に，オスから交尾相手のメスに栄養物質が授受され，メスの体や卵の栄養源として利用されていることを確認した。

　多くのチョウは，成虫になると花蜜を吸って炭水化物ばかりを得て，タンパク質を得ない。タンパク質は幼虫時代に摂食した食草から得るだけで，次第にタンパク質が欠乏する。メスにとり，卵殻を形成するためにタンパク質は重要な栄養素である。しかし，オスから受ける精包の中にはタンパク質やその他の栄養物質がある。そのタンパク質や栄養物質をメスは吸収して不足分を補っている。したがって，複数回交尾したメスは，寿命が延び，産卵数が増加し，大きな卵を産む例が報告されている。そのために複数回交尾するという。なお，キャロル・ボグスは1981年に科学誌 Evolution に掲載された論文で，ヘリコニウス属のチョウは，唾液で花粉を溶かして吸収し，花粉中に含まれているタンパク質を成虫になっても摂取していることを明らかにしている。

　オスは何度も交尾ができる。しかし，一度交尾をすると，精子を使い果たし，新たに精子の詰まった精包をつくるのに時間がかかる。近畿大学の香取郁

夫が京都大学の大学院時代の 1996 年に行った調査では，モンシロチョウのオスが交尾できる回数は，1 日に一度が精一杯だった。

性淘汰の仮説と検証

　ダーウィンは，オスとメスの形態が異なる性的二型という現象を説明するために，性淘汰を提唱した。しかし，彼は性淘汰を仮説として提唱しただけで，実際に検証したわけではなく，その進化のメカニズムについても何も説明していない。ベルトもチョウのベイツ型擬態種がメスだけ擬態する理由を異性間性淘汰で説明したが，検証はしていない。ベルトも仮説を提言しただけである。

　メスによる異性間性淘汰が初めて検証されたのは，ダーウィンが予言してから 110 年後の 1982 年のことである。スウェーデンのゲーテブルグ大学の進化生態学者マルテ・アンデルソン (Malte Andersson) が，東アフリカに生息するコクホウジャク *Euplectes progne* (図 3-3) というスズメより少し大きな尾の長い鳥を用いて検証した。コクホウジャクは，オスが縄張りを形成する一夫多妻の鳥である。そのオスの長い尾が，メスによって選り好みされていることを科学誌 *Nature* に発表し，異性間性淘汰の存在を示した。

　コクホウジャクは非繁殖期には，オスもメスも尾は 7 cm ほどの長さの地味な茶色の鳥である。しかし，繁殖期に入るたびにオスは漆黒の羽に覆われ，羽の付け根に赤と白のスポットが現れる。そして，尾羽が伸び出し，平均で

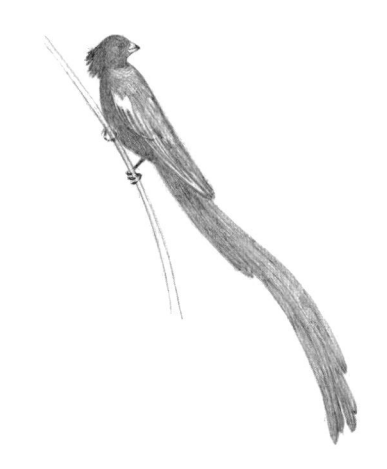

図 3-3 コクホウジャクのオス。オスの長い尾は繁殖期にだけ存在する。

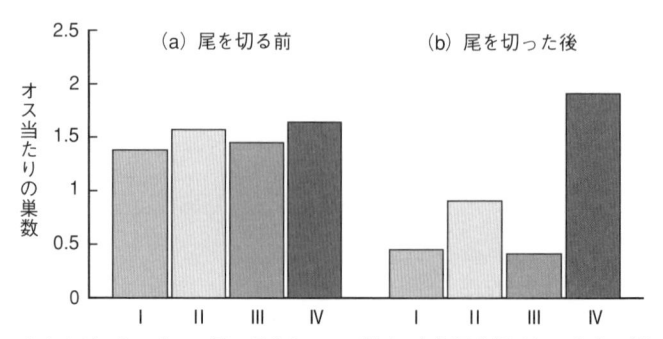

図3-4 コクホウジャクのオスの尾の長さとメスの好み。(Ⅰ) 尾を短く切ったオス (約14cm)。(Ⅱ) 尾の操作をしていないオス (約50cm)。(Ⅲ) 尾を切って，その切った尾を接着剤で再度はり合わせたオス (約49cm)。(Ⅳ) 尾を切らずに，さらに(Ⅰ)の切り取った尾を接着剤ではり合わせたオス (約75cm)。(a) 尾の長さを操作する前のオスに対するメスの好みに差はなかった。(b) 操作後は，メスに最も好まれたのは最も長い尾のオス (Ⅳ) だった。短い尾のオス (Ⅰ) や操作した尾のオス (Ⅲ) は，操作しない尾のオス (Ⅱ) よりも好まれなかった。(Andersson 1982 より)

50cm，長い個体は60cmまで伸び，嘴は白く，非常に鮮やかな目立つ鳥に変身する。そして，この長い尾羽を振るようにして縄張りの上を飛び回る。

アンデルソンはケニアのサバンナの草原で，縄張りを形成している36羽のオスを捕らえ，彼らの尾羽を操作し，4つのグループに分けて元の縄張りに放し，メスがどのようなグループのオスと交尾するかを調べた。

(1) グループⅠ： 尾羽を14cmの長さになるように切り，切り取った尾羽をさらに3cm分だけ切り取り，その3cmを瞬間接着剤で短い尾にはり合わせた短い尾羽のオス。

(2) グループⅡ： 実験操作を行わず，もともとの約50cmの長さの尾羽のままのオス。

(3) グループⅢ： 尾羽を真ん中で切り取り，すぐに瞬間接着剤でくっつけ直して，元の長さより1cmほど短い，約49cmの長さの尾羽のオス。

(4) グループⅣ： グループⅠで切り取った尾羽を，尾羽を切り取らない長い尾羽の個体に瞬間接着剤でくっつけて，さらに約25cm長い約75cmの長さの尾羽になったオス。

この実験はオスの尾羽の長さの効果と，接着剤の影響の両方を考慮している。このようにオスの尾羽を操作して，操作後にオスを縄張りに戻し，1時間

後に，縄張り内に巣をつくって卵を産んでいるメスの数を数えた。このメスの数は，尾羽を操作する前のオスの魅力の反映である。その結果が図3-4 (a) であるが，グループによって違いがないことが示されている。

次に1カ月後に新たに巣をつくって卵を産んだメスの数を数えた。その結果は図3-4 (b) に示してある。接着剤を用いて尾羽を長くしたグループIVでメスの数が最も多く，尾羽を短くしたグループIの4倍も多い。グループIIとIIIのもともとの長さの尾羽のオスを比較すると，接着剤を用いたグループIIIのほうがメスの数が少ない。接着剤はメスを引き付けるうえでマイナスの影響こそあれ，プラスの効果はなかった。したがって，オスの尾羽が長いほど，メスにとっては魅力的なオスであることは明らかである。

アンデルソンの研究の後に，異性間性淘汰を検証した研究は続々と出現している。

異性間性淘汰のメカニズム

メスにとりオスの長い尾が魅力的として，なぜオスの長い尾が進化したのだろうか。この異性間性淘汰のメカニズムを提唱者のダーウィンには説明できなかった。ダーウィンは，説明するに足る遺伝学の十分な知識がなかったからだ。遺伝学の基本的法則を発見したオーストリア（現チェコ領）の修道僧，グレゴール・ヨハン・メンデル（Gregor Johann Mendel, 1822 – 1884）はダーウィンと同時代の人だが，1866年に彼が発表したメンデルの法則は，数学的で抽象的な解釈が多く，人々に理解されなかった。メンデルはダーウィンにも論文を送っているが，ダーウィンは読んだ形跡がなかった。メンデルの法則が再発見されたのは，メンデルもダーウィンも没後の1900年である。

メンデルの法則というと，私はエンドウマメを用いて明らかにされた，優性の法則，分離の法則，独立の法則の3つの法則を思い浮かべる。これはメンデルの大きな研究成果だが，ほかに彼が果たした歴史的役割のなかで大きいものに，遺伝のメカニズムの基本的な考え方を変えた点がある。メンデルがこれらの法則を明らかにする以前にも，人々は遺伝現象を認めていた。エラスムス・ダーウィン，ラマルク，チャールズ・ダーウィン，ベイツ，ウォレス，これらすべての人々が，親のもつ形質は子に受け継がれるという前提で，彼らの

理論を作り上げている。しかし，彼らの時代には，遺伝的形質は交雑とともに液体のように混じり合っていく混合遺伝だと考えられていた。それをメンデルは，遺伝子粒子（後の遺伝子）によって受け継がれるという粒子遺伝学を提唱した。メンデルの法則発表後に，メンデルは彼の理論を植物だけでなく動物にも敷衍（ふえん）するために，ミツバチの遺伝研究を始めた。しかし，2年後の1868年にメンデルは修道院長になり，その多忙さから研究を止めている。

ランナウェイ学説

　クジャクの長い尾羽の飾り羽のような，生存上不利に見える形質がなぜ進化したのか，そのメカニズムの説明は，1982年にアンデルソンが異性間性淘汰の存在を初めて検証するよりは遥か以前に，イギリスの進化生物学者ロナルド・エイルマー・フィッシャー (Ronald Aylmer Fisher, 1890-1962) によって試みられている。

　フィッシャーは，ロンドン郊外のロザムステッド農業試験場の研究員の時代に，実験計画法，分散分析，小標本の統計理論などを考案した統計学者である。現代の生態学者は，このフィッシャーの考案した統計解析法に大いに依存して研究を行っている。フィッシャーは1909年にケンブリッジ大学に入学し，1900年に再発見されたばかりのメンデル遺伝学を学んだ。彼が得た遺伝学の知識は統計学と結び付き，興味は優生学 (eugenics) に向かった。優生学はチャールズ・ダーウィンの従兄弟のフランシス・ゴルトン (Francis Galton, 1822-1911) が，ダーウィンの進化論にヒントを得て発展させた社会哲学で，ゴルトンは人間の遺伝形質の改良を提唱して，1909年にイギリス優生学協会を設立して初代協会長になった。なお，ゴルトンは統計学者として，標準偏差，直線回帰，相関係数などを考案し，探検家として天気図を考え，犯罪科学者として指紋鑑別法も考案した。

　フィッシャーは1911年にケンブリッジ大学の優生学協会創設に参加した。その創設メンバーのなかに，チャールズ・ダーウィンの息子で，元ケンブリッジ市長でケンブリッジ大学トリニティー・カレッジの評議員である都市工学者のホレス・ダーウィン (Horace Darwin, 1851-1928) がいた。当時のイギリス優生学協会の協会長は，ホレス・ダーウィンの兄で，ゴルトンを継いだ海軍退

役の国会議員だったレオナルド・ダーウィン少佐 (Leonard Darwin, 1850 - 1943) だった。

　フィッシャーは1913年の大学卒業後にロンドン市の統計係になるが，その翌年，第一次世界大戦が勃発し，彼も戦時徴用で物理と数学の教師として高等学校や専門学校に派遣された。そのかたわら，子のないレオナルド・ダーウィンの知遇を得て，彼のもとで優生学の機関誌の編集業務を行ったり，個人的にパートタイマーとしても雇われ，戦時中の経済困難な時代に，経済的支援を受けている。戦後の1919年に，フィッシャーはロザムステッド農業試験場に転職して生物測定学を研究するが，1933年にロンドン大学の優生学教授に迎えられた。しかし，この時代，優生学はヒトラーにより人種差別の論理として悪用されるようになり，批判を浴びた。1939年，第二次世界大戦の勃発に伴い，ロンドン大学は優生学部門の廃止を決め，フィッシャーはロザムステッド農業試験場に戻っている。しかし，戦後の1943年に，ケンブリッジ大学の遺伝学の教授に就任した。

　進化生物学者としてのフィッシャーは，1915年に，まず適応度指標 (fitness indicator) という概念を提唱した。性的装飾形質 (sexual ornament: 性的魅力) が繁殖能力を示す適応度を表すという考え方で，遺伝子の優良さ，健康度などは，配偶者を選択するうえでは重要な形質だが，即座にはわかりにくい。しかし，それらの形質が見かけの性的装飾形質，たとえば長い飾り羽の長さと相関している指標になっている，という考え方である。彼は，優生学の興味から，この概念を提唱した。

　フィッシャーは1930年に，レオナルド・ダーウィンに捧げる，という形で『自然淘汰の遺伝理論 (The Genetical Theory of Natural Selection)』を出版した。そのなかで，性的装飾形質が進化するメカニズムを，数理モデルを使わずに，言葉だけで説明した。たとえばオスのクジャクの性的装飾形質である長い尾羽の飾り羽の場合，進化の出発点では普通の鳥と同様に長くなかった。ただ，クジャクの尾羽の長さにさまざまな変異があった。この変異には遺伝的背景があり，尾羽が平均よりも少し長い個体が飛ぶ能力が少し優れていて生存上有利であったとする。すると自然淘汰によって長い尾羽の原因となる遺伝子は集団中に徐々に頻度が増加する。一方，メスの性質にも遺伝的変異があり，

一部のメスは尾羽の長いオスを好む性質があったとする。すると長い尾羽のオスは長い尾羽を好むメスと交尾しやすいので，その子孫は長い尾羽をもつ遺伝子と長い尾羽を好む遺伝子をあわせもつことになる。その結果，長い尾羽の遺伝子頻度が増加するにつれて長い尾羽を好む遺伝子頻度も増加することになる。メスの好みが強くなると長い尾羽のオスは繁殖上有利になるのでオスの尾羽の長さはさらに長くなり，これにつれてメスの好みもさらに強くなる。ある程度の長さに達した尾羽には生存上の利点はなくなっても，メスの好みによる性淘汰が働くので，オスの尾羽はどんどんどんどんと長くなり，メスの好みはますます強くなっていく。

このようにして，長い尾羽の飾り羽という性的装飾形質と，その形質を好む形質は極端な方向へと進化する。この延々と続く進化はランナウェイ学説（Fisherian runaway：制御できない動き）と呼ばれている。この過程に歯止めがかかるのは，生存コストが性的利益を上回るようになったときとフィッシャーは考えた。

この本の出版に当たっての査読を，チャールズ・ダーウィンの孫でケンブリッジ大学の応用物理学の教授だった，祖父と同名のチャールズ・ダーウィン（Charles Galton Darwin, 1887-1962）が行っている。彼の父は，レオナルド・ダーウィンやホレス・ダーウィンの弟のジョージ・ダーウィン（George Howard Darwin, 1856-1912）である。ジョージ・ダーウィンはケンブリッジ大学の数学と天文学の教授だった

このフィッシャーのランナウェイ学説も仮説である。本当にそんな進化が起こりうるのかは，1981年にアメリカのカリフォルニア大学サンディエゴ校のラッセル・ランデ（Russell Lande）が，数理モデルを用いてその可能性を示すまで，誰も検証しなかった。ランデは，次の3つの条件を満たすならランナウェイは起こりうることを示した。
 (1) オスの性的装飾形質とその形質を好むメスの形質に遺伝的相関がある。
 (2) 適応的とは思えないオスの性的装飾形質には弱い自然淘汰がかかる。
 (3) より鮮やかな性的装飾形質をもつオスに対してメスによる強い交尾選択がある。

その後，多くの数理生態学者が，よりありうる条件を付け加えながら，ラン

ナウェイが起こるメカニズムを検討している。

ハンディキャップ学説

1975年に，イスラエルのテル・アビブ大学にいたアモツ・ザハヴィ（Amotz Zahavi）は，フィッシャーの適応度指標の考え方にコストの概念を持ち込んだハンディキャップ学説（the handicap principle）を発表した。適応度指標にコストがかかるからこそ適応度指標は信用ができるのであり，役にも立たない豪華で長い尾羽の飾り羽のような派手なハンディキャップを自分に課すことで，自分がいかに健康で優秀な遺伝子の持ち主であるかをメスにアピールしている，という説である。

ハンディキャップ学説は激しい批判を受けた。しかし，1990年にオックスフォード大学のアラン・グラフェン（Alan Grafen）が数理モデルで解析した信号のゲームモデルを発表して，ハンディキャップ学説が成り立つことを示した。彼のモデルの基本は，1973年に経済学者のミカエル・スペンス（Andrew Michael Spence）が提示した求人市場の信号モデルを参考にしたものである。求人市場で，自分が何者であるかの情報を知らない雇用者に対し，自分が優秀な労働力であることをアピールする信号として何が有効か，という問題がある。教育への投資はその信号の1つで，大きなコストを払うことで，それだけ大きなベネフィットが見込まれることをアピールできるとしている。スペンスのこの研究はハーバード大学での学位論文だが，スタンフォード大学時代の2001年に，この信号モデルの研究で，ノーベル経済学賞を受賞している。ハンディキャップ学説も，その後多くの数理生態学者がいろいろと条件を変えて，そのメカニズムを仔細に検討している。

野外生物でも，このハンディキャップ理論があてはまるのではないか，という例が紹介されている。たとえば，オスの性的装飾的形質を彩るものに，鮮やかな赤い色がある。この赤い色の発色源のなかに，カロチノイドがある。カロチノイドは植物で生成される物質で，動物が自らの体内では生成できない。メダカによく似た熱帯魚，グッピー *Poecilia reticulata* のオス（図3-5）は胴体の側面や尾びれが赤く発色する。これはカロチノイドによるもので，富栄養の河川ではより鮮やかに発色し，貧栄養の河川では地味な色になる。カロチノイド

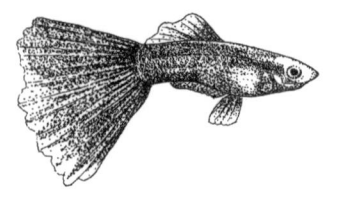

図 3-5 グッピー。

の本来の役割は，体内で活性酸素を抑え免疫抵抗性を強める作用がある。したがって，限られたカロチノイドを性的装飾形質に使えば，それだけ免疫力強化には不利になるはずである。さらに，目立つことは天敵の目標にされやすい。

アメリカのウエイク・フォーレスト大学のアン・ホウデ(Anne E. Houde)は，1987年に，トリニダード・トバゴのバリア川に生息するグッピーを用いて，カロチノイドに発色されたオレンジ色のスポットの大きなオスほどメスを引き付けることを示し，科学誌 Evolution に発表した。大きなオレンジ色のスポットは，それだけ多くのカロチノイドを食べなければ発色しないので，オスの健康状態や効率良くカロチノイドを摂取する能力の指標になるし，天敵に対しても対処の術を獲得しているかもしれない。つまり，ハンディキャップを背負っている分だけ，オスとして能力あることを誇示していると考えられ，メスはそのようなオスに引き付けられる。

さらに，2003年にアメリカの科学誌 Science に載ったイギリス・グラスゴー大学のヨナサン・ブラウント(Jonathan Blount)らの研究は，オーストラリア原産の嘴の大きなインコのようなキンカチョウ(錦花鳥) *Taeniopygia guttata* を用いて，オスのより鮮やかな赤い嘴がメスをより引き付けることを明らかにした。そして，より鮮やかな赤い嘴をもつオスは，それだけ免疫耐性も優れていることを示した。限られたカロチノイドを発色に用いれば，本来は免疫力が低下するはずである。しかし低下せずに逆に優れているのは，オスがカロチノイドを摂取するうえで高い能力をもっていることの反映である。キンカチョウのオスの赤い嘴の魅力は，高い適応度の指標であり，ハンディキャップ形質と考えられる。

その他の性淘汰

　性淘汰は，色彩や体形という生物の形態形質に作用するだけではない。行動形質や生理形質にも作用する。チョウのメスは交尾で授受された精包を交尾嚢に納め，精子を交尾嚢に絞り出し，輸卵管を通って産下される直前の卵に交尾嚢から精子を振りかける。メスは他のオスと二度目，三度目の交尾をする。そのときに，後から交尾をしたオスは，先に交尾をしたオスの精包を交尾嚢の奥に押し込める。したがって，実際に利用される精子は後に交尾をしたオスのものとなる。トンボの場合はオスの交尾器の末端に逆棘(さかとげ)のついた鞭(むち)のような道具があり，それを用いてすでにメスの受精嚢にある他個体の精子を掻き出して自分の精子と置き換える。このような行動を精子置換という。

　ウスバシロチョウ *Parnassius glacialis* やギフチョウ *Luehdorfia japonica* などのアゲハチョウ科 Papilionidae のチョウでは，メスと最初に交尾をしたオスは，自分の精子が他のオスによって置換されることを避けるために，交尾後のメスの交尾口をふさぐ貞操帯を残す。なお，交尾口と産卵口は別の器官である。ヘリコニウス属のチョウは交尾後のメスに，メスに近づくオスの性欲を減退させるような性欲減退臭という化学物質を残す。

　オスにとって，メスの複数回交尾を防ぐ手段の1つは，より大きな精包を作ることである。そのためには，大きなオスが有利になる。これも異性間性淘汰の結果である。ツマグロガガンボモドキ *Hylobittacus apicalis* のオスは，メスに結納品という名のプレゼントを渡す行動が進化している。結納品はメスのためのエサだが，メスは結納品を食べている時間だけオスに交尾を許す。結納品の大きさが小さいと交尾は失敗し，大きいと食事時間は長くなり，交尾時間も長くなる。オスがメスに授受できる精子の量は交尾時間に比例する。しかし，メスの交尾嚢の大きさには限度があり，オスは無限に交尾をするわけではない。メスの交尾嚢が満杯になれば，オスは交尾をやめ，メスが抱えている結納品を取り戻す。

オスによる同性内性淘汰仮説

　チョウのベイツ型擬態のオスに擬態型が出現しない理由を，ベルトは異性間

図 3-6　ベニオビタテハ。

性淘汰で説明したが，この仮説に初めて異議を唱えたのはアメリカのロバート・シルバーグリード (Robert Elliot Silberglied, 1946-1982) で，1984 年のことである。ベルトの提案から実に 110 年後のことである。シルバーグリードはアメリカのワシントン DC に本拠をおく，スミソニアン博物館機構の自然史博物館の研究員で，パナマのバロ・コロラド島にある，スミソニアン熱帯生物研究所の科学部門の責任者だった。彼は，熱帯生物研究所の構内で異性間性淘汰仮説の検証を試みた。

スミソニアン博物館機構は 1848 年に創設されたアメリカの国立博物館で，ワシントン DC を中心に，19 の博物館や美術館，9 の研究所，1 つの動物園からできている。熱帯生物研究所があるバロ・コロラド島は，パナマ運河の中ほどにある人造湖ガツン湖の中にある直径 4 km ほどの島である。島と島を取り巻く本土からガツン湖に突き出ている幾つかの半島を合わせた地域は，熱帯研究所が管轄するバロ・コロラド自然保護地で，熱帯研究所の関係者以外の立ち入りが許されていない。

シルバーグリードは，この研究所の構内に，高さ 2.1 m，縦横 3 m の野外網室を設置し，網室内でタテハチョウ科のベニオビタテハ *Anartia amathea* (図 3-6) が，どのような配偶相手を選ぶかを調べた。ベニオビタテハは，本来は雌雄ともに前後の翅の基部の半分が赤く，縁は黒く，黒い部分に縁に沿って白い斑紋のあるチョウである。彼は，雌雄の両性に対し，

(1) 赤いままのチョウ
(2) 赤の上を赤いペイント・マーカーでなぞったチョウ

表3-1　ベニオビタテハの交尾相手

交尾相手	メス			
	赤色型（未処理）	赤色型（処理）	黒色型（細工）	合計
オス　赤色型（未処理）	5	3	1	9
赤色型（処理）	3	2	0	5
黒色型（細工）	4	3	0	7
合計	12	8	1	21

自然界には，オスもメスも赤色型しか存在しない。オスは赤色型のメスだけを選んだが，メスは自然界には存在しない黒色型のオスをも受け入れた。処理個体と細工個体は，ペイント・マーカーで翅の紋様を書き込んである。(Silberglied 1984 より）

（3）赤い部分を黒のペイント・マーカーで黒く塗りつぶしたチョウの3通りの細工をして網室内に放し，どのような翅の模様のチョウが交尾するかを観察した。

結果を表3-1に示した。ベルトの異性間性淘汰仮説が正しいなら，メスのチョウは原型の模様をもつ赤いオスのチョウとのみ交尾して，変異型の翅を黒く塗りつぶしたオスとは交尾しないはずである。この実験を行ううえで重要な点は，人為的に模様を変えた黒いチョウだけでなく，同じ材質のペイント・マーカーで模様をなぞった赤いチョウも実験に用いた点にある。この実験はチョウの視覚を試す実験なので，ペイント・マーカーの化学的成分の影響も調べる必要があった。

結果はベルトの異性間性淘汰仮説を完全に否定するもので，オスはどのような翅の模様をもっていても，メスに平等に受け入れられていた。逆に，メスは原型が選ばれ，変異個体は交尾した21匹中わずか1匹しか選ばれなかった。異性間性淘汰仮説は否定されたのである。この結果を発表した1984年の論文で，シルバーグリードは，オスに変異型が出現しない理由を，オスが同種のオスと無駄な闘争を避ける信号手段としてオスの原型の翅の模様を用いているのではないかという，オスの同性内性淘汰仮説を提案した。

スミソニアン熱帯生物研究所の研究員は，数カ月おきにワシントンの博物館とパナマの研究所を移動する。1982年1月13日午後16時1分。シルバーグリードが搭乗したマイアミ行きのエア・フロリダ90便は，降雪による歴史的悪天候のため定時より1時間45分遅れてワシントン国際空港を飛び立った。しかし，飛び立った直後に凍結したポトマック川に架かる橋梁に墜落激突し

(a) オス　　　　　　　　　(b) メス

図 3-7　メスクロキアゲハ。(a) オス。オスにはこの原型だけが存在する。(b) メス。メスには，オスと同じ原型とアオジャコウアゲハに似たこの擬態型が存在する。

た。シルバーグリード36歳のときである。彼は，この論文の出版を見ずに夭折した。ハーバード大学から熱帯研究所の科学部門の責任者に転じた翌年のことだった。

1996年，アメリカの科学誌 *Evolution* に，ベイツ型擬態種のオスに擬態型が発現しない原因を，シルバーグリードが提唱したオスによる同性内性淘汰で検証した，という論文がアメリカのミシガン州立大学のロバート・レーダーハウス (Robert C. Lederhouse) とマーク・スクライバー (J. Mark Scriber) の名で発表された。彼らはミシガン州でメスクロキアゲハ *Papilio polyxenes* を用いて配偶者選択実験をして，この結論に達したという。

メスクロキアゲハのオスは，ヒル・トッピング (hill topping) という縄張り行動を示す。ヒル・トッピングとは文字どおり丘のような小山の山頂にオスのチョウがとまって縄張り (territory) を形成し，縄張り内にやってくるメスを捕らえて交尾する。日本では，小山の山頂に小さな祠がよくあるが，その祠の屋根や，祠の屋根を覆う木の梢に，国蝶のオオムラサキ *Sasakia charonda* のオスがメスの出現を待ってとまっていることが多い。そのような小高い場所は，オオムラサキ生息地での採集のポイントである。

メスクロキアゲハの翅は黒地で，中央に前翅から後翅にかけて上下に走る太い黄色い帯状の斑紋がある (図 3-7a)。しかし，メスのなかには，この帯状の黄色い斑紋が消えた個体がいる (図 3-7b)。そのようなメスは，ドクチョウであるアオジャコウアゲハ (図 3-2) によく似ており，アオジャコウアゲハの擬態

型だと考えられている。なお，アオジャコウゲハには，メスクロキアゲハだけではなく，この章の冒頭で紹介したように，トラフアゲハ（図3-1a）のメスの一部も擬態する。

レーダーハウスとスクライバーはメスクロキアゲハを卵から飼育し，羽化したオスのチョウの翅にペイント・マーカーで細工をして擬態型と原型の2つを作った。擬態型は，前翅の黄色い帯状の斑紋を黒いペイント・マーカーで塗りつぶし，後翅の黄色い帯状の斑紋を青いペイント・マーカーで塗りつぶしたものである。原型は，黄色の帯状の斑紋の上を，さらに黄色のペイント・マーカーを塗ったもので，ペイント・マーカーの化学的成分の効果を擬態型と原型と同じ条件にしている。

実験は2年間に4回に分けて行われ，そのつど，同じ親から得た卵から飼育したチョウを用いて行われた。放されたチョウは延べ擬態型45匹，原型45匹で，4ヘクタール，6.5ヘクタール，3.4ヘクタールの3カ所の放棄された畑地で，ヒル・トッピングをして縄張りを形成しているオスを見つけては取り除き，飼育して得たオスを代わりに放した。放したオスが明らかに縄張りを形成したことを確認できたときには，その後のオスの行動を観察した。その結果，擬態型のオスは他のオスの徹底的な攻撃を受けて，過半数の個体が2日以内に縄張りから離脱した。しかし，原型のオスは他のオスから緩やかなちょっかいを受けただけで，多くは1週間以上も縄張りを張り続けた。観察できた交尾の96％は縄張り内で行われた。したがって，交尾は縄張りを形成しなければ無理と考えられた。彼らはこの結果を得て，オスに擬態型が進化せず，原型が保たれている要因として，原型はオスの闘争を避ける信号手段であり，同性内性淘汰で保たれていると考えた。

しかし，すべてのベイツ型擬態種が縄張りを形成するわけではない。というより，縄張りを形成する種は少数である。私には，オスの縄張りを前提とするオスによる同性内性淘汰仮説は，メスだけの擬態を説明する一般解にはなりえないのではないかと思われた。

さらに，縄張りを形成したオスだけが交尾しているとは信じられなかった。縄張りを張れなかったオスがおめおめと交尾活動事態をやめているのだろうか。この問題は，第7章で再度言及する。

擬態するのはメスだけではない

　チョウのベイツ型擬態種は，すべての種がメスだけが擬態するわけではない。オスだけが擬態する種はいないが，雌雄の両性が擬態する種はいる。1991年に，イギリスのチョウの専門家のトーベン・ラーセン（Torben B. Larsen）が，オックスフォード大学出版から『ケニアのチョウとその自然史（The Butterflies of Kenya and Their Natural History）』を刊行した。そのなかに，ベイツ型擬態種は21種含まれており，雌雄の両性が擬態する種は16種で，メスだけが擬態する種はわずか5種だけだった。

　私が『ケニアのチョウとその自然史』を手にしたのは2002年のことである。迂闊にも，あるときからそれまで，私はチョウのベイツ型擬態種はメスだけが擬態すると思い込んでいた。しかし，雌雄の両性が擬態する種がいると知り，不思議な気持ちになった。オスが擬態しない理由を性淘汰に求める一方で，雌雄両性が擬態する種に性淘汰が作用しなかったことを問題にしないのは，ダブルスタンダードを用いているように思えた。しかし，ダーウィンの進化論を正しく理解している研究者には不思議なことではないようだった。それは以下のような理由のためだ。

　すべての鳥のオスは，クジャクのオスのように尾が長いわけではない。すべての甲虫のオスが，カブトムシのオスのように長い角をもっているわけではない。突然変異はランダムに起こり，自然淘汰は適者を残す。進化は種により地域により異なった道をたどる。したがって，ある種には擬態を促す突然変異は起こらなかった。別のある種には擬態型の突然変異が生まれ，自然淘汰で雌雄両性に擬態型が進化した。さらに別のある種にはオスに対して自然淘汰よりも強い性淘汰が働き，メスだけに擬態型が進化した。

　しかし，私は，やはりある種は擬態せず，ある種はメスだけが擬態し，またある種は両性が擬態し，さらにオスだけが擬態する種はいないことを説明する，共通の原理があるはずだ，と考えた。この原理を求めて，私はベイツ型擬態の研究に深入りしていった。

4章
なぜ一部のメスだけが擬態するのか

頻度依存淘汰

　メスだけが擬態する種で，なぜ一部のメスだけが擬態するのか。そのメカニズムは，頻度依存淘汰（frequency dependent selection）で説明されている。頻度依存淘汰とは生存と繁殖の可能性が自然環境に左右されるのではなく，集団中のその形質の多寡に依存することを説明した淘汰である。つまり，ある形質が「多数派である」ことだけで生存と繁殖に有利に働くなら，集団にその形質は広まり，すべての個体が同じ形質をもつ。これが正の頻度依存淘汰（positively frequency dependent selection）である。一方，ある形質が「少数派である」ことだけで有利に働くなら，多型が維持される。これが負の頻度依存淘汰（negatively frequency dependent selection）である。頻度依存淘汰は1884年にオックスフォード大学のエドワード・バグナル・ポールトン（Edward Bagnall Poulton, 1856-1943）によって命名された。彼は昆虫の体色の多型に関心があり，多型が出現するメカニズムを負の頻度依存淘汰で説明を試みた。

　頻度依存淘汰を初めて提案したのはドイツのミューラーで，進化生物学史上初めての数理モデルを用いて説明を試みた。ミューラー58歳の1879年で，当時，ブラジルに住んでいた。ミューラーというと，まず頭に浮かぶのは，ミューラー型擬態（Müllerian mimicry）の発見である。ベイツ型擬態は味のうまい種が，警告色をもつ味のまずい種に似て天敵から逃れる擬態である。それに対し，ミューラー型擬態は，警告色をもつ味のまずい種どうしが相互に似る擬態である（図4-1）。実は，この現象はベイツもウォレスも気づいていた。し

図 4-1 ミューラー型擬態。両種はヘリコニウス属の別種のチョウである。

かし，彼らはこの現象をうまく説明できずに見過ごしていた。どちらの種がどちらの種に擬態しているのかもわからないし，まずい種がまずい種に擬態することで，どのような利益があるのかもわからなかったからである。ミューラーは，警告色をもつまずい種どうしが似る効果を簡単な数理モデルで説明した。それが，正の頻度依存淘汰を示した最初の論文となった。

ベイツ型擬態とミューラー型擬態という語彙は1898年にポールトンが命名したものである。彼は，ベイツ型擬態で一部のメスだけが擬態するメカニズムを負の頻度依存淘汰で説明し，ミューラー型擬態がすべての個体だけでなく別種とも似るのを正の頻度依存淘汰で説明した。負の頻度依存淘汰は，現在，平衡淘汰(balancing selection)とも言われている。

ミューラーのブラジル移住

ミューラーは1821年に中部ドイツのエアフルトに生まれた。彼はベルリン大学で博士号を取得した博物学者で，その後にグライフスヴァルト大学で医学を修めた。しかし，父がプロテスタント教会の牧師にもかかわらず，医学生時代に無神論者になり，医師になる際に教会が求める神への宣誓を拒否し，医師にはなれなかった。それだけでなく，教会が課す大学教員の任用資格審査でも落とされた。このことに婚約者の父が激怒し，婚約は破棄されてしまった。

当時，ドイツは1806年の神聖ローマ帝国崩壊を受けて，幾つかの小国に分裂していた。神聖ローマ帝国とは，ドイツ，オーストリア，チェコ，北イタリア一帯を統合していた連邦国家で，844年間存続したが，ナポレオンの侵略を受けて解体された。しかし，ドイツは独自に統一を計ろうとして，憲法制定ドイツ国民会議（1848‐1849）を開いた。会議は自由主義のもとにあり，大学から教会勢力の排除も期待されていた。ミューラーはこの会議の熱狂的な支持者で，この会議に期待していた。しかし，会議は決裂した。ミューラーは絶望に陥り，自暴自棄になり，街で酒に浸る日々が続いた。そのようななかで，街で知り合った女性との間に子供ができた。その事態を受けて，敬虔（けいけん）なクリスチャンの姉が彼を諭し，彼は完全自給自足の農民になることを決意した。1852年，31歳のときに彼は妻子を伴いブラジルに移住した。

ブラジルに移住したミューラーは，アマゾンから遠く離れたサンパウロ郊外の，ブルーメノウのドイツ人入植地の亜熱帯の原生林を開墾して農業を営んだ（図2-2参照）。しかし，生活が安定するまでは，専門学校の数学教師をしたり，医師をしたり，地方自治体の植物調査官・農業アドバイザーになったりしている。1876年から1891年にはブラジル皇帝ドン・ペドロ2世に請われて，訪問研究者としてリオデジャネイロに設置された国立博物館の建設発展に尽力している。この時代がミューラーにとって最も充実した時期だった。しかし，1889年に起こったブラジルの共和制革命は，縁故主義に陥り，旧勢力に厚遇されたミューラーを冷遇した。ミューラーは晩年になり経済的に窮乏し，ダーウィンを含む欧米の多くの人々から経済支援の申し出を受けている。1897年に死去。没後32年目の1929年に，入植地のブルーメノウの町にミューラーを讃えた記念碑が建てられた。

ミューラーは多くの論文を書いている。なかには，現代でも研究者の興味ある研究対象になっているアリ植物の論文がある。植物によっては花以外の葉や茎にも蜜を分泌する腺体がある。たとえば，イタドリ，カラスノエンドウ，サクラ，アカメガシワのような身近な草木にもそのような腺体があり，花外蜜腺（extrafloral nectary）という。アリを誘引してその見返りにアリに植物を食害する食植性昆虫の卵や幼虫を排除してもらう。花外蜜腺をもつことで，植物とアリの共生を実現しているのだ。熱帯に生えるセクロピア属（*Cecropia*）の植

物は，葉の付け根の下部に直径 1 mm，長さ 3 mm 程度の白い粒子をいくつも生産する。これはグリコーゲンの塊で，やはりアリを誘引する栄養体である。この白い粒子を，発見者ミューラーにちなんでミューレリアン・ボディー (Müllerian body) という。

ミューラー型擬態と正の頻度依存淘汰仮説

　警告色をもつまずい種どうしが相互に酷似するミューラー型擬態のメカニズムを解明したミューラーの数理モデルの基本的な前提は，鳥が警告色をもつチョウの味の悪さを覚えて避けるようになるためには，鳥の学習が必要だ，と考えたことである。鳥はある数のチョウを食べてみなければ，そのチョウがまずいということを覚えられない。この際の鳥とは，必ずしも個々の鳥とは限らない。鳥は周囲にいる他の鳥の反応を見て，そのチョウがまずいということを学習する。

　つまり，鳥は本能的にまずい種と警告色との関係を知って避けているわけではなく，学習し記憶することでまずい種を覚えて避けている，としたことである。この前提は現在では至極当然のこととして受け入れられ，誰もが思いつくが，ミューラー以前の博物学者は誰もこのことに気づいていなかった。

　ベイツ型擬態種が，味のまずい種に擬態することで鳥の捕食を避けていることは，ベイツも，ウォレスも，ベルトも，ダーウィンも認めた。しかし，彼らには，鳥はモデルとなるチョウの味の悪さを学習によって覚える，という発想がなく，派手で目立つ警告色をもつ種を本能的に避けていると考えていた。

　しかし，ミューラーは，鳥は学習の結果，警告色をもつ種は味が悪いことを記憶するのではないか，と考えた。したがって，味のまずい種が単独で鳥にその味のまずさを覚えさせるよりも，味のまずい複数の種が相互に似ることで，味のまずさを覚えさせたほうが，個々の種の被害個体の数は少なくてすむと考えた。

　ミューラーの数理式の示したことは，味のまずい種がその効果を発揮するためにはある程度の数がいなければならないとしたことである。そして，そのような個体が増えれば増えるほど，個々の個体は鳥に襲われる確率が減り，警告色の効果は増す。その効果は同種のチョウだけでなく，よく似た他種のチョウ

にも及ぶので，警告色をもつ味の悪い種が相互に似るようになった。これを，数のプラスの効果がある，正の頻度依存淘汰と言い，ミューラー型擬態が進化した要因である。正の頻度依存淘汰は，集団中のすべての個体が同じ形質をもつことを説明している。

ミューラーの正の頻度依存淘汰の論文は，最初はドイツ語で書かれた。そして，翌年に英語に翻訳されイギリスの昆虫学会誌に掲載された。それを読んだウォレスはこの論文の重要さに気づき，全面的賛同の意見を *Nature* 上に展開している。

Box 4-1　ミューラーの正の頻度依存淘汰モデル

ある地域に種1と種2の2種の味のまずいチョウがいるとする。そのとき，
　種1の個体数を a_1,
　種2の個体数を a_2,
とする。

その地域の鳥があるチョウの味がまずいと知って，それ以上の捕食をやめるためには n 匹のチョウを食べてみなければならないとする。すると，もし両種のチョウが似ていないなら，鳥はそれぞれのチョウを覚えなければならないから，種1と種2のチョウはそれぞれ n 匹ずつ食べられる。

もし両種のチョウがよく似ているなら，鳥は両種合わせて n 匹食べれば両種の味が悪いことを覚える。その際に，種1が食べられる数を e_1, 種2が食べられる数を e_2 とすると，次のようになる。

$$e_1 = n \frac{a_1}{a_1 + a_2}$$

$$e_2 = n \frac{a_2}{a_1 + a_2}$$

その結果，相互に似たことで鳥の捕食を逃れて生き残れる数は，次のようになる。

種1は　　$n - e_1 = n - n \dfrac{a_1}{a_1 + a_2} = n \dfrac{a_2}{a_1 + a_2}$

種2は　　$n - e_2 = n - n \dfrac{a_2}{a_1 + a_2} = n \dfrac{a_1}{a_1 + a_2}$

このことは，種1の個々のチョウにとってみれば，種2に似ることで得られる，捕食から逃れられるベネフィットを g_1, 種2の個々のチョウが得られるベネ

> フィットを g_2 とすると，次のようになる。
>
> $$g_1 = n\,\frac{a_2}{a_1+a_2}\,\frac{1}{a_1}$$
>
> $$g_2 = n\,\frac{a_1}{a_1+a_2}\,\frac{1}{a_2}$$
>
> その結果，両種のベネフィットの比は，次のようになる。
>
> $$g_1:g_2 = a_2\times a_2:a_1\times a_1 = a_2{}^2:a_1^2$$
>
> たとえば種1が100匹，種2が10匹の場合，両種のベネフィットの比は $10\times10:100\times100 = 1:100$ となり，数の少ない種2は種1に似ることで種1の100倍も得をする。しかし，種1も損をすることはなく得をしている。もし両種の数が等しいなら，両種とも等分に得をする。

ベイツ型擬態と負の頻度依存淘汰仮説

　メスだけが擬態するベイツ型擬態は，すべてのメスが擬態するわけではなく一部のメスだけが擬態する。ベイツ型擬態は，本来は隠蔽色をもつはずの味のうまい種が，味のまずい種に似る擬態である。したがって，擬態種の擬態型が増えれば増えるほど，鳥に対するだましの効果は減少すると予測できる。

　たとえば，ある地域にモデルとなる味の悪いチョウが多数いるとして，そのなかに少数の擬態型がいるならば，擬態の効果はいかんなく発揮され，擬態型は鳥の襲撃を避けることができるだろう。そこで得られる効果を擬態のベネフィットという。しかし，擬態型の数が増加すれば，擬態のベネフィットは減少し，ある数に達すれば，擬態のベネフィットはなくなるだろう。そして，さらに擬態型が増えれば，ベイツ型擬態種は派手で目立つ警告色をもつだけ，他の味の良い隠蔽色をもつ種よりも鳥によって発見される危険性は増すだろう。そのとき，警告色をもつ擬態の効果はマイナスになる。これを擬態のコストという。つまり，ベイツ型擬態には数のマイナスの効果があるので，この効果を負の頻度依存淘汰という。この場合の頻度とは，モデル種と擬態型の個体数を合わせた集団中の擬態型の頻度である。

　ベイツ型擬態種のメスがすべて擬態するわけでなく，一部のメスだけが擬態する理由は，この負の頻度依存淘汰で説明されている。モデルが多いならば擬

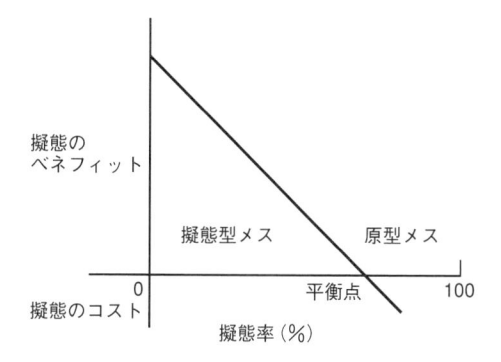

図4-2 負の頻度依存淘汰仮説。擬態率が低いときには目立つ警告色の効果は大きく、擬態型は鳥の攻撃を回避でき、擬態のベネフィットは高い。しかし、擬態率が上昇すると擬態のベネフィットは減少し、やがて失われ、目立つことは擬態のコストに転じる。この擬態のベネフィットとコストの平衡点で個体群の擬態率が決まる。このとき、擬態型と原型が被る捕食圧は等しいと予測される。

態型になるほうが有利だし、モデルが少ないならば原型のほうが有利になる。したがって、擬態種の集団を単位に考えると、擬態率は擬態のベネフィットとコストが均衡する平衡点のときに決まると思われる（図4-2）。

ベイツ型擬態種で一部のメスだけが擬態する理由は、「すべての個体が擬態すると捕食者に擬態が見破られる。だから一部の個体だけが擬態する」と説明されている。これは正しい。その結果、「だから擬態は有効であり、擬態しない原型は擬態型の犠牲者である」と人は考えがちである。しかし、ある地域の擬態率が平衡点に達しているなら、原型は決して擬態型の犠牲者ではない。擬態型と原型は等価だからである。ただし、擬態型も擬態の有効性は失われているものと思われる。この状態を達成している負の頻度依存淘汰は平衡淘汰とも言われている。これらの淘汰は、集団中に複数の形質が存在する多型を説明している。

負の頻度依存淘汰仮説の野外検証

メスだけが擬態するベイツ型擬態では、すべてのメスが擬態するわけではなく、一部のメスだけが擬態する。負の頻度依存淘汰仮説に従うと、擬態型の個体数はモデルの個体数に負っている。つまり、モデルが多ければ擬態型も多

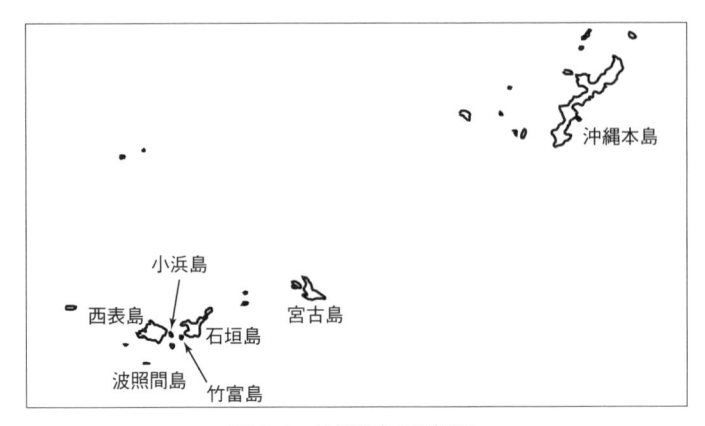

図4-3　沖縄諸島の概観図。

く，モデルが少なければ擬態型も少なくなる。

　このことを野外で初めて検証したのは，琉球大学の大学院生だった上杉兼司である。1991年のことで，彼は沖縄諸島の7つの島（図4-3）で，ベイツ型擬態種のシロオビアゲハ *Papilio polytes*（図4-4a, b）とモデル種のベニモンアゲハ *Pachliopta aristrochiae*（図4-5）を捕らえて，擬態型の個体数はモデルの個体数に負っていることを検証した。シロオビアゲハはメスの一部だけがベニモンアゲハに擬態するベイツ型擬態種である。

　上杉は，7つの島ごとにモデル種のベニモンアゲハと，ベニモンアゲハの擬態型が発現するシロオビアゲハのメスを捕らえ，ベニモンアゲハの個体数をベニモンアゲハの個体数とシロオビアゲハのメスの個体数の和で割ったものを，「擬態型有利さ指数」と名づけた。

$$擬態型有利さ指数 = \frac{モデルの雌雄の個体数}{モデルの雌雄の個体数 + 擬態種のメスの個体数}$$

　つまり，シロオビアゲハのメスの数に比べモデルのベニモンアゲハの数が多ければ多いほど，「擬態型有利さ指数」は大きな値になり，シロオビアゲハのメスのなかで擬態型の個体数が多くなることが予測できる。

　上杉は，さらに擬態種のメスのなかでの擬態型個体の比率も調べた。これが擬態率である。したがって，負の頻度依存淘汰仮説に従えば，「擬態型有利さ指数」が高ければ，擬態型が増加し，その結果，擬態率が高くなる確率も高

(a) 原型　　　　　　　　　　　　(b) 擬態型

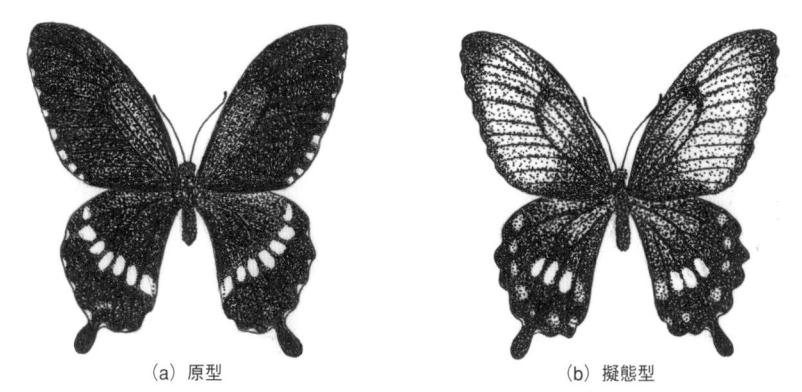

図 4-4　シロオビアゲハ。(a) 原型。雌雄両性に発現する。(b) 擬態型。メスのみに発現する。

図 4-5　ベニモンアゲハ。シロオビアゲハの擬態型のモデルである。

くなることが予測できる。

　上杉が沖縄諸島で調べた結果は，モデル種の個体数が多く「擬態型有利さ指数」が高ければ，擬態種のメスの擬態率も高いことを示した（図 4-6）。このことは，沖縄のベイツ型擬態種シロオビアゲハのメスの擬態率は，負の頻度依存淘汰により実現していたのだ。

　この負の頻度依存淘汰仮説より，モデル種に対するベイツ型擬態種の寄生者説が生まれた。頻度依存淘汰仮説が予測した擬態率は，擬態することにより鳥の襲撃を避けられる，という擬態のベネフィットがゼロになり，擬態してない原型と同じように鳥に襲撃される瞬間である。さらに擬態率が上がると，擬態型は警告色をもつだけ派手で目立つようになり，逆に原型よりも鳥に襲わ

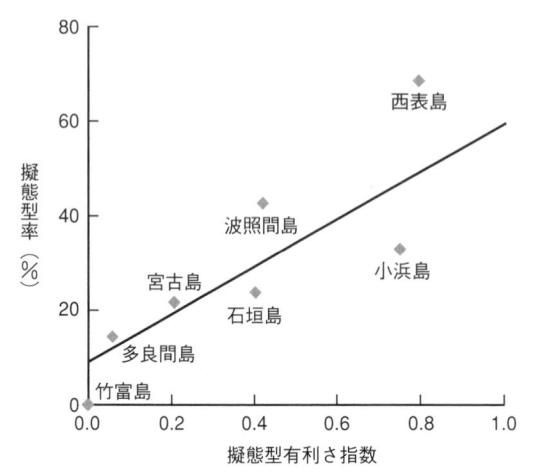

図4-6 沖縄諸島のシロオビアゲハの擬態率と擬態型有利さ指数の関係。モデルとなるベニモンアゲハが相対的に少ない島（擬態型有利さ指数の低い島）でシロオビアゲハの擬態型率は低く，ベニモンアゲハが相対的に多い島（擬態型有利さ指数の高い島）でシロオビアゲハの擬態率は高かった。擬態型有利さ指数＝ベニモンアゲハの個体数／（シロオビアゲハのメスの個体数＋ベニモンアゲハの個体数）。（上杉2000より）

れるようになると考えられる。これが擬態のコストである。したがって，まだコストが派生しないゼロのときに，ベネフィットとコストが均衡して擬態率が決まるとした。つまり，擬態型が増えることで擬態のベネフィットは減少する。その過程でモデルとなる味の悪い種も捕食者によって擬態型同様に鳥に襲撃されるようになり，モデルの被害率は増大するのではないか，という説である。

ベイツ型擬態種は寄生者か

ベイツ型擬態種がモデル種にとって，寄生者なのかどうかは，擬態研究のなかで，繰り返される話題の1つである。ミューラー型擬態は，味のまずい異なる種が相互に似ることで，個々の個体にとって，鳥が味のまずい種を学習する際に犠牲者になる確率が減り，互恵を得ていると考えられている。一方，ベイツ型擬態は味のまずい種にうまい種が似ることで，味のうまい種が一方的に利益を得ていて，モデル種は擬態種に寄生された形になっており，擬態種が増加するとモデルの犠牲者も増加すると考えられていた。このことは，実はベイツ

自身がすでに指摘していた。擬態個体が多ければモデルの被害も増すだろうとベイツは言及している。一方，ミューラー型擬態は，相互に似ることで互恵利益を受けている，というのがミューラーの主張だった。

　しかし，味がうまいかまずいかは相対的なものである。たとえば，ミューラー型擬態種である2種が，全く同じようにまずいわけではない。一方がよりまずく，他方はよりまずくない場合があるだろう。そして，まずいか，うまいかの境目が，明瞭に区別されているわけでもない。その判断は，鳥の個性や満腹度，餌種の密度や比率の違いで異なってくると考えられる。したがって，ミューラー型擬態も，ベイツ型擬態と同様に，より味のまずい種により味のまずくない種が擬態している，という考え方がある。この場合に問題になるのは，両者の関係は互恵か，それともよりまずくない種による寄生なのか，である。つまり，よりまずくない種が増加すれば，よりまずい種の犠牲が増大するのではないか，という問題である。このことを最初に問題にしたのはリバプール大学のマイク・スピード（Mike Speed）で，1993年のことだった。

　2007年にリバプール大学のハンナ・ロウランド（Hannah M. Rowland）やスピードらは，これらの問題に関する興味深い実験結果を *Nature* に発表した。彼らは，警告色をもつ味の悪い種に対し，酷似したそれほど味の悪くない種や，味の良い種の存在が，味の悪い種にどのような影響を与えるかを調べた。

　実験の結果は，それほど味の悪くない種でも味が悪いなら，酷似した本当に味の悪い種に対しても，予測どおりにミューラー型擬態種として作用し，互恵効果があることを示した。

　さらに，ベイツ型擬態種のように味の良い種が，酷似した本当に味の悪い種に対する作用も片利共生的であって，擬態種が一方的に利益を得ているが，モデルは擬態型が存在することで不利益を被っていないことを示す，予想外の結果だった。つまり，味の良いベイツ型擬態種は，モデルに対する互恵効果はゼロになるが，決してマイナスの効果を与えているわけではなかったのである。

　2008年に京都大学大学院の本間敦らは，コンピューターモデルを用いて，ベイツ型擬態種の存在はモデル種にとって寄生者ではない，という，ロウランドらと同じ結論に達している。

Box 4-2 擬態種がモデルに与える効果実験

ロウランドやスピードらの実験は以下のようなものだった。彼らは捕食者として野外で捕らえたシジュウカラを用意した。餌としては、細い線の十字模様のついた白い紙で包んだアーモンド（隠蔽的な味の良い餌）と、黒く塗りつぶした正方形の模様のある紙に包んだ3通りのアーモンドを用いた。黒く塗りつぶした正方形の模様は警告色を模している。3通りのアーモンドは、リン酸塩クロキシンの濃い溶液につけたもの（モデルとなる警告色をもつよりまずい餌）と、薄い溶液につけたもの（警告色をもつあまりまずくない餌）、溶液につけていないもの（警告色をもつ味のうまい擬態種）である。

そして、シジュウカラの鳥小屋の床に隠蔽的な味の良い餌を60個と、モデルとなる警告色をもつ、よりまずい餌を60個、それぞれ数を固定してまいた。さらに別の餌の数を3通りに変えてまいて、以下の2つの実験を行った。そして、餌が総計で50個食べられた段階で、それぞれの餌の被食数を数えた。

実験I（ミューラー型擬態の効果の検証）　警告色をもつあまりまずくない餌の数を、0個、30個、60個と変えてまいた。この場合、モデルとなる警告色をもつよりまずい餌の被食率は、約30％、25％、20％と次第に減っていった（図4-7）。したがって、味の程度が異なっても、見かけのよく似た味の悪い種どうしが共存するなら、ミューラー型擬態の互恵効果が現れる。

なお、この実験では、味がまずい餌のはずなのに、意外と多く食べられているではないか、と思う人がいるかもしれない。おそらく、実験の都合上、味がまずいといっても、さほどまずくない餌を用いたからだと思う。警告色をもつ味の悪い種といっても、その味のまずさには程度の違いがあるのだ。

実験II（ベイツ型擬態の効果の検証）　警告色をもつ擬態種の数を0個、30個、60個と変えてまいた。この場合、モデルとなる警告色をもつまずい餌の被食数は、どの組み合わせでもほとんど違いがなく、約30％の18個前後が食べられた（図4-8）。つまり、擬態種の個体数が増加してもモデルの被食数には変化はなかった。したがって、ベイツ型擬態には互恵効果はない。しかし、従来、予測されていたベイツ型擬態における擬態種のモデルに対する寄生効果もないことが示されている。

シジュウカラが50個の餌を食べるとき、ランダムに餌を選ぶとしたならば、警告色をもつ擬態種の数を0個、30個、60個と変えてまいたときに、60個のモデルとなる警告色をもつまずい餌の期待被食数は、食べられた50個を床にまいてある餌の総数で割った数に、味の悪い餌の数60個を掛けた数になる。したがって、それぞれ、25個、20個、16.7個と変わるはずである。しかし、実際に食べられた数は、どの場合も約18個だから、期待被食数に比べた場合、実際の被食率は、食べられた18個をそれぞれの期待被食数で割った、0.72、0.9、1.08

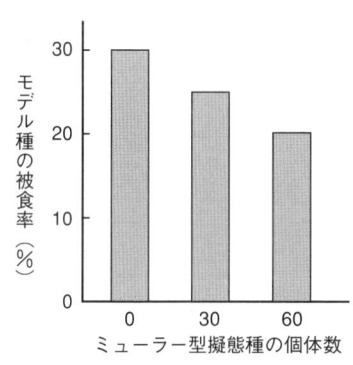

Box 4-2 擬態種がモデルに与える効果実験

図 4-7 ミューラー型擬態種の効果。味の少し悪いミューラー型擬態種を加えた場合，モデル種の被食率は減少した。(Rowland et al. 2007 を改変)

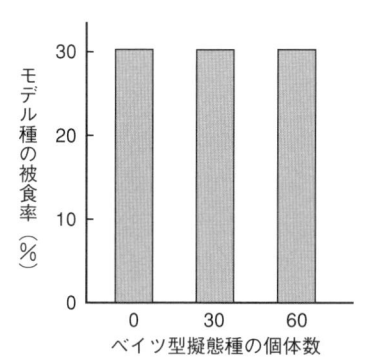

図 4-8 ベイツ型擬態種の効果。味の良いベイツ型擬態種を加えた場合，モデル種の被食率は変化しなかった。(Rowland et al. 2007 を改変)

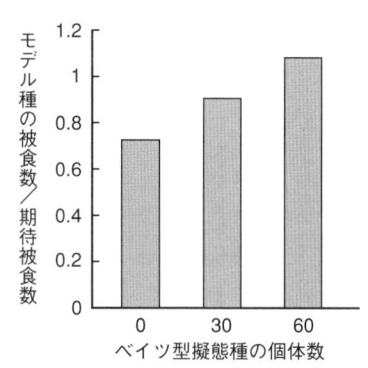

図 4-9 ベイツ型擬態種の寄生効果。味の良いベイツ型擬態種を加えた場合，モデル種の被食率は変化しなかったが，期待被食率に比べると被食率は増加した。(Rowland et al. 2007 を改変)

となり，擬態種の個体数の増加に伴って増加している(図4-9)。つまり，モデルはベイツ型擬態種の個体数が増加すれば，被食率は増加しているのである。しかし，餌全体の密度も増加しているので，実際の被食数は変化していない，ということになる。したがって，厳密な意味では寄生効果は全くないわけではないが，実際に鳥に捕食される被食数には影響がないということになる。

負の頻度依存淘汰：タカとハト

　性淘汰は雌雄で形質が異なる性的二型を説明した。負の頻度依存淘汰は同じ性でも擬態型と原型のように形質の異なる二型を説明している。負の頻度依存淘汰を平衡淘汰とも言い，同じ個体群内のさまざまな多型の説明に用いられている。たとえば，チョウやトンボのオスは，「同種でも，縄張りを形成するオスと形成しないオスがいる」というように異なる行動形質を示す。このような擬態とは全く無関係な行動多型も負の頻度依存淘汰で説明されている。進化生態学を学んだ人なら馴染みの深いタカ-ハトゲームも負の頻度依存淘汰の一例である。

　タカ-ハトゲームは，イギリス・エセックス大学のメイナード・スミス（John Maynard-Smith, 1920-2004）が動物の攻撃性の進化を説明するために56歳の1976年に示したゲームの理論である。ゲームの理論とは，チェスや将棋，碁のように，利害の必ずしも一致しない相手のあるゲームで，合理的な意思決定や合理的配分方法とは何かということについて考えるための数学理論である。メイナード・スミスは，もともとはオックスフォード大学工学部卒の飛行機設計技師だったが，31歳の1951年にロンドン大学動物学部に入学し，進化生物学者に転じた。

　タカ-ハトのゲームは，攻撃的なタカと，平和的なハト，という極端に異なる行動を通して，同じ種のなかに見られる行動多型の比率が決まるメカニズムを説明したゲームの理論である。同種集団中の他個体に出会った場合，タカは常に戦い，相手を傷つけたり殺したりする。しかしタカ自身も傷つく危険がある。ハトは威嚇のディスプレイをするだけで危険な戦いを避ける。このときのこの2つのタイプの払うコストと得るベネフィットを適当に決め，攻撃者の得る利得を計算すると，2つの異なるタイプはある比率で安定平衡に達する。つまり，集団中に多型が起こるメカニズムを説明している。

　この負の頻度依存淘汰は，同性内の多型を説明するだけではない。動物の種内にはオスとメスという異なる性がある。この性の比率，性比がどのように決まるかも説明する理論である。たとえば人間を含む多くの動物の性比は1：1である。もし，オスの性比が少ないならば，1匹のオスは沢山のメスと出会

い，1匹のメスが残せる以上の子供を残すことができる。もし，メスの性比が少ないならば，オスはメスに出会えずに子供を残せないかもしれない。しかし，メスは自分の産める数だけの子供を確実に残せる。したがって，祖父母にとって，孫の数をより多くするためには少ない性の子供をより多く産むほうが得をする。その結果，性比は1:1に収斂した。

Box 4-3　タカ-ハトゲーム

メイナード・スミスは，戦いのベネフィットを，勝者は＋50点，敗者は0点とした。戦いのコストは，傷つく場合は－100点，ディスプレイに時間を使うことを－10点とした。そして，このゲームで得られるそれぞれのタイプの利得に比例して，自らと同じタイプの子供を残せるとした。2つのタイプが出会う組み合わせは4通りある。

(1) 攻撃者がタカ，対戦者もタカ： 勝つことと傷つくことの確率をともに50％とすると，攻撃者の利得は，$(1/2)50 + (1/2)(-100) = -25$。
(2) 攻撃者がハト，対戦者がタカ： ハトはタカに出会うと必ず逃げるので，攻撃者の利得は，0。
(3) 攻撃者がタカ，対戦者がハト： タカは常にハトに勝つので，攻撃者の利得は，＋50。
(4) 攻撃者がハト，対戦者もハト： 必ずディスプレイを行い，勝つ確率は50％とすると，$(1/2)(50-10) + (1/2)(-10) = +15$。

この結果を表4-1の利得行列で説明しよう。集団中のすべての個体がタカであるとすると，個体の利得は－25点になる。この集団にハトの突然変異が現れると，ハトの利得は0点になり，タカよりは有利になる。したがって，ハトは集

表4-1　タカ-ハトゲームの攻撃者の得る平均利得

攻撃者	対戦者	
	タカ	ハト
タカ	－25	＋50
ハト	0	＋15

攻撃的なタカ的形質と平和なハト的形質がある場合，集団中がタカだけ（－25）になるとハト（0）のほうが有利になり，ハトだけ（＋15）になるとタカ（＋50）のほうが有利になり，タカだけもハトだけも進化的に安定しない。結局，タカとハトの二型が出現する。（Maynard Smith 1976より）

団中に瞬く間に広がる。すると各個体の利得は＋15点になる。そこに得点＋50点のタカが突然変異で出現すると、集団中に再びタカが増加する。つまり、集団中の少ない形質が常に有利になるのである。したがって、集団中の個体すべてがタカになったり、すべてがハトになったりすることはない。次第に、タカとハトの比率は頻度依存淘汰により調整され、結局は等しい利得を得られる比率で安定平衡に達する。

つまり、集団中のタカの比率を h とすると、ハトの比率は $1-h$ となる。タカの平均利得は、タカおよびハトと対戦したときの利得を出会う確率で平均したものだから、$H = -25h + 50(1-h)$ となる。同様にして、ハトの利得は $D = 0h + 15(1-h)$ となる。安定な平衡状態では H と D は等しくなるので、$H = D$ として計算すると、$h = 7/12$（タカの比率）、$1-h = 5/12$（ハトの比率）となる。メイナード・スミスは、この状態を進化的に安定平衡な状態と言った。

タカとハトとブルジョア

タカ-ハトゲームは集団のなかの行動の多型を負の頻度依存淘汰で説明した。多型化せずに一元化するケースも、メイナード・スミスによってゲームの理論で説明されている。彼は、攻撃的なタカと平和的なハトに加え、先住者ならばタカ的に振る舞い侵入者ならばハト的に振る舞うブルジョアという形質を加えてみた。すると、集団中の個体はすべてがブルジョアになった。つまり、多型化せずに一元化したのである。なお、この場合の一元化はミューラー型擬態の示した正の頻度依存淘汰とは異なるメカニズムであることに注意してほしい。ここでタカ-ハト-ブルジョアゲームに言及するのは、頻度依存淘汰との関連ではなく、タカ-ハトゲームとの関連からである。このゲームは、3章で示した、メスにしか擬態型が発現しない理由をオスの同性内性淘汰で示した、レーダーハウスとスクライバーの説のメカニズムをよく説明しているからでもある。

メイナード・スミスがこのゲームの理論で示したかったことは、動物が必ずしも死や重傷に至る激しい闘争をしないが、そのような行動がどのように進化するか、その仕組みを説明することだった。たとえば、2個体が1つの資源を巡って争う場合には、一方が必ず先住者となり他方が侵入者となる。その際に、侵入者は譲る、という形質が進化した。犬を飼っている方は理解できると

思うが，犬は自宅などの自分の縄張りに他の犬が近づくと激しく吠えて威嚇するが，他の犬の縄張りに近づいて吠えられても反応を示さない。そのように，すべての犬が同じような行動形質を示す。

第3章で触れたメスクロキアゲハのオスは，縄張りを形成する。そして，交尾のほとんどが縄張り内で成立する。私は交尾のほとんどが縄張り内で成立する説には懐疑的である。しかし，ともかく，メスクロキアゲハのオスの縄張りを巡る闘争は，縄張りを張る先住者が常に勝っている。そのメカニズムは，このメイナード・スミスのタカ-ハト-ブルジョアゲームで説明できる。その際に重要なことは，縄張りを張るチョウの先住者も侵入者も同種の同性であることだ。その先住者が同種の同性であることを侵入者に伝える信号として，オスには擬態型が進化しなかった。これが，メスクロキアゲハはメスだけが擬態する同性内性淘汰のメカニズムと考えられている。

Box 4-4　タカ-ハト-ブルジョアゲーム

　ここでは，タカ-ハトゲームの攻撃的なタカと平和的なハトに加えて，新しくブルジョアという行動を考える。ブルジョアは先住者であるときにはタカになり，侵入者になるときにはハトになる。戦いのベネフィットとコストはタカ-ハトゲームと同じで，勝者は+50点，敗者は0点とした。戦いのコストは，傷つく場合は-100点，ディスプレイに時間を使うことを-10点とした。

　ブルジョアがタカとハトに出会うとき，半分は先住者としてタカとして振る舞い半分は侵入者としてハトとして振る舞うと仮定した。ブルジョアどうしが出会ったときには，先住者として勝つ確率と，侵入者として負ける確率は等しく，1/2ずつとした。このとき，傷ついたりディスプレイすることによるコストは払わなくてよい。

　このゲームでも，得られるそれぞれのタイプの利得に比例して，自らと同じタイプの子供を残せるとした。3つのタイプが出会う組み合わせは9通りある。その結果は表4-2の利得行列に示した。

　タカとハトの対戦は4通りの組み合わせがあり，その利得はタカ-ハトゲームと一緒である。ブルジョアがタカとハトに出会うとき，対応する利得は，行列でその上に位置する2つの利得の平均値に等しい。ブルジョアどうしが出会ったときには，コストを払わないので勝者が得る利得+50点の半分の+25点となる。

表 4-2　タカ-ハト-ブルジョアゲームの攻撃者の得る平均利得

攻撃者	対戦者		
	タカ	ハト	ブルジョア
タカ	− 25	+ 50	+ 12.5
ハト	0	+ 15	+ 7.5
ブルジョア	− 12.5	+ 32.5	+ 25

攻撃的なタカ的形質と平和なハト的形質に加え，先住者としてはタカ，侵入者としてはハトとなるブルジョア的形質を考える。集団中がタカだけ(− 25)になるとハトと(0)とブルジョア(− 12.5)のほうが有利になり，ハトだけ(+ 15)になるとタカ(+ 50)とブルジョア(+ 32.5)のほうが有利になり，タカだけもハトだけも進化的に安定しない。ブルジョアだけ(+ 25)になるとタカ(+ 12.5)に対してもハト(+ 7.5)に対しても有利になり，すべての個体がブルジョアになる。(Maynard Smith 1976 より)

　この結果を表 4-2 の利得行列で説明すると，集団中のすべての個体がタカであるとすると，個体の利得は − 25 点になる。この集団にハトやブルジョアの突然変異が現れると，ハトの利得は 0 点，ブルジョアの利得は − 12.5 点になり，ハトやブルジョアはタカより有利になる。集団中のすべての個体がハトであるとすると，個体の利得は + 15 点になる。この集団にタカやブルジョアの突然変異が現れると，タカの利得は + 50 点，ブルジョアの利得は + 32.5 点になり，タカとブルジョアはハトよりは有利になる。したがって，タカもハトも進化的に安定な状態にはなれない。しかし，集団中のすべての個体がブルジョアになると，個体の利得は + 25 点になる。この集団にタカやハトの突然変異が現れても，タカの利得は + 12.5 点，ハトの利得は + 7.5 点になり，常にブルジョアのほうが有利になる。

　この結果は，ブルジョアが進化的に安定な状態になることを示している。

5章
警告色の進化

派手な目立つ色の意味

　ミューラーの示した頻度依存淘汰仮説は，捕食者が学習によって味のまずいチョウを覚えることを前提としている。この前提は2つの問題を派生した。1つは，直面した味のまずい種の派手な目立つ体色の意味である。もうひとつは，約100年後に問題になった，生物は利他的に振る舞っているのか利己的に振る舞っているのかという問題だった。

　前者の派手な目立つ体色の意味について，最初，ダーウィンは自然淘汰で説明を試みた。派手な体色の種は熱帯に多かった。そこで，ダーウィンは熱帯の明るく輝く環境にとり，派手な体色は適応的だろうと考えた。しかし，寒帯のイギリスにも派手な体色の昆虫がいることをベイツに指摘され撤回した。適者生存ならば，捕食者からも餌からも目立ち警戒される派手な体色がなぜ進化したのか，自然淘汰では説明がつかなかった。ダーウィンは，次にオスに体色の派手な種が多いことに着目して，性淘汰で説明を試みた。しかし，メスも派手な目立つ体色の種はいるし，繁殖に無縁の幼虫の派手な体色は性淘汰では説明がつかなかった。

　そこでダーウィンは，1867年にウォレスに手紙を書いて問題点を相談した。ウォレスの返信には，彼とベイツが熱帯で見た派手な体色のチョウは，変な臭いや味がした，と書いてあった。さらに，ロンドンの公務員でアマチュア博物学者のジョン・ジェナー・ウェアー (John Jenner Weir, 1822-1895) が，鳥は夕暮れに白く輝いて目立つ体色の味のまずいガを食べないと言っている，と指

摘してあった。そこで，派手な体色は，自分はまずくて食べられないぞと捕食者にアピールしている警告の信号で，自然淘汰によって進化したのだと思う，と書いてあった。

ウォレスは，派手な体色が警告的な信号だ，という彼の予測をウェアーに検証してくれるように依頼した。ウェアーは自宅の庭の鳥小屋で2年間に10種の鳥と4種のガで実験を行い，派手で目立つ体色のガは鳥に避けられることを明らかにした。さらに，毛や棘（とげ）で覆われた幼虫や，すべすべした表皮の幼虫を用いて鳥の摂食実験を行い，鳥が捕食を忌避する個体は毛や棘の有無に関係がないことを示し，鳥は味が悪い幼虫を避けているとした。そして，派手な体色のガは味が悪いがゆえに鳥に避けられていると結論づけた。

ベイツ型擬態のモデルであるヘリコニウス科のチョウが，昆虫食の鳥によって忌避されるのを直接観察し，初めて記録に残したのは『ニカラグアの博物学者』のベルトである。彼は野外の鳥によって忌避されたチョウを，サルやニワトリに与え，やはり忌避されることを実験的に検証した。さらに彼は派手な体色のバッタやカエルをサルやニワトリに与え，それらが避けられるのを見て，派手な体色が味のまずいことをアピールする警告色であることを確認した。

しかし，以上にあげた人々には，鳥が警告色を学習して覚える，という発想はなかった。ミューラーが指摘するまで，鳥の本能が警告的な体色とまずい味を結び付けていると考えていた。

では，なぜ，警告色は派手で目立つ色なのだろうか。その解答が検証的に提出されるまでにさらに100年の時間が必要だった。1987年に，イギリス・サセックス大学のジョーン・ギテゥルマン（John L. Gittleman）と，後にオックスフォード大学に移ったポール・ハーベイ（Paul H. Harvey）が，Nature に鳥の学習と刺激の関係を明らかにした論文を載せた。鳥は学習によって警告色を覚えても，復習の機会がないと記憶したことをすぐに忘れてしまうという。したがって，記憶を固定するためには何度も何度も繰り返して学習をする必要がある。その際に，派手な色は刺激が強く，記憶の持続時間が長いことを明らかにした。

京都大学大学院時代の香取郁夫の研究（1996）によると，羽化したばかりのモンシロチョウ *Pieris rapae* も，どのような花のどのような部位に花蜜がある

(a) スミレ　　　　　(b) サルビア

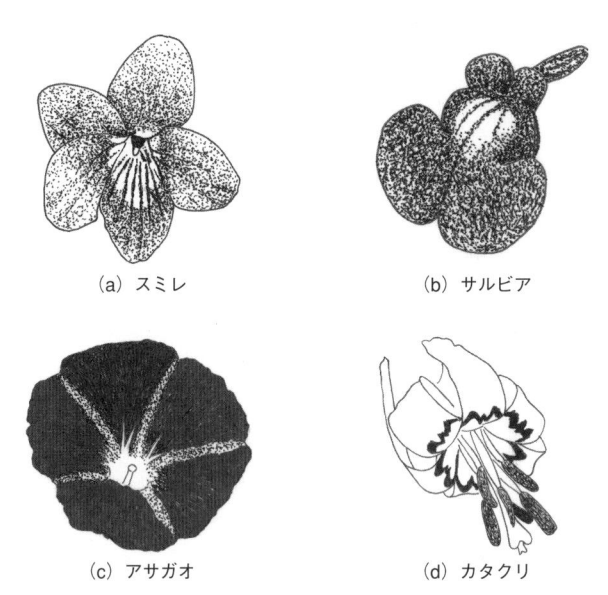

(c) アサガオ　　　　(d) カタクリ

図 5-1　花の蜜標。蜜の分泌する部位を示す標識で，周囲の花弁の色とは異なっている。

かわからずに，最初はでたらめに口吻を伸ばして花蜜を探し当てる。しかし，1時間も試行錯誤を続けると，次第に学習し，的確な部位に口吻を伸ばし，効率的な吸蜜ができるようになる。その際に役立つのは蜜標（nectar guide）である。蜜標は花が蜜の分泌部位を示す鮮やかな模様である（図 5-1）。それがないと，モンシロチョウはいつまでも蜜のあり場所を覚えない。美しい花は警告色ならぬ誘引色だが，その咲き誇る花のなかでも最も美しい部位は，花粉媒介昆虫の学習を促進し記憶を定着させるために進化してできたのである。

利己的と利他的

　利己的（selfish）と利他的（altruistic）の違いは，利己的が自己の生殖と繁殖の成功率を他者よりも高めることである。利他的は自己の成功率を損なっても他者の成功率を高めることを言う。ダーウィンの自然淘汰の理論に従えば，適者生存である。最も多くの繁殖齢に達した子供を残せた個体の子孫が繁栄していく。そのように，生物は利己的に振る舞うはずだが，一見利他的に見える現象が多々あった。

ミューラーの示した頻度依存淘汰仮説は，鳥はまずい味のチョウを何匹か食べてみてまずい味を学習し，その後，そのようなチョウを忌避することを前提にしている。つまり，鳥が学習の成果をあげて記憶を定着するまでに，犠牲となるチョウが必要なわけである。このことは，ミューラーたちの生きた時代には誰も問題にしなかった。ダーウィンでさえ，一部の犠牲者の存在は種全体にとっては良いことなので，適応的と受けとったからである。しかし，100年後の1960年代の進化生態学の隆盛は，警告色の犠牲者の存在を2つの面で問題にした。

　警告色は味のまずさと結び付いて進化した，と考えられる。つまり，よく目立つ警告的な色をもつ個体が犠牲になって捕食者に味のまずさをアピールし，他個体を守るように進化した。ならば，犠牲者となり，本来は広がるよりも絶滅する可能性の高い警告的な色彩をもつ個体の遺伝子が，どのようなメカニズムで全体に広がり優勢になったのだろうか。同じことだが，そのような利他的な個体の遺伝子がどのようなメカニズムで全体に広がって優勢になったのだろうか。

　この問題に初めて解答を試みたのは，前出のフィッシャーだった。1930年に，フィッシャーは，もしまずい個体が家族の集団で生活しているならば，犠牲者が出ても，その結果守られるのは家族であり，同じ遺伝子をもった個体の生存率は改善されるだろう，と考えた。

　そのよい例は，1983年に，オックスフォード大学のポール・ハーベイらによって示されている。イギリス諸島にいる64種のチョウのうち，卵塊で卵を産み，孵化した幼虫が家族の集団で過ごす種が9種いる。その9種すべての幼虫が警告色をもち，隠蔽色の幼虫の種は1種もないのである。このように，自分の子供のような直接の子孫ではないが，自分がもつのと同じ遺伝子のコピーを共有する兄弟姉妹のような血縁者の生存や繁殖を有利にするような過程は，1964年にメイナード・スミスによって血縁淘汰（kin selection）と呼ばれている。

血縁度と適応度

　血縁淘汰の考え方を確立したのはオックスフォード大学のハミルトン

(William Donald Hamilton, 1936 - 2004) である。彼がロンドン大学時代の 1964 年に理論生物学誌 Journal of Theoretical Biology に投稿した 2 編の論文で，血縁淘汰を説明する包括適応度 (inclusive fitness) を提案した。ここでは，血縁淘汰の基となる血縁度 (relatedness) をまず説明する。

血縁度とは，ある遺伝子に着目したときに，ある 2 個体間で同一の遺伝子コピーを共有する確率のことである。生物の体を作り上げている体細胞には，染色体という，母親と父親から受け継いだ遺伝子情報を担う生体物質がある。その染色体上のある決まった場所にはそれぞれの役割を担った遺伝子が収まっている。人間の場合，卵子には 23 本の染色体が存在し，母親側の遺伝子を子に伝達する。一方，精子にも 23 本の染色体が存在し，父親側の遺伝子を子に伝達する。

卵子と精子は，受精することにより体細胞を形成する。その結果，体細胞は，卵子由来の 23 本の染色体と，精子由来の 23 本の染色体の，合わせて 46 本の染色体をもつ。その際に，同じ役割の遺伝子をもつ対応する染色体どうしは組み合って 23 対の相同染色体になる。このような相同染色体をもつ体細胞を二倍体 (2n) という。つまり，子のもつ遺伝子は，母親から 50 ％，父親から 50 ％受け継ぐことになる。

子供が新たに母親や父親になると，母親が卵子を，父親が精子を作る際に，相同染色体は減数分裂して，23 本の染色体をもつ卵子や精子を生産する。これを半数体 (n) という。つまり，卵子や精子には，親のもつ遺伝子情報の半分が受け継がれる。そして，卵子と精子がさらに受精して新たな子供を作ったときに，また両親から遺伝子情報を受け継いだ二倍体の体細胞が形成される。

したがって，ある形質を担う遺伝子に着目した場合，母親が Aa という遺伝子をもつなら，卵子は A か a のいずれかの遺伝子コピーしか伝達しない。父親が Bb という遺伝子をもつなら，精子は B か b のいずれかの遺伝子コピーしか伝達しない。このとき，卵子と精子が受精してできる子の遺伝子の組み合わせは，AB, Ab, aB, ab の 4 通りとなる。この場合，母親の遺伝子 Aa から見ると，子が母親と同じ遺伝子のコピーをもつ確率は A だけか a だけかの 2 分の 1 の 0.5 であり，血縁度は 0.5 となる。父親の遺伝子 Bb から見ても，子供が同じ遺伝子のコピーをもつ確率は B だけか b だけかの 2 分の 1 の 0.5 であり，血

縁度は 0.5 となる。

AB, Ab, aB, ab の遺伝子をもつ兄弟姉妹どうしだと，血縁度の計算は少し複雑になる。たとえば，AB の遺伝子をもつ子に着目した場合，兄弟姉妹が AB という同じ遺伝子コピーをもつのであるなら同じ遺伝子コピーの共有率は 1 であり血縁度は 1.0 となる。Ab ならば共有する同じ遺伝子コピーは A だけの 2 分の 1 であり，aB ならば共有する同じ遺伝子コピーは B だけの 2 分の 1 であり，血縁度は 0.5 となる。ab なら共有する同じ遺伝子コピーは存在せずに血縁度は 0 となる。そういう兄弟姉妹をもつ確率はそれぞれ 4 分の 1 ずつであるから，実際に兄弟姉妹が同じ遺伝子のコピーをもつ確率は 1.0/4 + 0.5/4 + 0.5/4 + 0/4 = 0.5 となる。つまり，兄弟姉妹間の血縁度の確率は親子と同じ 0.5 になる。

このような考え方で近親者の血縁度を計算すると，孫や甥姪との血縁度は 0.25，ひ孫やいとこの血縁度は 0.125 になる。単純な表現を使えば，親の遺伝子が子供に半分伝わって血縁度が 0.5 なら，孫に伝わるのはさらにその半分の 0.25 になり，ひ孫に伝わるのはその半分の 0.125 になる。

なお，相同染色体が減数分裂を起こし卵子や精子に移る際に，母親からもらった染色体と父親からもらった染色体がそのまま分かれて次世代に受け継がれるわけではない。減数分裂の過程で母親と父親の対応する染色体どうしは交差を起こし，互いにさまざまな部分を交換し，新しい遺伝子情報の組み合わせの染色体を作る。したがって，同じ親の作る卵子も精子も，さまざまに異なる遺伝子コピーの組み合わせになっている。

適応度 (fitness) とは，対象となる個体が生物として繁栄していく能力を総体としてとらえるための概念で，生物個体がどれほどその生活する環境に適応しているかを示す値である。ダーウィンの自然淘汰の考えに従えば，より多くの子供を残す者が進化に勝ち残るのだから，次世代を残すことのできる子供の数が指標になる。つまり，適応度は

産卵数（産仔数）× 成熟するまでの生存率
　　　　　＝次世代を残すことのできる子供の数

で表される。しかし実際には，後に説明する包括適応度の概念を取り入れて，さらに実子との血縁度（0.5）を掛けたものが用いられる。

つまり，子供は，オスとメスの共同によってもたらされる．したがって，非常に単純に例えれば，1対のオスとメスの2匹が何百何千匹の子供を産もうと，次世代を残すまで生き残った子供が2匹だとすると，次世代を過不足なくうまく受け継ぐことができる．このとき，オスにとってもメスにとっても残せた子供の数は2匹となる．その際に，親と実子の血縁度は0.5であるから，親の適応度は$2 \times 0.5 = 1.0$となる．つまり，適応度が1.0になると，ある遺伝子に着目したときに，自分のもつ遺伝子のコピーを確率1.0（100％）で子供に受け渡すことができる．3匹だと$3 \times 0.5 = 1.5$，1匹では$1 \times 0.5 = 0.5$となる．これらの適応度の差が遺伝子の違いに負っているなら，1.0より大きな適応度をもたらす遺伝子のコピーは栄え，1.0より小さな適応度をもたらす遺伝子のコピーは衰退するだろう．つまり，適応度1.0は，その子孫が繁栄するか衰退するかの指標となるだけでなく，その個体のもつある遺伝子のコピーが繁栄するか衰退するかの指標となる．したがって，適応度が大きければ大きいほど，その遺伝子のコピーは個体群中に速やかに広がる．

血縁淘汰と包括適応度

　包括適応度は，自分の実子の数を通して計算できる適応度，つまりある遺伝子のコピーを残せる確率だけでなく，血縁者を助けたり育てたりするという，利他的な行動を通して，自分のもつある遺伝子の同じコピーを増やすことを説明した．たとえばアリやミツバチのワーカーは，メスなのに自分の子供を産まずに家族の世話をする．なぜそのような利他的な行動が進化したのか，その理由を説明したのが包括適応度である．

　先にあげた個体の適応度は，自分の子供を通して自分のもつある遺伝子のコピーを子孫に受け渡す確率を計算した．つまり，繁殖齢に達する子供を2匹残せれば，血縁度の0.5を掛けて，$2 \times 0.5 = 1.0$で適応度は1.0になって，自分のもつある遺伝子のコピーは確率的に1.0（100％）伝達できる．

　同じ理由で，自分の子供を残せなくとも，血縁度が0.5である兄弟姉妹を育てたり救ったりして2匹残せれば適応度は$2 \times 0.5 = 1.0$となり，ある遺伝子のコピーは100％伝達できる．さらに，血縁度が0.25の甥姪ならば4匹を育てたり救ったならば適応度は$4 \times 0.25 = 1.0$になり，ある遺伝子のコピーは

100％伝達できる。血縁度 0.125 のいとこなら 8 匹を育てたり救ったならば適応度は $8 \times 0.125 = 1.0$ になり，ある遺伝子のコピーは 100％伝達できる。

　つまり，自分が犠牲を払うことにより，自分の子供を残せなくとも，その犠牲のうえに血縁者を育てたり救うことができるなら，自分のもつ遺伝子コピーを次世代に残すことができるのである。そのときに，血縁度を用いて換算した適応度が 1.0 より大きいならば，自分のもつある遺伝子のコピーは増加する。適応度が 1.0 よりも小さいならば自分のもつある遺伝子のコピーは減少する。包括適応度は，このように，自分の子供を残せないというコストを払った見返りに，自分が育てたり救ったりした血縁度のさまざまに異なる個体の総計から測った個体の適応度である。包括適応度は，個体の利他的行動を説明するために考えだされた概念で，自分の包括適応度が 1.0 より大きくなる場合に自分を犠牲にした利他的行動が進化すると考える。

　たとえば，警告色をもつ種で言えば，利他行動をする個体が犠牲になって殺されたとする。その場合，犠牲にならなかったなら直接に残せた自分の子供の数から計算される適応度を利他的行動のコストと考える。その結果，犠牲者が直接残すことのできる子供の数は減り，犠牲者の適応度は 1.0 よりも小さな値になるかもしれない。しかし，その犠牲者の利他行動によって救われた血縁者たちがより長く生きることができ，ある遺伝子の同じコピーをもつ子供の数が，犠牲者が出ない場合よりも増加するというベネフィットを得ることができる。その場合，その増加したプラスアルファの血縁者の子供の数を，犠牲となった個体が間接的に残すことのできた子供の数とみなすことができる。したがって，その犠牲者の適応度は，直接残せた実子ならば血縁度の 0.5 を掛け，間接的に残せた子供ならばその血縁度に応じた 0.5，0.25，0.125 などの数値を掛け，その総計で得ることのできる適応度の総計値が，その犠牲となった個体の包括適応度となる。その包括適応度の数値が 1.0 よりも大きくなるなら，血縁者に対する利他行動は進化すると考えられる。

　たとえば，アリやミツバチのワーカーで言えば，彼女たちは自分の子供を作らないというコストを払っている。しかし，自分の母あるいは姉妹という血縁関係にある女王を助け，その子供を育てる利他行動をする。その結果，女王は単独で産んで育てることのできる生殖虫よりも多くの生殖虫を産んで残すこ

とができる。そのプラスアルファをワーカーの頭数で割った分が，個々のワーカーがコストを払って得られるベネフィットである。女王が残せたワーカー当たりのプラスアルファの生殖虫の数に血縁度を掛けて計算される生殖虫の数が，ワーカーが産むのをやめた生殖虫に自分の子供の血縁度である 0.5 を掛けた数を上回るなら，利他行動は進化する。

　ダーウィンは自然淘汰で説明できない現象を性淘汰で説明した。しかし，自然淘汰でも性淘汰でも説明できない現象があった。その説明できない現象を説明できたのが頻度依存淘汰だった。さらに頻度依存淘汰で説明できない現象が明らかになった。それが，利己的に振る舞っているはずの個体の利他的な行動である。それを説明したのが包括適応度であり，血縁淘汰である。その結果，個体の利他的行動は，遺伝子レベルから見たときには，個体のもつある遺伝子の同じコピーをいかに増やすかの利己的な行動であることが説明できた。

緑ひげ効果

　ポール・ハーベイらは，イギリス諸島の 64 種のチョウのうち，卵塊で卵を産み，孵化した幼虫が家族の集団で過ごす 9 種すべてで警告色が進化したことを示し，警告色が血縁淘汰で進化したことを示唆した。しかし，これら 9 種を除く 55 種はすべてが卵粒性であり，孵化した幼虫は単独で生活するが，このうち隠蔽色をもつのは 44 種で，残りの 11 種は警告色をもっている。この単独生活をする 11 種の警告色の進化は血縁淘汰では説明できない。

　単独性の個体の警告色を説明する理論として，緑ひげ効果（green beard effect）という考え方がある。これもハミルトンが 1964 年の論文上で提案した仮説で，オックスフォード大学のリチャード・ドーキンス（Clinton Richard Dawkins）によって緑ひげ効果と名づけられた。

　緑ひげ効果は，次の 3 つの表現型を作り出す遺伝子によって引き起こされる。

(1) 人間に例えれば，自分自身に緑の顎ひげのような，他人とは異なる目立つことで認識が容易となる特徴を形成する。この認識できる特徴にちなんで，緑ひげ効果と名づけられた。

(2) その認識できる自分と同じ特徴をもつ他個体と，もたない他個体を識別

できる能力がある。

(3) その認識できる特徴をもつ他個体に対して利他的に振る舞える。

つまり，この遺伝子は，「緑ひげ」のような共通の表現型によって認識することができ，そのような表現型をもつ個体に対して互いに利他的に振る舞うことで互恵援助する，というものである。この考え方は，一見利他的に見える行動を，利己的な解釈で説明を試みたものである。しかし，研究者の間では，このような遺伝子の存在は仮定の世界のものであり，現実には存在しないと考えられていた。

1998 年に，スイス・ローザンヌ大学のローレント・ケラー（Laurent Keller）とアメリカ・ジョージア大学のケネス・ロス（Kenneth G. Ross）によって，緑ひげ効果が初めて検証された，という論文が Nature に掲載された。

彼らは，現在世界各地で南アメリカからの侵入害虫として大問題になっているヒアリ Solenopsis invicta をアメリカで研究し，緑ひげ効果を検証した。この原稿を書いている時点でヒアリは日本にはまだ上陸してないが，台湾では被害が出始めている。ヒアリは高さ 30 cm 程度のマウンド状のアリ塚をつくる小さな赤いアリで，農作物に被害を与えるだけでなく，人間や家畜に噛みつき，ハチに刺されたような効果を発揮する。

このアリには，1 匹の女王アリ（単女王）で形成されるコロニーと複数の女王（多女王）で形成されるコロニーの 2 通りがあり，その違いは女王のもつ非酵素系タンパク Gp-9（general protein-9）の対立遺伝子の違いで説明されている。*Gp-9* 遺伝子は *Gp-9^B* と *Gp-9^b* があり，単女王の遺伝子型は BB（Gp-9^{BB}）で表現され，多女王の遺伝子型は Bb（Gp-9^{Bb}）で表現される。bb 型（Gp-9^{bb}）の遺伝子型の女王は致死的で，子を残すことができない。

ケラーとロスが緑ひげ効果を明らかにしたのは，Bb 型の遺伝子の多女王のコロニーでのことである。多女王のコロニーは，血縁度の高い女王たちで構成されているわけではなく，血縁度の低い女王がすでに存在するコロニーに侵入参加して形成しているコロニーである。彼女たちに共通しているのは，b 遺伝子をもつことである。ワーカーは侵入してくる女王や，蛹から羽化したばかりの新女王が b 遺伝子をもたない BB 型だと即座に殺してしまうが，b 遺伝子をもつ Bb 型と bb 型の女王なら受け入れる。ただし，bb 型の女王は子を残さず

に死んでしまう。

　ワーカーが，新女王がb遺伝子をもつかもたないかの識別は，アリの体表を覆う体表ワックスの匂いの違いで判断する。一般に，アリの体表には炭化水素類で構成された体表ワックスがあり，その構成成分は種が同じだと同じだが，女王によって成分比が異なり，異なる匂いがする。ワーカーは女王に体をこすりつけることにより，同じ成分比を獲得し，同じコロニーのワーカーと他のコロニーのワーカーを，その匂いの違いで識別することが知られている。実験的には，コロニーの由来が異なっていても，同じ女王に体をこすりつけると，同じ匂いを獲得する。おそらく，ヒアリの場合，Gp-9 遺伝子が，この匂い物質の合成と識別にかかわっていると推測できるが，実態はよくわかっていない。

　ワーカーの行動は，緑ひげ効果が予測した，同じ匂いという同じ特徴をもつ個体に対して直接的に利他行動を示しているわけではない。しかし，血縁度にかかわらず，同じ匂いをもつ個体とそうでない個体を識別し，同じ匂いをもたない女王に対して害を及ぼしている。このことは，結局は同じ特徴をもつ個体を認識し，そのような個体に利他的に振る舞っていることに通じている。したがって，Gp-9 遺伝子は緑ひげ効果を引き起こす遺伝子であると考えられ，緑ひげ効果は検証されたと受け止められている。

　単独で生活する警告色をもつ個体が，緑ひげ効果で進化したことを検証した研究はまだない。しかし，現象的には緑ひげ効果でよく説明できる。

個体淘汰と群淘汰

　現在でも，生物は種の維持，種の繁栄のために振る舞っている，と考える人は多い。したがって，テレビの自然ドキュメンタリーでも，ナレーターは，生まれ故郷の河川に遡上するサケを描写する際に，「サケは海から母なる川に長い旅をして戻り，種を維持するために産卵し，精力を使い果たして死ぬ」と述べている。

　メスしか擬態しないベイツ型擬態も，「すべての個体が擬態すれば，擬態の効果は薄れ，鳥によって見破られるだろう。したがって，擬態するのは次世代を産むメスである。これも種族保存のための母性保護である」のような解説を目にすることがある。

しかし，現在の進化生態学は，生物は種のためでなく自分のもつ遺伝子をいかに多く残すか利己的に振る舞っている，と考えている。それは，メスもオスも同様であり，オスがメスの犠牲になるという発想はない。いわんや，血縁関係にないメスの犠牲になることはありえないとしている。上の例のような「集団にとって利益になる」という考え方を群淘汰（group selection）という。それに対して，自分の子供をより多く残せることのできる行動が有利になる過程を個体淘汰（individual selection）という。個体淘汰の提唱者はダーウィンである。それに対して群淘汰の考え方は，ダーウィンの時代に自然淘汰に賛同した多くの人々の間にさえ自然に受け入れられていた。場合によってはダーウィンでさえ，群淘汰と間違えられかねない表現を用いている。この群淘汰の考え方を体系的に主張したのは，スコットランドのアバディーン大学のウィン・エドワーズ（Vero Copner Wynne=Edwards, 1906 - 1997）である。

ウィン・エドワーズの主張（1962）は，「もし，ある動物の集団が，食物資源をすべて食い尽くしたならその集団は絶滅しなければならない。だから，種内のそれぞれの集団は，餌の消費速度を調節できるように，個々の個体が繁殖率を制限するなどして適応的に進化してきたはずだ」というものである。したがって，そのような利他的な行動を獲得した個体でできている集団は生き延び，利他的な行動を獲得しなかった利己的な個体でできている集団は絶滅した。彼は自然淘汰は個体ではなく群れを単位に働くと考えた。

ウィン・エドワーズの主張する群淘汰に対して反対の先頭に立ったのは，アメリカ・ニューヨーク州立大学ストニー・ブルック校のジョージ・ウィリアムズ（George C. Williams）だった。反論は 2 点あった。彼は，集団が完全に絶滅する時間よりも集団を形成する個体の寿命のほうが短いから，群淘汰よりも個体淘汰のほうがより強力に働くと主張した。さらに，群淘汰が働くためには，他の集団から完全に孤立した集団が必要だが，そのような集団の形成は不可能で，利他的な集団に，もし利己的な個体が侵入してきたなら，利己的な個体はより多くの子供を残すので，その利己的な遺伝子は瞬く間にその集団中に広がるだろう，と指摘した（1966）。以上の理由で，群淘汰は現在否定的に扱われており，論文上で群淘汰的表現を使うと，論文が受理される可能性はほとんどない。しかし，ウィン・エドワーズの群淘汰理論は，対立する個体淘

汰理論を基にする進化理論の飛躍的発展に大きく寄与する，という皮肉な働きがあった。

　昆虫類でも，密度効果 (density effect)，混み合い効果 (crowding effect)，という一見群淘汰的現象がある。たとえば，バッタの密度が増加すると，個々のバッタの成長が抑制され体が小さくなるとか，産卵抑制が起こり，卵が再吸収されるような現象が起こる。しかし，そのような個体は繁殖のためのエネルギーを節約して，他の条件の良い生息場所に移動するか，寿命を延ばして条件が良くなった後に産卵をする。このように，他個体と協調的な生活をするためではなく，個体のベネフィットを上げるためにコストを払っているだけである。

　ダーウィンの自然淘汰の理論に従えば，生物は利己的に振る舞うはずだが，一見利他的に見える現象が多々あった。以上に紹介した理論は，利他的な振る舞いを遺伝子を基にした視点で考えれば，利己的な振る舞いとして理解できるとしている。この考え方は，1976 年にドーキンスが『利己的な遺伝子 (The Selfish Gene)』という一般向けの啓蒙書を書いて，一気に広がっていった。彼の主張は遺伝子淘汰とも言われている。

　血縁淘汰は，一見，個体の利他的に見える行動を，群淘汰ではなく，遺伝的には利己的行動として説明するために考えだされた。上に述べたように，警告色も犠牲者を伴うので，その進化の過程を血縁淘汰，あるいは緑ひげ効果で説明が試みられている。

隠蔽色と警告色の効果

　ここまで，私は，私が擬態研究に参加するまでの擬態研究の歴史と，擬態研究にかかわる進化理論発展の歴史を足早に紹介してきた。しかし，擬態の前提となるのは，擬態の対象となる隠蔽色や警告色の効果が本当にあるのかどうか，ということである。この効果に対する検討は意外にされていない。チョウのベイツ型擬態で，オスが擬態しない理由を，ベルトはメスによる性淘汰と主張した。この仮説は 100 年以上も検証されずに生き続けた。隠蔽色も警告色も，多くの場合，検証されずに，おそらくそうであろうという形で受け入れられている。そして，警告色の進化に個体淘汰は働かない，と考えられている。はたしてそうなのだろうか。次章から私は私の研究の話を始める。しかし

(a) メス
(b) 緑色の幼虫

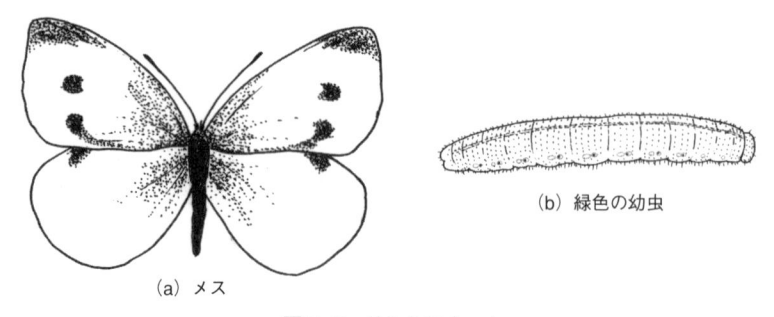

図 5-2　モンシロチョウ。

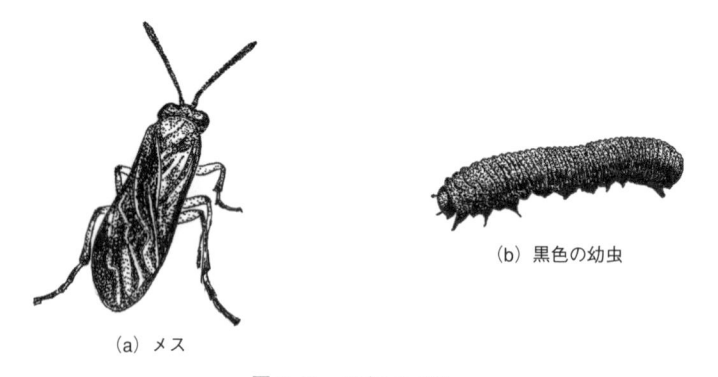

(a) メス
(b) 黒色の幼虫

図 5-3　カブラハバチ。

　その前に，隠蔽色と警告色の効果と，警告色の進化に個体淘汰が働くかどうかを検証した研究を紹介したい。
　京都大学時代の小原佳嗣と長坂幸吉は，アブラナ科植物の葉を食べるモンシロチョウ *Pieris rapae* の緑色の幼虫（図 5-2）と，カブラハバチ *Athalia rosae* の黒い幼虫（図 5-3）を用いて隠蔽色と警告色の効果を検証した実験を行っている（1993）。実験では，捕食者として孵化後間もないヒヨコを用いたが，実験をするまでは，ヒヨコには生きている生物に対する一切の予備知識を与えないために，配合飼料だけを与えて育てた。このヒヨコに，モンシロチョウとカブラハバチの幼虫を与え，ヒヨコの反応を調べた。ヒヨコに幼虫を与える際には，白と緑と黒い紙を用意して，幼虫をその紙の上に置いた。白い紙は 2 種の

表 5-1　白い背景での緑色のモンシロチョウ幼虫と黒色のカブラハバチ幼虫の被食数

	幼虫を食べたヒヨコの数 （供試数 8 匹）			食べられた幼虫の数 （供試数 80 匹）		
試行回数	I	II	III	I	II	III
モンシロチョウ	3	4	7	6	38	60
カブラハバチ	0	0	1	0	0	1

モンシロチョウの緑色の幼虫はよく食べられて味が良いことがわかる。一方，カブラハバチの黒色の幼虫はほとんど食べられず，味が悪いことがわかる。(Ohara et al. 1993 より)

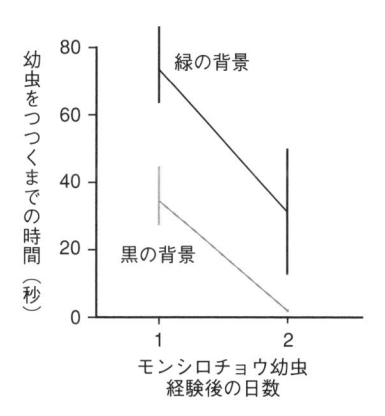

図 5-4　ヒヨコが緑色のモンシロチョウ幼虫をつつくまでの時間。ヒヨコには実験前日にモンシロチョウ幼虫を与えて味の良さを経験させてある。ヒヨコは黒い背景よりも緑の背景でモンシロチョウ幼虫をつつくまでの時間が長くかかった。緑色の植物上ではモンシロチョウ幼虫の緑の体色は隠蔽色の効果があることがわかる。縦線は標準偏差。(Ohara et al. 1993 より)

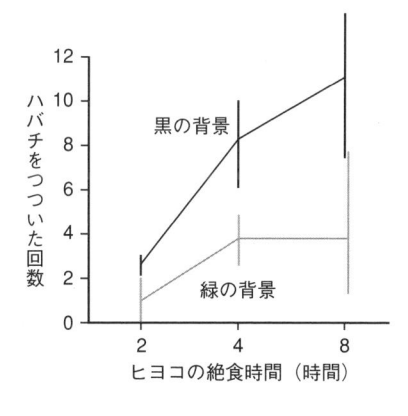

図 5-5　ヒヨコが黒色のカブラハバチ幼虫をつつく回数。ヒヨコを絶食状態にして，2 時間後，4 時間後，8 時間後の 3 回，各 10 分間，味のまずい黒色のカブラハバチを 10 匹与えた。ヒヨコは緑の背景ではすぐにつつくのをやめたが，黒の背景では何度もつついた。緑色の植物上ではカブラハバチ幼虫の黒い体色は警告色の効果があることがわかる。縦軸は標準偏差。(Ohara et al. 1993 より)

幼虫がともによく目立つ背景でのヒヨコの反応を調べたものである。ヒヨコは緑のモンシロチョウの幼虫を好んだが，黒いカブラハバチの幼虫はちょっとつついただけでほとんど食べなかった。この実験で，緑の幼虫はうまい種で，黒い幼虫はまずい種だということが確認された (表 5-1)。

次に，黒の紙の上に幼虫を置くと，目立つモンシロチョウの緑の幼虫は即座に食べられた。しかし，隠蔽効果のある黒いカブラハバチの幼虫は，ヒヨコに

表 5-2 ヒヨコによる黒いカブラハバチ幼虫の被害数

背景の色	幼虫数	つつかれた幼虫数	傷を受けた幼虫数	死亡した幼虫数
黒	80	65	5	4
緑	80	25	0	0

味の悪いカブラハバチの幼虫も目立たない黒い背景では，つつかれ，傷を受け，死亡する個体もいた。しかし，葉のような緑の背景では，黒い体色は警告色の効果があり，つつかれた幼虫は減少し，犠牲者もいなかった。（Ohara et al. 1993 より）

　味のまずさをなかなか覚えてもらえずに，少しずつ繰り返してつつかれ，傷つき死ぬ個体も出現した（図 5-4）。

　アブラナ科植物の葉の緑を想定した緑の紙の上では，モンシロチョウの緑の幼虫は黒い紙の上に置かれたときよりも隠蔽効果を発揮した。一方，カブラハバチの黒い幼虫は，そのまずい味をすぐに覚えられ，死ぬ個体はもちろん，傷ついた個体もいなかった（図 5-5）。カブラハバチの黒い体色は，黒い紙の上では目立たずに犠牲者まで出したが，緑の紙の上では，犠牲者を出さずに警告効果を発揮できたのである（表 5-2）。つまり，味の良い種には隠蔽色が発達し，その隠蔽効果は有効である。一方，味の悪い種には警告色が発達し，その警告効果も有効である。

　しかし，この実験で最も関心を払ってほしいのは，カブラハバチの警告色は，本来の生息場所では犠牲者を出さなくとも効果を発揮したことである。カブラハバチの幼虫は，ゴムのような弾力性に富んだ皮膚をしている。したがって，ヒヨコが恐る恐るつついても傷つかない。そして，体の側面に味の悪い体液を分泌する側腺が幾つかあり，ヒヨコにつつかれると側腺からいやな臭いの体液を分泌した。このように，警告色の進化も血縁淘汰や緑ひげ効果を持ちださずに個体淘汰で説明できるケースもある。

6章
ベイツ型擬態の謎

ベイツ型擬態との出会い

　京都盆地の東の境は，濃い松の緑に包まれた東山である。東山の北の端に主峰の比叡山がそびえ，大文字，清水山，稲荷山と，なだらかな山稜が南に連なっている。京都から東山を越せば，眼下には光り輝く琵琶湖が横たわっている。東山に沿って流れるのが鴨川で，東山と鴨川の間を北から南に東大路，別名東山通りが並走している。

　大文字の山麓にあるのが慈照寺・東山銀閣寺で，銀閣寺から西に通ずる道が今出川通りである。この今出川通りと東山通りが交差する地点を百万遍と言う。近所に智恩寺百万遍道場がある。1331年，元弘元年に京都で疫病が大流行した。そのときに，知恩寺の八世善阿空円上人が百万遍念仏を唱えたところ，疫病が収まり，後醍醐天皇から百万遍という号を賜ったことにちなんでいる。

　京都大学の中心キャンパスは，百万遍を北と西の果てとして，東山通りと今出川通りを挟む形で広がっている。私の研究室がある農学部総合館は，時計台のある本部キャンパスとは今出川通りを挟んで反対の北側にある北白河地区に建っている。農学部総合館は東西200 m，南北100 mの巨大なロの字型をした化粧煉瓦造りの5階建ての建物だった。私の研究室は北側の3階で，部屋の北側に大きく開かれた窓からは，雲がなびく比叡山が望まれ，8月16日の五山送り火の日には，妙法と舟形の燃え盛る姿が，遮るものなく観賞できた。しかし，現在は，農学部新館がその眺望を遮っている。

私がベイツ型擬態に出会ったのは，1995年のある日の午後のことだった。この日，私は研究室で，東京の出版社から送られてきた新刊の動物生態学の教科書に目を通していた。すると，チョウのベイツ型擬態はメスの一部だけが擬態する，という記述に目がとまった。しかし，記述はそこまでで，後に，私が既存の理論として知った，オスが擬態しないのは異性間性淘汰のためだとは書いてなかった。また，メスの一部だけが擬態するのも負の頻度依存淘汰のためだ，とも書いてなかった。

　当時，私は警告色をもつベイツ型擬態の存在は知っていたが，メスだけが擬態し，それもメスの一部だけが擬態するということは知らなかった。まして，それらの現象を説明する既存の理論が，性淘汰と頻度依存淘汰だ，ということは全く知らなかった。だから，なぜオスは擬態しないのか，なぜ一部のメスだけが擬態するのか，という点に興味をもった。もし教科書に既存の理論が解説してあったならば，私はそのまま納得して，それ以上の興味を示さなかったと思う。また，最近のように，インターネットで多くのことが即座に調べられたならば，すぐに既存の論理に行きつき，そこで興味は途絶えていたかもしれない。幸か不幸か，当時，私は導入したばかりのインターネットをよく使いこなせなかったし，私が研究室の周囲から入手できた文献では，異性間性淘汰仮説にも負の頻度依存淘汰仮説にも触れていなかった。

　学問には流行がある。私が専門としている昆虫生態学もその例に漏れない。今でこそ英語の得意な若手の研究者が増え，自力で英語の論文を常にフォローし，欧米の流行をいち早くキャッチし，あまり時差をおかずに欧米の研究者と流行の分野を争っている人も少なからずいる。しかし，私が研究者としてスタートした1980年ころは，英語の得意な一握りの研究者が欧米の流行を日本語で紹介し，多くの研究者はその日本語に訳された情報から流行を知り，欧米より数年遅れて日本に生息する生物に流行の考え方を適応してみる，というのが現実だった。したがって，1980年前後にベイツ型擬態研究で復活していた性淘汰仮説や，多型を説明する負の頻度依存淘汰などの考え方は，1995年の時点では，擬態研究者の少ない日本では，まだ日本語で紹介されていなかったのである。また，私も，書庫に籠って日ごろ馴染みのない分野の英文雑誌をフォローしてまで，本格的に私の疑問を解決しよう，という発想はなかった。研究

室の周囲で得られる，馴染みのある日英の書籍や文献にあっただけで，私の疑問に答える文献を見つけ出せないまま，その理由を独自に考え始めていた。

オスはメスの犠牲者か

　私が読んだ日本語の文献のなかに，メスだけが擬態する理由として，驚くべき解説を見つけた。メスだけが擬態する理由は，すべての個体が擬態したなら擬態の効果は薄れ，擬態は捕食者により見破られる可能性が高くなる。したがって，擬態するのは次世代を生み残すメスだけである，と記述してあった。

　メスだけが擬態し捕食から逃れる陰で，オスはメスの犠牲者になる，という発想は，他個体の利益のために自分は犠牲になる，という考え方である。前章で述べたように，現在は，生物は種のためでなく，自分のもつ遺伝子をいかに多く残すか利己的に振る舞っている，と考えられている。したがって，メスもオスも子を通して自分の遺伝子を平等に50％ずつ次世代に残すので，メスとオスは相互に利用しあう利己的な関係，というのが進化生態学の考え方である。私は周囲の手に入る文献からメスだけが擬態する理由と，一部のメスだけが擬態する理由を知ることをあきらめ，代わりに，自分でその原因を考えてみることにした。

　1982年に私はマレーシア領のボルネオ島に1カ月ばかり滞在して，チョウの体温調節機構の調査をしたことがあった。ボルネオ島のマレーシア領にはサバ州とサラワク州の2州がある。約150年前にウォレスが滞在したのがサラワク州で，私が滞在したのはサバ州である。当時，私はベイツ型擬態に対して何の関心もなかった。しかし，13年後に，新しい教科書でベイツ型擬態に対する記述を読んで，ボルネオ島で採集した標本のことを思い出した。

　標本は，1匹ずつパラフィン紙の三角紙に包んで，茶色のポリ塩化ビニルを張ったファイルボックスの中に収め，研究室の本箱の横の，背ほどの高さの棚の上に置いてあった。すべての個体の翅は胸部から切り離されていた。体温調査機構を調べる際に，チョウの胸部や胴部の太さや長さ，翅の長さを正確に計測するために，バラバラに切り離したからである。しかし，翅そのものは全く損なわれずに保存してあった。

　標本を調べてみると，そのなかにモデル種のベニモンアゲハとベイツ型擬態

種のシロオビアゲハの標本も交じっていた。そして，擬態種のシロオビアゲハは，メスだけが擬態しており，しかもメスの一部だけが擬態していた。

ビーク・マーク

　標本は，モデル種のメス，モデル種のオス，擬態種の原型のメス，擬態種の擬態型のメス，擬態種のオス（原型のみ）の5つに分けることができた。その標本を見ているうちに，私はこの5つのグループが，捕食者によってどのように襲撃されているのかに興味を抱いた。最初の発想としては，擬態型とは鳥の襲撃を避けるためにモデルに擬態しているのだから，モデルと擬態型は鳥にあまり襲われておらず，擬態していない原型は，鳥により頻繁に襲撃されているのだろうな，という程度だった。その評価の手がかりはチョウの翅に残るビーク・マーク（beak mark）だった。

　ビーク・マークとは「鳥の嘴（beak）の痕」のことで，チョウの翅の末端についた三角形を典型とした破損部位のことである（図6-1）。いかにも鳥が翅を嘴でつかみ，結局捕らえられずにチョウが逃げた際に翅に残った破損部位，という形である。しばしば左右の翅に対称形についており，チョウが翅を立ててとまっているときに襲われた，という体裁である。チョウの翅には三角形の破損部位以外にさまざまな破れ目がある。鳥以外の動物，たとえば，クモやトカゲに襲われた痕かもしれないし，藪の中で木の枝に引っ掛けた痕かもしれない。その区別は微妙なものもある。普通，明らかなビーク・マークとおそらくビー

図6-1　チョウの翅に残るビーク・マーク。鳥の嘴の跡で，鳥に襲われて逃げ延びたチョウの翅に残る。

表 6-1　ベイツ型擬態種とモデル種の翅のビーク・マーク率

種	タイプ	ビーク・マーク個体数	ノーマーク個体数	ビーク・マーク率(%)
シロオビアゲハ（擬態種）	オス（原型のみ）	29	97	23
	原型メス	8	7	53
	擬態型メス	7	18	28
ベニモンアゲハ（モデル）	オス	1	5	
	メス	1	0	
	モデル合計	2	5	29

シロオビアゲハのオス（原型のみ）のビーク・マーク率は，メスの擬態型やモデルと同様に低かった。メスの原型のビーク・マーク率だけが高い。（Ohsaki 1995 より）

ク・マークと思われるものに分けてデータをとっておく。

　ボルネオで得た標本は，モデル種が少なかったので，モデル種はメスとオスとを込みにし，擬態種メスの原型，擬態種メスの擬態型，擬態種オス（原型のみ）のビーク・マーク率を計算してみた。モデル種と，擬態種のメスの擬態型と，擬態種のオス（原型のみ）のビーク・マーク率は約 23 〜 29 % でほぼ変わりがなかった。しかし，擬態種メスの原型のビーク・マーク率は 53 % と非常に高かった（表 6-1）。

　メスの原型のビーク・マーク率が高く，メスの擬態型とモデルのビーク・マーク率が同じように低かったのは予測どおりだった。意外だったのは，オスの原型のビーク・マーク率も同様に低かったことである。私は，メスしか擬態しないことと，メスも一部のメスしか擬態しないという，この 2 つの現象を，このビーク・マーク率から説明することを試みた。

　メスだけが擬態してオスが擬態しない理由は，擬態してないオスのビーク・マーク率がメスの擬態型やモデルのビーク・マーク率とすでに同じであることで説明できているように思えた。擬態は捕食者の襲撃を避けるために進化したはずである。事実，メスの擬態型はモデルと同じ低いビーク・マーク率で，原型の高いビーク・マーク率と比べて擬態した効果があるように思えた。そして，オスは擬態していないにもかかわらず，ビーク・マーク率はモデルやメスの擬態型と同じように低かった。

　このことより，オスは擬態する必要がないように思えた。しかし，もしオスが擬態したなら，ビーク・マーク率はさらに低くなる可能性がある。そうなの

に擬態しない理由は，擬態するには何らかのコストがかかり，オスはそのコストを払ってまで擬態するベネフィットを得られないのではないかと思われた。

何らかのベネフィットを得るためにはコストを払う，という経済学の基本的な考え方は，オランダの動物行動学者であるイギリス・オックスフォード大学のニコラス・ティンバーゲン (Nikolaas Tinbergen, 1907–1988) が，動物の行動の生存価を研究する実験的方法で最初に使い，その後，進化生態学の研究でよく行われる発想である。彼はイトヨ（糸魚）の本能行動に関する研究で，1973年にノーベル生理学医学賞を受賞した。なお，ティンバーゲンの4歳年上の兄であるヤン・ティンバーゲン (Jan Tinbergen, 1903–1994) は，弟に先立つ4年前に，新たに設立されたノーベル経済学賞を受賞している。

私が擬態に興味をもったときには，この擬態のコストの考え方は，ベイツ型擬態では誰も試みていなかった。

ビーク・マークの示すこと

チョウが鳥に襲われないならビーク・マークはつかない。襲われて初めてビーク・マークはつく。したがって，私は，ビーク・マークが多い種や性は，少ない種や性より鳥に襲われていると考えた。私はこの考え方に何の疑問ももたなかったので，ビーク・マーク率をもとにして，上記のようなことを考えたのである。しかし，ビーク・マークは鳥に襲われて，うまく逃げおおせた個体につく後ろ傷である。私は，ビーク・マーク率から，実際の襲撃率や死亡率を推定できないかを考えてみた。

詳しい推定式はこの章の最後に記すが，襲撃率はオスとメスの襲撃率の比という形で推定できた。推定値は下限値と上限値から構成されていて，オスの捕獲数 N_m，メスの捕獲数 N_f，オスのビーク・マーク率 R_{bm}，メスのビーク・マーク率 R_{bf} とすると，襲撃率の比（メスの襲撃率／オスの襲撃率）の下限値は $\dfrac{1-R_{bm}}{1-R_{bf}} \cdot \dfrac{R_{bf}}{R_{bm}}$，上限値は $\dfrac{N_m}{N_f} \cdot \dfrac{1-R_{bm}}{1-R_{bf}} \cdot \dfrac{R_{bf}}{R_{bm}}$ となる。さらに，推定式は，ビーク・マーク率比の上昇とともに死亡率も高くなることを示していた（図6-4）。

この推定式を用いて，ボルネオで捕らえた他のチョウの襲撃率も計算してみた。標本数は少なかったので，チョウをアゲハチョウ科 Papilionidae，シロ

表6-2 オスとメスのビーク・マーク率から推定したオスとメスの襲撃率比（メス/オス）

科	ビーク・マーク率比	最小推定襲撃率比	最大推定襲撃率比
アゲハチョウ科	1.54	1.96	8.53
シロチョウ科	1.50	1.78	4.93
マダラチョウ科	1.58	1.75	3.37

ボルネオで採集した3つの科のチョウをオスとメスに分けて，込みにして計算した結果である。オスよりもメスのビーク・マーク率のほうが高かった。ビーク・マーク率より推定した鳥の襲撃率は，ビーク・マーク率の比以上にメスが高かった。(Ohsaki 1995 より)

チョウ科 Pieridae，マダラチョウ科 Danaidae の3つのグループに分けて，それぞれの科の襲撃率を込みで計算してみた。

　推定式を用いずにビーク・マーク率を見ると，メスのビーク・マーク率はオスより高く，アゲハチョウ科では1.54倍，シロチョウ科では1.50倍，マダラチョウ科では1.58倍だった。しかし，推定式より，メスのチョウが実際に鳥に襲われる確率は，アゲハチョウ科では8.53〜1.96倍，シロチョウ科では4.95〜1.78倍，マダラチョウ科では3.37〜1.75倍だった。いずれの科でも，ビーク・マーク率比が示す以上に，メスはオスに比べて圧倒的に鳥に襲われている可能性がうかがわれた（表6-2）。したがって，推定値よりビーク・マーク率の高い性や高い種は，より鳥に襲われていることが改めて確認できた。

なぜメスだけが擬態するのか：擬態のコストとベネフィット

　この推定式でビーク・マーク率の高い種や性がより鳥に襲われている，という論拠を得て，私はボルネオのデータを再検討してみた。知りたいことは，ベイツ型擬態種はなぜメスだけが擬態するのか。しかも全部のメスだけでなく，一部のメスだけが擬態するかの理由だった。

　メスだけが擬態してオスが擬態しない理由は，オスのビーク・マーク率がメスの原型より低く，メスの擬態型やモデルのビーク・マーク率と同じであることで，すでに説明できているように思えた。なぜオスのビーク・マーク率が低いかの理由は，鳥の最適採餌戦略という観点から第10章で詳述する。ともかく，オスも擬態したなら，鳥からさらに逃げられるはずである。そうなのに擬態してないのは，擬態するのに何らかのコストがかかるからであり，オスはそのコストを払ってまで擬態するベネフィットを得られないのではないかと考え

られた。オスが擬態せず，メスしか擬態しない理由が私なりに納得できたのである。

なぜ一部のメスだけが擬態するのか：擬態のコストとベネフィット

では，全部のメスではなく一部のメスだけが擬態する理由はどうしてなのだろうか。すべてのメスが擬態すると擬態の効果が損なわれるので一部のメスが擬態するにしても，原型メスが擬態型メスの犠牲になっているとは考えられなかった。擬態型メスだけが得する，そんな利他的な進化はありえない。もし，擬態型メスだけが得をするなら，すべてのメスが擬態型になるはずである。考えられることは，擬態することに何らかのコストがかかり，コストをかけて擬

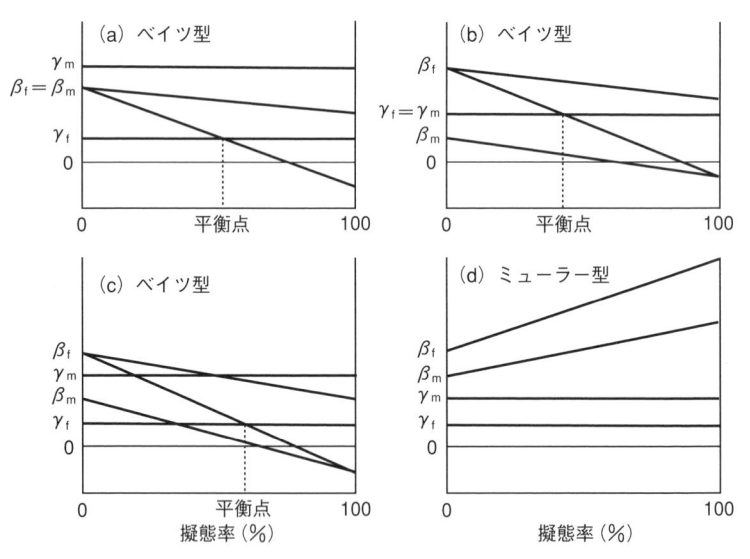

図 6-2 擬態率の決定メカニズム。(a), (b), (c) はベイツ型擬態，(d) はミューラー型擬態を表す。擬態すると擬態のベネフィット β が得られる。しかし，擬態すること自体に擬態のコスト γ がかかるとする。β_f と β_m はメスとオスのベネフィット。γ_f と γ_m はメスとオスのコスト。$\beta - \gamma > 0$ のときに擬態型は有利になる。ベイツ型擬態の場合，擬態率が上昇すると擬態のベネフィットは減少する。もしモデルが多くて擬態種の集団が小さいなら，100％の個体が擬態するが，モデルが少なくて擬態種の集団が大きいと，$\beta = \gamma$ になり，このときに擬態率は平衡点に達して 0〜100％の間で安定する。$\beta - \gamma <$ のときにはコストがベネフィットを上回り，擬態は不利になり起こらない。ミューラー型擬態は擬態率が上がれば上がるほど擬態は有利になる。(Ohsaki 1995 より)

態して捕食者から逃れるベネフィットと、コストをかけずに原型のまま捕食者に襲われるベネフィットが等価のときに擬態率が平衡に達するのではないか、ということである。こう考えると、オスがコストを払ってまで擬態型になる必然性がないことと同様に、メスが擬態型になるにはコストがかかる、という点で、考え方に整合性があるように思えた。

つまり、メスの擬態率が決まるメカニズムは、擬態型が少ないときには擬態することで鳥から逃れる擬態のベネフィットが多いが、擬態型が増加すると擬態のベネフィットは次第に低下し、擬態のコストとベネフィットが等価となる時点で擬態率が決まるのである（図6-2）。このとき、擬態のコストを払っている擬態型のほうがビーク・マーク率は低い。

論文投稿後にわかったこと

擬態のコストを仮定すると、オスはすでにモデルや擬態型メスと同じ程度に鳥にあまり襲われないので、擬態する必然性がない、と結論づけた論文をイギリスの科学誌 *Nature* に投稿した。論文は拍子抜けするほどあっさりと受理された。レビューアーのコメントには、私の論文には斬新な点が2点あるが、言及すべき重要な点が2点抜けている、と書いてあった。

斬新な点は、従来の擬態研究はメスとオスにかかる捕食圧が等しいというのが前提だが、捕食圧がメスに偏っていて、だからオスは擬態する必然性がない、という点で、これは新たな発見であり見解だ、と書いてあった。それと、ビーク・マークの意味を解析しているのが別の斬新な点だと指摘してあった。同時に、この2点に対する従来の考え方が論文では全く触れられていないのが問題だ、という指摘が添えてあった。つまり、前者は異性間性淘汰仮説であり、私はこの指摘で初めて、チョウのベイツ型擬態でメスしか擬態しない理由がメスによる異性間性淘汰で説明されてきたことを知った。後者は、「ビーク・マークに対するエドマンズの5つの疑問」だった。

さらに数年後に、一部のメスしか擬態しない理由が、負の頻度依存淘汰として説明されていることを知った。しかし、これらのベイツ型擬態の理論的核心について、私は全然知らないままに、やみくもに論文を作成し投稿したのである。

ビーク・マークの5つの疑問

　1974年に，スウェーデンの生態学誌 *Oikos* に，ビーク・マーク率の多少を基にして鳥の襲撃率の多少を推定するのは疑問である，という論文が掲載された。著者は当時ガーナ大学にいたイギリスのマルコルム・エドマンズ（Malcolm Edmunds）だった。エドマンズは『動物の防衛戦略（Defence in Animals）』(1974)という有名な本を書いた人で，その後イギリスに帰国してマンチェスター・セントラル大学の教授になった。彼は *Oikos* に掲載された論文で，ビーク・マークに対する以下の5つの疑問を提起していた。

　たとえば，A種とB種の2種のチョウのビーク・マーク率を比較したときに，A種のビーク・マーク率がB種より高いときに考えられるケースは以下の5点である。

(1) A種のほうがB種より容易に捕獲される： A種はB種に比べて飛翔が緩やかで容易に捕獲できる。

(2) A種は味が良く，B種は味が悪い： B種の味が悪いなら，鳥はすぐに覚えてB種を襲わなくなるからB種のビーク・マーク率は低い。

(3) A種のほうがB種より捕獲から容易に逃れられる： A種の翅はもろく嘴で挟まれると容易に破れて逃げることができるからビーク・マークが多い。B種はそのまま食べられるからビーク・マークは少ない。あるいは，鳥はA種の翅を嘴で挟んでみたものの，翅の鱗粉が変な味がするのでA種を放してしまう。または，過去に覚えた味の悪さを思い出して，A種を放してしまうので，A種には多くのビーク・マークが残る。B種はビーク・マークが残る間もなく食べられる。

(4) A種はB種よりも長命である： A種の寿命がB種よりも長いなら，両種が同じ確率で襲われ同じ確率でビーク・マークが残っても，捕食者にさらされている期間が長いだけ，A種のビーク・マーク率は高くなる。

(5) A種の翅には眼状紋がある： A種の翅には目玉模様の眼状紋があり，鳥は眼状紋を狙ってついばむので翅にビーク・マークが残るが，B種の翅には眼状紋がないので，鳥の一撃はボディーを狙うことが多く，ビーク・マークが残らずに死ぬ。

この5点を指摘した後にエドマンズの下した結論は，ビーク・マークは捕食に対する有力な情報だから活用すべきだ。しかし，その際には，比較の対象とするすべての種に対して，ペイント・マーカーなどで標識を付けたコントロール個体を放すべきだ。そして，そのコントロール個体を再捕獲する標識再捕獲法を用いて，標識個体が再捕獲されるまでの期間の日当たりについたビーク・マーク率を調べる必要がある，としていた。しかし，エドマンズは，それでも死亡に関する正確な情報は必ずしも得られないだろう，と悲観的な見解を付け加えている。

　確かに，逃げるのが上手な個体や寿命の長い個体には，それだけビーク・マークが残る可能性がある。エドマンズの指摘は，いちいちもっともな点があった。さらに，エドマンズの提案した，コントロール個体の導入は，言うに易くて行うに難い手法である。チョウは翅をもって自由に飛び回る。生息域が広いなら，二度と再捕獲できないかもしれない。

　私の擬態研究はいわば副業で，私が本来興味を抱いて調べていたのは，食植性昆虫の食性の進化のメカニズムである。その研究の一環として，私は大学院時代にモンシロチョウやスジグロシロチョウ *Pieris melete* の分散移動習性を調べたことがある。その際に，標識再捕獲法を用いた。その調査結果では，再捕獲率は，モンシロチョウでは約10％，スジグロシロチョウでは約5％だった（Ohsaki 1980）。この結果を得るために，私は春から秋にかけてのチョウの野外調査期間のすべての時間を標識再捕獲に費やした。

　このように，標識再捕獲法を用いた調査は，膨大な作業が必要だ。エドマンズの正当な主張のもとに，1890年ころから80年近く行われていたビーク・マークを用いた擬態研究は重要な手がかりを失って停滞していたようだった。しかし，擬態は鳥の捕食を避けるために進化したと考えられるので，チョウは野外で実際に鳥にどの程度襲撃され，捕食されているかを推定することは，擬態研究には必要不可欠なことである。

　私の論文は，はからずも，1974年のエドマンズの疑問に対して無意識の解答になっていたのだ。エドマンズが疑問を提示してから21年後のことで，論文が掲載された直後に，私はエドマンズ教授から好意のこもった手紙をいただいている。

擬態率の決定メカニズム

　この論文を出版して大分時間が経ってから，私は，一部のメスしか擬態しない理由が負の頻度依存淘汰仮説で説明されていることを知った。そこで，従来の負の頻度依存淘汰仮説で説明されている擬態率が決まるメカニズムと，私が考えた擬態率が決まるメカニズムを比較してみた。従来の負の頻度依存淘汰仮説と私の考えは，基本的な点では一緒であった。私も負の頻度依存淘汰の考え方を踏襲して擬態率を考えていた。しかし，決定的な違いがあった。

　擬態型メスが少ないときには，派手で目立つという警告色をもつ擬態型の効果は高く，擬態型メスは鳥の捕食を避けられる確率は高い，という大きなベネフィットを得られる。しかし，擬態型メスが増加するにつれて擬態のベネフィットは減少し，ある擬態率になると，擬態の効果はなくなる。そして，それ以上擬態率が上がると，派手で目立つという擬態型は，単に味の良い餌が目立つだけというマイナスの効果に転じる。この擬態のベネフィットとマイナスの効果の釣り合う点で擬態率は平衡点に達する。ここまでは，従来の説と私の考えは一緒である。

　しかし，この平衡点の設定が，従来の説と私の考え方は異なっていた。従来の説は，擬態率が低いときには擬態すること自体にはコストはかかっていないと考えた。したがって，擬態個体が増えて擬態のベネフィットがなくなり，派手で目立つことがマイナスの効果を発揮する時点で，擬態していること自体が擬態のコスト（コストB）と考えた。つまり，派手で目立つという擬態型が平衡点Bを過ぎると，擬態していること自体が擬態のコストに変わるのだ（図6-3）。もしそうならば，平衡点Bにおけるメスの擬態型と原型のビーク・マーク率は等しくなるはずである。しかし，ボルネオで得た私のデータは，原型メスのビーク・マーク率のほうが圧倒的に高かった。

　私が考えた擬態のコストは，擬態率が低くとも，擬態すること自体で常に払わなければならないコスト（コストA）である。したがって，擬態のベネフィットがなくなる平衡点Aは，従来の説の設定した平衡点Bよりはもっと低い擬態率のときに実現される（図6-3）。ならば，擬態率の平衡点Aにおいても，原型のビーク・マーク率は擬態型よりも高いはずである。この考えは，ボルネオ

擬態率の決定メカニズム　　　　　　　　　　　　　　　　　　　　　135

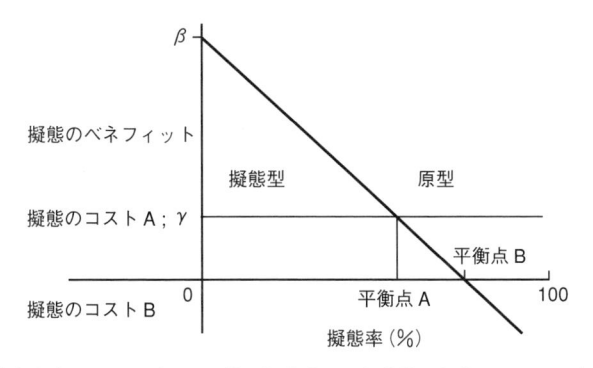

```
      β
       \
擬態のベネフィット
         \
          \    擬態型      原型
擬態のコストA;γ ────────────┼─────
               \          │平衡点B
                \         │
擬態のコストB    0     平衡点A  \  100
                    擬態率(%)    \
```

図6-3 擬態率決定のメカニズムの比較。擬態すること自体に擬態のコストA(γ)がかかるとする。この場合，集団中の擬態率が低ければ擬態のベネフィットは高い(β)。しかし，擬態率が上昇し，擬態のベネフィットが減少してγになると，擬態のベネフィットと擬態のコストは平衡に達する。このとき，擬態率は平衡点Aになる。この際のビーク・マーク率は擬態型よりも原型のほうが高い。従来の負の頻度淘汰仮説は擬態のコストAを想定してなかったので，擬態率は，擬態のベネフィットが0になり，目立つという擬態のコストBがかかり始める平衡点Bで決まるとしていた。このとき，ビーク・マーク率は擬態型と原型で等しくなる。

で得た標本で，原型のビーク・マーク率が擬態型よりも高いことを合理的に説明できた。

　つまり，擬態型の低いビーク・マーク率と原型の高いビーク・マーク率は，前者が擬態のコストをかけており，後者はそのようなコストをかけてないので，低い擬態率で均衡がとれていると考えられた。私の考えた擬態のコストは，擬態した個体が常に払わなければならないコストで，それが何であるのかは，この時点ではわかっていなかった。しかし，明らかになったのは，平衡点においては，例え擬態型のビーク・マーク率が原型よりも低く，モデルなみであっても，擬態型は原型の犠牲のもとに擬態の優位性を保っているのではなく，擬態型と原型の適応度は等価であるということである。原型は犠牲者ではなく，擬態型も擬態の効果を失っている。

　1995年に*Nature*に投稿した論文に対し，3人のレビューアーは，斬新な点（groundbreaking points）が2点あると指摘してくれた。しかし，今になって思うのは，3人のレビューアーが誰も指摘していなかったが，私の論文には第三の斬新な点があった。それは，擬態には，たとえメスでもコストがかかる，と

いう点である。10年後の2005年に，シロオビアゲハを用いて擬態のコストの存在を明らかにした論文をイギリスの動物生態学誌 *Journal of Animal Ecology* に発表した。そのときには，投稿時に編集者から，この論文を是非出版したい (We are keen to publish this paper.) という手紙があり，出版後には著名な擬態研究者たちから，シロオビアゲハ以外でも擬態のコストを検証したのか，という問い合わせがあり，反響の強さを感じた。しかし，1995年の時点では，私は性淘汰仮説も頻度依存淘汰仮説も知らず，コストの実態に対する具体的なイメージは何もなかったので，擬態のコストという提案が注目されなかったのも，無理ないと言えば無理なかった。

Box 6-1 ビーク・マーク率比モデル

襲撃率比の推定式

　ビーク・マークから直接襲撃率や死亡率を推定することは無理だった。しかし，オスとメスのビーク・マーク率比と捕獲性比から，オスとメスの襲撃率比の上限値と下限値，それと，襲撃された際の死亡率を推定することができた（図6-4）。

　推定式の基本的な考え方は以下のとおりである。まず前提としたのは，調査地の調査対象とした種の個体数は常に一定に保たれているとしたことだ。この前提は日本のような季節の違いがはっきりとして，チョウの各世代の発生期と終末期の個体数の変動が激しい地域ではあまり現実的ではない。しかし，常夏のボルネオ島では許してもらえる前提だと思われた。そこで，一定に保たれている調査対象種のオスの個体数を n_m，メスの個体数を n_f とした。この個体数は以下の式で表現される。

　個体数が一定に保たれるということは，単位時間当たりの加入数と消失数が等しいということである。そこで，単位時間当たりに新たに加入するオスの個体数を a_m，メスの個体数を a_f とした。

　そして，単位時間に消失する要因を鳥の捕食以外と鳥の捕食の2つに分けた。鳥の捕食以外の要因は，調査地からの移出と何らかの理由による死亡が考えられる。この要因でのオスの消失率を d_m，メスの消失率を d_f とすると，この要因での消失個体数はオスは $d_m n_m$，メスは $d_f n_f$ となる。

　鳥の捕食による死亡率は，鳥に襲われ，逃げそこなった場合に捕食される率である。うまく逃げおおせたなら翅にビーク・マークが残る，と仮定する。鳥に

Box 6-1 ビーク・マーク率比モデル

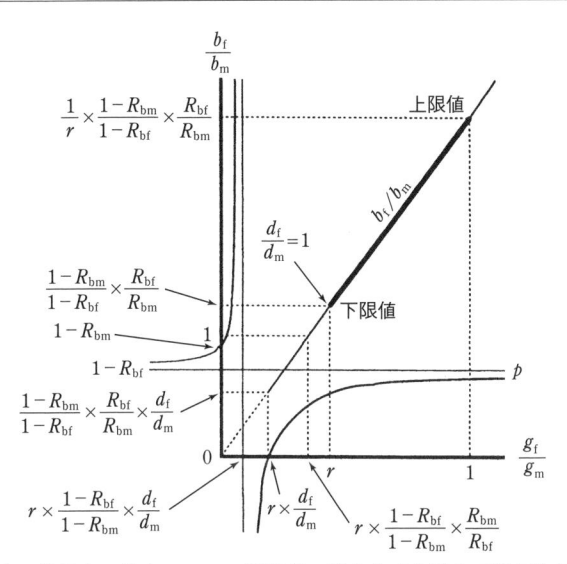

図6-4 鳥の襲撃率の推定グラフ。襲撃率の推定値は上限と下限がある。（Ohsaki 1995を改変）

襲われる率をオスはb_m，メスはb_fとし，その際に捕食され死亡する率をオスはp_m，メスはp_fとすると，鳥の捕食によって消失する個体数は，オスは$p_m b_m n_m$，メスは$p_f b_f n_f$となる。

このとき，単位時間当たりの個体数の変動はないとしているので，加入数と消失数は等しくなり，調査地におけるオスとメスの個体数は以下のように表現される。

$$a_m = d_m n_m + p_m b_m n_m \quad \text{したがって，} \quad n_m = \frac{a_m}{d_m + p_m b_m}$$

$$a_f = d_f n_f + p_f b_f n_f \quad \text{したがって，} \quad n_f = \frac{a_f}{d_f + p_f b_f}$$

次に，調査地内に存在するビーク・マークをもつ個体数を，オスはn_{bm}，メスはn_{bf}とした。この個体数は以下の式で表現できる。

単位時間内に新たに加入するビーク・マークをもつ個体数は，調査地内にすでにいる個体数からすでにビーク・マークをもつ個体数を差し引いた個体数（$n_m - n_{bm}$, $n_f - n_{bf}$）のうち，鳥に襲われて（b_m, b_f），うまく逃げおおせて（$1 - p_m$, $1 - p_f$），死亡しなかった個体数である。したがって，オスは$(1 - p_m) b_m (n_m - n_{bm})$，メスは$(1 - p_f) b_f (n_f - n_{bf})$と表すことができる。

一方，すでにビーク・マークをもった個体も上記の2つの要因で消失する。鳥の捕食以外 ($d_m n_{bm}$, $d_f n_{bf}$) と，鳥の捕食によるもの ($p_m b_m n_{bm}$, $p_f b_f n_{bf}$) である。その結果，消失個体数は，オスは $d_m n_{bm} + p_m b_m n_{bm}$，メスは $d_f n_{bf} + p_f b_f n_{bf}$ となる。

調査地の個体数が一定に保たれているということは，ビーク・マークをもつ個体の加入数と消失数も等しくなるので，ビーク・マークをもつオスとメスの個体数は以下のように表現される。

$$(1 - p_m) b_m (n_m - n_{bm}) = d_m n_{bm} + p_m b_m n_{bm}$$

したがって，

$$n_{bm} = \frac{b_m (1 - p_m)}{d_m + b_m} \times n_m = \frac{b_m (1 - p_m)}{d_m + b_m} \times \frac{a_m}{d_m + p_m b_m}$$

および

$$(1 - p_f) b_f (n_f - n_{bf}) = d_f n_{bf} + p_f b_f n_{bf}$$

したがって，

$$n_{bf} = \frac{b_f (1 - p_f)}{d_f + b_f} \times n_f = \frac{b_f (1 - p_f)}{d_f + b_f} \times \frac{a_f}{d_f + p_f b_f}$$

ビーク・マーク率をオスは R_{bm}，メスは R_{bf} とすると，以下のようになる。

$$R_{bm} = \frac{n_{bm}}{n_m} = \frac{(1 - p_m) b_m}{b_m + d_m}$$

$$R_{bf} = \frac{n_{bf}}{n_f} = \frac{(1 - p_f) b_f}{b_f + d_f} \tag{6-1}$$

実際の襲撃率はオスは b_m，メスは b_f なので，以下のようになる。

$$b_m = \frac{R_{bm} d_m}{1 - p_m - R_{bm}}$$

$$b_f = \frac{R_{bf} d_f}{1 - p_f - R_{bf}}$$

ここで，チョウの捕獲数をオスは N_m，メスは N_f とし，捕獲率をオスは g_m，メスは g_f とすると，以下のようになる。

$$N_m = g_m n_m = \frac{g_m a_m}{d_m + p_m b_m}$$

$$N_f = g_f n_f = \frac{g_f a_f}{d_f + p_f b_f}$$

したがって，捕獲性比を r とすると次のようになる。

$$r = \frac{N_f}{N_m} = \frac{g_f}{g_m} \times \frac{n_f}{n_m} = \frac{g_f}{g_m} \times \frac{a_f}{a_m} \times \frac{p_m b_m + d_m}{p_f b_f + d_f}$$

ここで，単位時間当たりの加入個体の数がオスとメスとで等しいと仮定すると以下のようになる。

Box 6-1 ビーク・マーク率比モデル

$$a_m = a_f = a$$

さらに鳥に襲撃された場合のオスとメスの死亡率を等しいと仮定すると，

$$p_m = p_f = p$$

すると，捕獲性比は次のようになる。

$$r = \frac{g_f}{g_m} \times \frac{pb_m + d_m}{pb_f + d_f} \tag{6-2}$$

式 (6-1) より，

$$1 - R_{bm} = \frac{pb_m + d_m}{b_m + d_m}$$
$$1 - R_{bf} = \frac{pb_f + d_f}{b_f + d_f} \tag{6-3}$$

したがって，次の式が得られる。

$$\frac{1 - R_{bm}}{1 - R_{bf}} = \frac{pb_m + d_m}{pb_f + d_f} \times \frac{b_f + d_f}{b_m + d_m} \tag{6-4}$$

また，同じく式 (6-1) から次の式が得られる。

$$\frac{R_{bf}}{R_{bm}} = \frac{1 - p_f}{1 - p_m} \times \frac{b_f}{b_m} \times \frac{b_m + d_m}{b_f + d_f} \tag{6-5}$$

式 (6-4) と式 (6-5) から次の式が得られる。

$$\frac{1 - R_{bm}}{1 - R_{bf}} \times \frac{R_{bf}}{R_{bm}} = \frac{1 - p_f}{1 - p_m} \times \frac{b_f}{b_m} \times \frac{p_m b_m + d_m}{p_f b_f + d_f} \tag{6-6}$$

式 (6-2) を変換して

$$\frac{pb_m + d_m}{pb_f + d_f} = r \times \frac{g_m}{g_f}$$

とし，これを式 (6-6) の右辺に代入すると，次の式になる。

$$\frac{1 - R_{bm}}{1 - R_{bf}} \times \frac{R_{bf}}{R_{bm}} = \frac{1 - p_f}{1 - p_m} \times \frac{b_f}{b_m} \times r \times \frac{g_m}{g_f}$$

$p_m = p_f = p$ なので

$$\frac{1 - R_{bm}}{1 - R_{bf}} \times \frac{R_{bf}}{R_{bm}} = r \times \frac{b_f}{b_m} \times \frac{g_m}{g_f}$$

これから b_f / b_m を求めると

$$\frac{b_f}{b_m} = \frac{1}{r} \times \frac{1 - R_{bm}}{1 - R_{bf}} \times \frac{R_{bf}}{R_{bm}} \times \frac{g_f}{g_m} \tag{6-7}$$

となる。この式 (6-7) が捕食者による実際の襲撃率のオスとメスの比である。

襲撃された場合の死亡率の推定式

次に，式 (6-7) を変換すると

$$r \times \frac{1-R_{\mathrm{bf}}}{1-R_{\mathrm{bm}}} \times \frac{g_{\mathrm{m}}}{g_{\mathrm{f}}} = \frac{b_{\mathrm{m}}}{b_{\mathrm{f}}} \times \frac{R_{\mathrm{bf}}}{R_{\mathrm{bm}}}$$

となる。したがって，次の式が得られる。

$$1 - r \times \frac{1-R_{\mathrm{bf}}}{1-R_{\mathrm{bm}}} \times \frac{g_{\mathrm{m}}}{g_{\mathrm{f}}} \times \frac{d_{\mathrm{f}}}{d_{\mathrm{m}}} = 1 - \frac{b_{\mathrm{m}}}{b_{\mathrm{f}}} \times \frac{R_{\mathrm{bf}}}{R_{\mathrm{bm}}} \times \frac{d_{\mathrm{f}}}{d_{\mathrm{m}}} \quad (6\text{-}8)$$

式 (6-8) の右辺に式 (6-5) を代入すると，$p_{\mathrm{m}} = p_{\mathrm{f}} = p$ だから，式 (6-8) の右辺は次の式になる。

$$1 - \frac{b_{\mathrm{m}}}{b_{\mathrm{f}}} \times \frac{R_{\mathrm{bf}}}{R_{\mathrm{bm}}} \times \frac{d_{\mathrm{f}}}{d_{\mathrm{m}}} = 1 - \frac{d_{\mathrm{f}}}{d_{\mathrm{m}}} \times \frac{1-p_{\mathrm{f}}}{1-p_{\mathrm{m}}} \times \frac{b_{\mathrm{m}}+d_{\mathrm{m}}}{b_{\mathrm{f}}+d_{\mathrm{f}}}$$

$$= \frac{d_{\mathrm{m}} b_{\mathrm{f}} - d_{\mathrm{f}} b_{\mathrm{m}}}{d_{\mathrm{m}} (b_{\mathrm{f}}+d_{\mathrm{f}})} \quad (6\text{-}9)$$

式 (6-1) からは次の式も得られる。

$$R_{\mathrm{bm}} - R_{\mathrm{bf}} = \frac{(b_{\mathrm{f}}+d_{\mathrm{f}})(1-p_{\mathrm{m}}) b_{\mathrm{m}} - (b_{\mathrm{m}}+d_{\mathrm{m}})(1-p_{\mathrm{f}}) b_{\mathrm{f}}}{(b_{\mathrm{m}}+d_{\mathrm{m}})(b_{\mathrm{f}}+d_{\mathrm{f}})}$$

$$= \frac{(1-p)(b_{\mathrm{m}} d_{\mathrm{f}} - d_{\mathrm{m}} b_{\mathrm{f}})}{(b_{\mathrm{m}}+d_{\mathrm{m}})(b_{\mathrm{f}}+d_{\mathrm{f}})} \quad (6\text{-}10)$$

この式 (6-10) を式 (6-9) で辺々割ると，次の式になる。

$$(R_{\mathrm{bm}} - R_{\mathrm{bf}}) \left\{ 1 - r \times \frac{1-R_{\mathrm{bf}}}{1-R_{\mathrm{bm}}} \times \frac{d_{\mathrm{f}}}{d_{\mathrm{m}}} \times \frac{g_{\mathrm{m}}}{g_{\mathrm{f}}} \right\}^{-1} = -\frac{d_{\mathrm{m}}(1-p)}{b_{\mathrm{m}}+d_{\mathrm{m}}} \quad (6\text{-}11)$$

式 (6-3) から

$$1 - R_{\mathrm{bm}} = \frac{p b_{\mathrm{m}} + d_{\mathrm{m}}}{b_{\mathrm{m}} + d_{\mathrm{m}}}$$

これを式 (6-11) に辺々加えると次の式が得られる。

$$(1 - R_{\mathrm{bm}}) + (R_{\mathrm{bm}} - R_{\mathrm{bf}}) \left\{ 1 - r \times \frac{1-R_{\mathrm{bf}}}{1-R_{\mathrm{bm}}} \times \frac{d_{\mathrm{f}}}{d_{\mathrm{m}}} \times \frac{g_{\mathrm{m}}}{g_{\mathrm{f}}} \right\}^{-1}$$

$$= \frac{-d_{\mathrm{m}}(1-p) + p b_{\mathrm{m}} + d_{\mathrm{m}}}{b_{\mathrm{m}} + d_{\mathrm{m}}} = \frac{p(b_{\mathrm{m}} + d_{\mathrm{m}})}{b_{\mathrm{m}} + d_{\mathrm{m}}}$$

$$= p \quad (6\text{-}12)$$

この式 (6-12) が，襲撃されたときの死亡率を表している。式 (6-7) と式 (6-12) を $g_{\mathrm{f}}/g_{\mathrm{m}}$，$b_{\mathrm{f}}/b_{\mathrm{m}}$ の関数として表したのが図 6-4 である。

襲撃率比の下限値

ここで，式 (6-2)

$$r = \frac{g_{\mathrm{f}}(p b_{\mathrm{m}} + d_{\mathrm{m}})}{g_{\mathrm{m}}(p b_{\mathrm{f}} + d_{\mathrm{f}})} \quad (6\text{-}2)$$

に戻ると，この式は，オスに偏った性比 ($r < 1$) を説明する要因が3つあることを示している。捕食による死亡率比 ($p b_{\mathrm{f}}/p b_{\mathrm{m}} > 1$) と，捕食を除く死亡と移出

Box 6-1 ビーク・マーク率比モデル

を含む消失率比 ($d_f/d_m > 1$) と，捕獲率比 ($g_f/g_m < 1$) である。

襲撃率比 b_f/b_m の最小値は，襲撃されたときの死亡率 p が $p \geqq 0$ なので，$p = 0$ のときに示される。式 (6-2) で $p = 0$ のとき，$r = g_f d_m / g_m d_f$ になる。変換して，$g_f/g_m = r d_f/d_m$ のときに，式 (6-7) より

$$\frac{b_f}{b_m} = \frac{(1 - R_{bm}) R_{bf} d_f}{(1 - R_{bf}) R_{bm} d_m}$$

となる。この値は1よりも小さい。

したがって，移出などの捕食以外の消失率である d_f/d_m が極端に低いときには，たとえメスのビーク・マーク率がオスよりも高くても，捕食による死亡率の b_f/b_m は1より小さくなり，オスはメスよりも頻繁に襲撃されている可能性がある。

しかし，野外で観察されるオスに偏った捕獲性比の原因として，メスの旺盛な長距離分散による過疎化が考えられる。私もモンシロチョウの分散習性を，個体識別マークを付けて放し再捕獲を試みる標識再捕法で調べたことがある (Ohsaki 1980)。その結果わかったことは，羽化したオスは羽化地の近傍に一生とどまり，新たに羽化するメスを待つ。一方，メスは交尾後に数キロに及ぶ分散をして，新たな産卵場所を求めて移動する。したがって，モンシロチョウの多い場所で性比を調べると，圧倒的にオスに偏る。

オスは羽化したメスを求めて激しく探索飛翔をする。しかし，メスが羽化地にとどまり，オスが旺盛な長距離分散をするような事例はほとんど考えられない。したがって，普通は分散を伴う捕食以外の消失率比の d_f/d_m は1よりも非常に大きい値になる。そこで，$d_f/d_m = 1$ を下限値と想定する。そのときに，襲撃率比の b_f/b_m の下限値は

$$\frac{(1 - R_{bm}) R_{bf}}{(1 - R_{bf}) R_{bm}}$$

となる。このとき，$g_f/g_m = r$ である。

襲撃率比の上限値

襲撃率比 b_f/b_m の上限値は捕獲率比 g_f/g_m に支配されるが，チョウの g_f/g_m を推定した信頼に足る研究はない。しかし，捕獲率比 $g_f/g_m < 1$ は捕獲性比がオスに偏る要因の1つになる。したがって，捕獲率比 $g_f/g_m = 1$ のときの襲撃率比 b_f/b_m の値を b_f/b_m の上限値として想定することができるだろう。そのときの襲撃率比 b_f/b_m の上限値は

$$\frac{1}{r} \times \frac{(1 - R_{bm}) R_{bf}}{(1 - R_{bf}) R_{bm}}$$

となる。

7章
性淘汰仮説に対する疑問

異性間性淘汰仮説の否定

　謎は2つあった。チョウのベイツ型擬態種は，なぜメスだけが擬態するのか。そして，なぜ一部のメスだけが擬態するのか。前者の，なぜメスだけが擬態するのかに対して，私が1995年に書き上げ，*Nature* に投稿した論文の結論は，鳥の捕食圧はメスに高くオスに低い。したがって，擬態すること自体にコストがかかるなら，オスは擬態する必然性がない，というものだった。

　その論文に対するレビューアーたちの反応は，「今までは鳥の捕食圧が性によって異なる，という発想はなかった。なるほど」というものだった。しかし，レビューアーは，「従来はメスによる異性間性淘汰で説明されているから，その事実も論文上に書き加えるように」と指示してきた。私はレビューアーに指摘されて初めて異性間性淘汰仮説の存在を知った。しかし，異性間性淘汰仮説と私が明らかにしたこととの関係を深く考えることもなく，その指示に従って，「メスしか擬態しない理由は，異性間性淘汰で説明されてきた」と書き加えた。その段階で，私は，自分の明らかにしたことが異性間性淘汰を否定したものだ，という認識はなく，異性間性淘汰についての言及をそれ以上はしなかった。また，レビューアーたちにも，私が異性間性淘汰を否定した，という認識はなかったようで，1999年に，ロンドン大学のマレット教授が *Annual Review of Ecology and Systematics* に書いた擬態に関する総説には，メスしか擬態しない理由として，私の主張と異性間性淘汰と，後に詳述するが同性内性淘汰が併記してあった。

しかし，出版された私の論文を初めて手にし，改めて読んでみて，1つの現象を説明する要因が2つある，というのはおかしな話であると思った。2つの要因が複合している，というなら話はまた別だが。私は私の出した結果に自信があった。ならば，異性間性淘汰仮説は間違っているのではないか，と考えた。そこで，私は異性間性淘汰仮説の直接的な反証を試みることにした。

シロオビアゲハの交尾実験

　何を示せば，異性間性淘汰を反証したことになるのか。メスのチョウがオスの翅模様を選り好みせず，擬態型の翅模様のオスとも交尾をすることを示せばよいのである。もし，擬態型の翅模様のオスに対して交尾拒否をしたならば，反証実験は失敗で，異性間性淘汰はありうることになる。ペイント・マーカーを用いて，オスのチョウの翅に擬態型の翅模様を描いて，メスの反応を見れば，異性間性淘汰の有無がわかるだろう，と考えた。

　チョウのベイツ型擬態種は，主に熱帯や亜熱帯に生息している。日本で手に入る典型的なベイツ型擬態種のチョウは，沖縄に分布しているシロオビアゲハだけだった。反証実験には交尾を経験していない処女メスが30匹は必要と思われた。もしメスが交尾を拒否した場合，既交尾のメスだと，オスに原因があるのか，メスが既交尾であることに原因があるのか，その判定が難しいからである。オスは既交尾でも繰り返して交尾をするので，既交尾で問題はなかった。

　網室が狭すぎれば自由な交尾行動は観察できない。少なくとも1m四方の空間は必要と思われた。もし未交尾のメスが必要でないならば，沖縄の適当な野外に携帯網室を設置して，野外を飛び交うシロオビアゲハを捕らえ，翅に細工して携帯網室内に導入し，交尾実験を行うのは可能だった。しかし，野外で未交尾のメスを捕らえるのは至難の業である。既交尾のメスのチョウは交尾嚢にオスから授受された精包を蓄えている。そのため，既交尾のメスのチョウの腹部を軽く手で押せばしこりがあるので，簡単に未交尾か既交尾かを判別できる。野外で飛び交うチョウにまず未交尾メスはいない。というのは，羽化直後の体がまだ軟弱な時期に，多くは交尾してしまうからである。

　野外で幼虫や蛹を採集するのはそれほど難しくはない。しかし，野外で採集

した幼虫や蛹は，普通90％以上が寄生性のハチやハエの幼虫に寄生されていて，成虫になる前に死亡する。したがって，実験に必要な数の未交尾メスを得るためには，卵から育てなければ無理であった。そのため，短期滞在者が沖縄でチョウの配偶行動の実験を行うことは，ほぼ不可能だった。

シロオビアゲハの幼虫の食草を図鑑で調べると，サルカケミカン，ハマセンダなどの沖縄諸島に自生するミカン科の植物となっていた。ベイツ型擬態種のチョウは主に熱帯から亜熱帯にかけて分布している。そして，それらのチョウの食草も熱帯や亜熱帯にしか分布してない。それらの植物を大量に入手し，幼虫を育て，成虫のチョウを手に入れることは，温帯域にある研究機関に所属する研究者には至難のことである。このことが，ベイツ型擬態に関する幾つかの疑問が解けないままに，百数十年という時間が流れた原因でもある。

伊丹市昆虫館

そんな折も折，私は兵庫県の伊丹市に市立の昆虫館があるのを知った。伊丹市は人口約20万人で，京都大学から名神高速道路を利用すると1時間もかからない兵庫県の東端にあった。大阪市には隣接しており，大阪国際空港（伊丹空港）の敷地の大半は伊丹市に属している。昆虫館は伊丹空港に近い広さ約30ヘクタールの昆陽池公園の一角にある。昆陽池公園の中心は昆陽池で，天平3年（731年）に，奈良時代の僧の行基の指導で農業用の溜池として掘られたそうだが，現在は，関西における冬季の渡り鳥の集散地として著名である。池の周囲は森や林や草地があり，昆虫館は東北角地の森の中にあった。

昆虫館には，直径31mの半円球の形をしたガラス製の温室があり，中には200種を超す，熱帯や亜熱帯の植物が配置されていた。チョウの蜜源となる深紅のブーゲンビリアは頭上を覆い，黄やピンクの小さな花を散りばめたランタナが通路を縁取り，まっすぐに伸びた茎の先に手のひら状に大きく切れ込みの入った葉を四方八方に広げたパパイアが，葉の付け根に拳よりも大きな黄色の実をつけていた。それらの植物の間を，白，黒，赤，黄，さまざまな色を組み合わせた原色のチョウが，ゆったりゆったりと飛び交っていた。飛んでいるチョウの数は，15種，800～1,000匹に及ぶという。初めて踏み込んだ昆虫館の温室で，私は，子供のころにドリトル先生の物語を読んで想像した，色とり

どりのチョウの飛び交う南国の森のことを思い出していた。

　そのチョウのなかに，シロオビアゲハも混じっていた。シロオビアゲハは常時，約 50 匹が放されていた。温室内にはチョウの採卵用の食草が鉢植えで置いてあり，毎日採卵して，計画に従った数の幼虫が飼育され，成虫になり次第温室に放されていた。シロオビアゲハの場合，毎日約 5 匹の成虫が放されていた。そのために，温室内に置いた鉢植えの温州ミカンの苗木で採卵され，幼虫は和歌山県有田市の農家で契約栽培されている八朔オレンジの葉を代用食として飼育されていた。

　私は幸いにも，この毎日新たに放されるシロオビアゲハと，すでに温室内を飛び交うシロオビアゲハを実験材料にしてもよいという好意を受けた。そこで，温室内に高さ 1.8 m，幅と奥行きが 1.5 m の，これも昆虫館からお借りした網室を置いて，どのような翅の模様のチョウが雌雄相互に配偶者として選ばれるかを調べる実験を行った。

オスがメスを選ぶ

　シロオビアゲハの翅の模様は 3 種類を用意した。原型，擬態型，そして全くの黒色型である。原型は前翅と後翅とも真っ黒な地色で，2 枚のそれぞれの後翅の中央に，白い 7 つの斑紋が帯状に横切っている。シロオビアゲハの名の由来である。原型は雌雄がそっくりで，胴部の末端にある交尾器を調べなければ性別の判定が困難である。擬態型はモデルのベニモンアゲハに酷似しており，黒地の後翅を赤い斑紋が縁取りをしてあり，原型にある 7 つの白い斑紋のうち，中央の 3 紋だけが白い色のまま残っているだけで，左右の 4 紋は赤い斑紋に変わっている。全くの黒色型とは，原型の白い 7 つの斑紋を人為的に黒く塗りつぶしたものだ（図 7-1）。

　雌雄の原型とメスの擬態型はオリジナルな個体をそのまま用い，オスの擬態型と雌雄の黒色型をペイント・マーカーで細工して作り上げた。しかし，オリジナルな斑紋型をそのまま用いた雌雄の原型とメスの擬態型も，翅の黒地の上には黒いペイント・マーカーで，赤地の上には赤いペイント・マーカーで，白地の上には白いペイント・マーカーでなぞり，ペイント・マーカーの化学成分はどの翅型にも共通に残るようにした。知りたいのは斑紋型の視覚的差であ

図 7-1 交尾実験に用いたシロオビアゲハの斑紋型。(a) 原型。(b) 擬態型。(c) 黒色型。黒色型は原型の白い斑紋を塗りつぶしたもので,自然界には存在しない。

り,ペイント・マーカーの化学成分の有無の影響を排除するためである。

網室の中に,未交尾の3つの型のメスをそれぞれ2匹ずつの計6匹を入れておき,オスを1匹ずつ網室に導入して,オスがどのような翅の模様のメスを選んで交尾行動を行うか,メスがどのような翅の模様のオスを受け入れるかを観察した。同じ模様のメスを2匹ずつ入れたのは,知りたいのは翅の模様の影響であり,翅の模様以外の個々の個体の差による影響を少しでも排除したかったからである。

最初の実験は見事に失敗した。導入したオスは一向に交尾行動を示さず,網室の隙間から逃れることに専念して全く実験にならなかった。そこで,温室

表7-1 メスのシロオビアゲハがオスの交尾を受け入れた割合

交尾相手	オスの個体数	受け入れ	拒否	受け入れ率(%)
原型オス（処理）	13	9	4	69
擬態オス（細工）	13	8	5	61
黒色オス（細工）	12	8	4	67

ペイント・マーカーで処理された3タイプのオスを網室に導入し，交尾行動がメスに受け入れられるかどうかを調べた．メスはすべてのタイプのオスを等しく受け入れた．（大崎1996より）

表7-2 オスのシロオビアゲハがメスに交尾を試みた回数（18匹のオスの平均値）

交尾相手	交尾を試みた回数
原型メス（処理）	6.83
擬態型メス（処理）	3.87
黒色型メス（細工）	0.00

ペイント・マーカーで翅の紋様を書き込んだ3タイプのメス（羽化後2時間以上を経ている）のいる網室に導入されたオスは，メスに交尾行動を試みるたびに，交尾を強制的に阻止された．そのようにして1匹のオスが網室に導入された際に，メスに交尾を試みた平均回数が示されている．原型メスに最も多く交尾を試み，擬態型がそれに続いた．両タイプの間には統計的な有意差はない．オスは黒色メスには全く反応しなかった．（大崎1996より）

に飛び交うすべてのオスの翅の模様を細工して，3通りに分けておいた．そのなかから激しい交尾行動を示すオスを捕虫網で捕らえ，即座にメスを用意してある網室内に導入した．導入したオスは，引き続き激しく交尾行動を示し，この試みは成功して実験は順調に進行した．その結果，メスはオスの翅の模様を選ばず，3つのすべての翅模様のオスを受け入れた（表7-1）．シロオビアゲハでは，ベルトの提唱したメスによる異性間性淘汰仮説は成り立たなかった．おそらく，メスは，交尾を試みるオスを匂いで識別し，同種か異種を識別しているものと考えられた．

一方，オスは，原型，擬態型の順にメスを選び，黒色型のメスを全く選ばなかった（表7-2）．異性の翅型を選ぶのはメスではなく，逆にオスだったのだ．シロオビアゲハのオスは，原型の特徴である，後翅にある白い帯状の7つの斑紋を目印にして，自種のメスを認識していたのだ．メスの擬態型は，この白い7つの斑紋のうち中央の3紋が残っているだけである．したがって，オスによる認識度は低下していたが，原型と比べて，統計的には有意な差があるわけではなかった．

同性内性淘汰仮説

　雌雄の翅型の選好実験の結果を受けて，私は，異性間性淘汰は間違っている，と確信した。その実験結果に私の主張を添えて，異性間性淘汰は間違っている，という論文を書き，1996 年の秋にアメリカの科学誌 *Evolution* に投稿した。私の主張とは，たとえメスでも擬態にはコストがかかる，ということだった。従来の性淘汰仮説は，オスが擬態すればメスに相手にされなくなるというコストを想定していたが，メスが擬態することにはコストはかからないと考えていた。ただ，メスの擬態率が上昇し，擬態していることのベネフィットが失われたときに，派手で目立つということが，擬態のコストになるとしていた。

　私の投稿した新たな論文に対して，レビューアーの反応は大変に厳しいもので，論文の掲載は拒否された。理由は幾つかあった。そのなかで，最も辛辣（しんらつ）なコメントは，「君が擬態研究の基本を知っているとはとても思えない。進化の勉強をやりなおすべきだ」というのがあった。以下がそのコメントである。

　「生物は，常に変異を生みだすものだ。変異のなかの適応度の高い形質が勝ち残り，生物は進化していく。それが自然淘汰だ。メスの擬態型の出現は，それが適応度が高い変異だから自然淘汰され，進化したのだ。オスも常に変異を生みだしているはずだ。メスが進化している一方で，オスが進化せずに原型でとどまっているのは，その進化を阻む淘汰がかかっているからである。考えられるのは性淘汰だ。異性間性淘汰が否定されたなら，残るのは同性内性淘汰だけだ。レーダーハウスとスクライバーが本誌の前号で，同性内性淘汰を検証している。」

　私は，この猛々しいコメントにたじろいだ。内容は，教条主義的に自然淘汰と性淘汰のイロハを説いていた。おそらく，私が勉強家で，自然淘汰と性淘汰を発想の根本原理として血肉化していたなら，このレビューアーと同じ思考回路を獲得していたかもしれない。しかし，私にとっては，自然淘汰も性淘汰も通りいっぺんの知識であり，発想の根本原理ではなかった。

　このレビューアーのコメントを読み，私は，私が論文を投稿した *Evolution* の前号に，ミシガン州立大学のレーダーハウスとスクライバーが，同性内性淘汰を検証した，という論文が掲載されていることを知った。*Evolution* という

科学誌に私は自分の論文を投稿してみたものの、現物は私の周囲にはなかった。そこで、取り寄せて、レーダーハウスとスクライバーの論文を読んでみた。彼らの論文の序論に、1984年にスミソニアン熱帯生物研究所のシルバーグリードが、メスによる異性間性淘汰を否定する実験を行い、代替仮説として、オスによる同性内性淘汰仮説を提唱していると書いてあった。シルバーグリードの論文は、イギリス昆虫学会のシンポジウムの記録集に掲載されていた。そして、レーダーハウスらが、そのシルバーグリードの唱えたオスによる同性内性淘汰仮説を初めて検証した、と報じていたのである。

シルバーグリードの異性間性淘汰の反証実験は、パナマで、タテハチョウ科のベニオビタテハを用いて行っていた。手法は全く私と同じで、ペイント・マーカーで翅型模様を変えた個体と原型の個体を網室に導入して、両型の交尾率を比較していた。その結果、メスはオスの翅模様を選ばないが、オスはメスの翅型を選ぶとしてあり、私の結論と全く同じだった。私はシルバーグリードに14年遅れて同じ結論に達していたのだ（3章、84ページ参照）。

一方、同性内性淘汰を検証したというレーダーハウスとスクライバーの実験は、野外で縄張りを張るメスクロキアゲハを用いていた。彼らは縄張りオスを除去し、代わりに、やはりペイント・マーカーで、メスだけに存在する擬態型の翅模様に変えた個体と原型の個体に縄張りを形成させ、両型の交尾率を比較した。縄張りを張った擬態型翅模様のオスは、他のオスの攻撃を受けて縄張りを維持できずに放棄するが、原型のオスが縄張りを張ると、他のオスの攻撃は弱くなり、長時間の縄張り形成が可能となる。交尾の96％は縄張り内で行われた。したがって、オスの原型の翅模様は闘争を避ける信号となっているのではないか、というのがレーダーハウスとスクライバーの主張だった（3章、86ページ参照）。この主張は、シルバーグリードの主張でもあった。また、タカ-ハト-ブルジョアゲームの結論とも一緒だった。縄張りを張るオスに原型と擬態型の二型が進化しなかったのは、オスの原型の翅模様がオス間の闘争を避ける信号だからだというわけである（4章、104ページ参照）。

レビューアー

前章からレビューアーという語彙を用いているが、レビューアーとは投稿さ

れてきた論文を読み，その投稿論文を受理して掲載するだけの価値があるかどうかを判定するレフェリーのことである。日本語では査読者という。

　このレビューアー制度をもう少し詳しく説明すると，学術誌の規模によって数は異なるが，学術誌には編集長と編集長を補佐する複数の編集幹事と，十数人から数十人の編集委員がいる。投稿されてきた論文は，編集長と編集幹事により論文の要約が読まれ，要約の内容から，編集委員のなかでその論文の価値を最も理解できると思われる人を担当編集者として選んで論文が送られる。担当編集者が最初の判定者で，彼が論文を受理する価値が明らかにないと判断するとその旨を編集長に通告する。担当編集者が，論文に対してある程度の価値を認めると，彼は複数のレビューアーを選び，彼らにコメントを求める。このレビューアーは，その論文に関する最先端の研究をしており，論文の価値を最も理解できる人々のなかから選ばれる。そのコメントを基にして，担当編集者は論文を受理するか拒否するかを判断して，編集長に結果を報告する。最終的に受理か拒否かを決めるのは編集長である。国際誌として認められている学術誌は，編集委員もレビューアーも国籍に関係なく世界中の研究者のなかから選ばれている。

　このレビューアーの数は，学術誌によって異なり，国際誌として最も権威あるとされているイギリスの科学誌 *Nature* やアメリカの科学誌 *Science* は3人制をとり，3人が全会一致で賛成しないと論文はなかなか受理されない。この2つの科学誌は科学の一般誌だが，私が専門とする生態学の老舗の国際誌は，イギリスの動物生態学誌 *Journal of Animal Ecology* とアメリカの生態学誌 *Ecology* で，両誌のレビューアーは2人制である。上にあげたアメリカの進化誌 *Evolution* も2人制である。

　レビューアーがその分野の最先端の研究を行っている，ということは，論文投稿者とライバル関係にある場合が多く，コメントにいろいろと人間的な感情が絡まることもある。ダーウィンがウォレスの論文原稿を受けとり，慌てて共著論文を書いたり，進化論の大著を中断して『種の起源』を書いたのがよい事例である。そのような事態を避けるために，最近は，投稿者は名をあげて，ライバルがレビューアーに選ばれることを拒否できるようになっている。ただし，レビューアーの名前は投稿者には公表されない。もし，ライバルが，名が

公表されている編集長や編集幹事や編集委員にいるなら，その学術誌を避けて別の学術誌に送るほうが無難である．

投稿論文が，1回ですんなりと受理されることはまずない．レビューアーのコメントを基に修正を求められる．場合によっては，二度三度と修正を求められることがある．担当編集者もレビューアーも全能ではない．投稿者から見て明らかに誤解をしている場合もあるし，知識が不足し，理解が及ばないときもある．修正を求められる場合には，そのような匿名のレビューアーと問題点に関してやり取りを行う場合が往々にして出てくる．レビューアーによっては，やり取り次第で感情的になる場合もある．そうなると，科学論文でさえ，感情のもとに掲載を拒否される場合がある．レビューアーに対してどのように対応すべきかを知ることは，研究者として生きていくうえでの第一歩となる．これを不慣れな英語でやるわけである．助動詞の使い方次第で，通る論文も通らなくなることがある．

それでも地球は回っている

私はレーダーハウスとスクライバーの同性内性淘汰説を知ったとき，それで，私の唱えた，擬態にはコストがかかり，オスに対する捕食圧はメスよりも低いので，オスはコストを払ってでも擬態するベネフィットはない，という仮説が否定されたとは思えなかった．

逆に，同性内性淘汰説に幾つかの疑問をもった．ベイツ型擬態種の多くのオスは縄張りを形成しない．したがって，同性内性淘汰説は普遍性をもつ一般解とはなりえないと思った．それと，彼らが用いたメスクロキアゲハには擬態型のオスがいない．したがって，オスから見て擬態型はすべてメスである．だから，人為的に細工した擬態型オスに対して交尾を求めて追いかけ，結局は擬態型に扮装したオスを縄張りから追い出しているわけである．したがって，もしメスクロキアゲハのオスに擬態型が進化していたとしたならば，それはそれでメスクロキアゲハのオスのメス認識のメカニズムは別の進化の道をたどった可能性がある．

さらに，私はレーダーハウスとスクライバーの，メスクロキアゲハの交尾の96％は縄張り内で行われた，という主張にも疑問があった．普通，チョウは

日々新たに羽化してくる限られた数の処女メスを，それまで累積的にたまっている多くのオスのチョウが争って探し求めるものである。キャベツ畑でモンシロチョウの交尾行動を見ていると，オスはキャベツ畑に群がり，羽化したての翅もまだ伸びきっていないメスと交尾しているのをよく見ることができる。なのに，メスクロキアゲハは縄張り獲得に成功したオスだけが悠長にメスを待ち受け，縄張り形成に失敗したオスは処女メス獲得競争に参加しない，とは考えられなかった。

京都大学の井出純哉のクロヒカゲ *Lethe diana* の縄張り行動の研究 (2002) が明らかにしたのは，オスは午前中は縄張りを形成せずに，激しい探雌飛翔を行うことだ。その探雌飛翔でその日に羽化した多くの処女メスはオスによって発見され，交尾を終えてしまう。その後は，オスにとって，数少ない残された処女メスを求めての探雌飛翔は時間とエネルギーを消費するだけで効率の悪い行動になる。すると，オスは縄張りを形成して，まだ交尾をしていない数少ない処女メスとの出会いを待つという。私には，このクロヒカゲの縄張り行動のほうが妥当に思えた。日本でも，キアゲハ *Papilio machaon* やオオムラサキ *Sasakia charonda* は縄張りを張るが，数少ない縄張り内だけで，数多いオスがメスと交尾をしているとは，とても考えられなかった。

以上のように，検証されたという同性内性淘汰には幾つもの疑問があり，異なるシナリオを描くことができた。それは，同性内性淘汰が絶対的な論理ではない証左に思えた。

「それでも地球は回っている」というのは，1633年に，ローマ・カソリックの宗教裁判所から地動説を捨てることを宣誓させられた際に，ガリレオ・ガリレイ (Galileo Galilei, 1564-1642) がつぶやいた言葉であるとされている。ガリレオは当時，イタリア・パトヴァ大学の天文学の教授で，1543年にポーランドのカソリック教会の司祭だったニコラス・コペルニクス (Nicolaus Copernicus, 1473-1543) が90年前に発表していた地動説を確信し，1632年に『天文対話』で地動説を解説した。そのことを宗教裁判所で裁かれ，公職を解かれて生涯を自宅に軟禁された。

コペルニクスは，それまで地球の周りを太陽が回っているとしていた天動説に代わり，宇宙は太陽を中心にしているという地動説を唱えた。『天球の回転

について』という本に書かれてあったコペルニクスの地動説は，天動説を公認していたローマ皇教庁の教えに反していたが，純粋に数学的な仮定である，と注釈が書かれてあったので，禁書にはなっていなかった。それをガリレイは，自ら行った木星や金星の観測結果から，科学的観測の結果として地動説を説いていた。これは明らかにローマカトリック教会の教えに反していた。

　生態学の論文でも，たとえ小さなことでも新しい説を唱えて科学誌に投稿すると，なかなか受理してもらえない。有無を言わせぬ証拠を突きつけても，「あなたは現代生態学を知らない」と跳ね返されることが往々にしてある。従来の学説をちょっと修正したとか，従来の学説に従って異なる種でも同じような結果を得た，という論文なら受理される可能性は高まる。

　1980年代に，私と京都大学理学部にいた佐藤芳文（現京都医療科学大学教授）は，食植性昆虫の産卵植物の選択は，幼虫期の天敵を避けるメカニズムとして進化した，という共同研究をしていた。その共同研究の一環として，1985年に，日本に生息するモンシロチョウ属の3種のチョウ，モンシロチョウ *Pieris rapae*，スジグロシロチョウ *Pieris melete*，エゾスジグロシロチョウ *Pieris napi* の移動習性の違いは，幼虫期に寄生される天敵を避けるメカニズムの違いとして進化した，という論文を書いて，イギリス生態昆虫学誌 *Ecological Entomology* に投稿した。モンシロチョウのメスは天敵の不在空間である不安定で一時的な新しい生息場所を求めて旺盛な移動分散を行う。一方のスジグロシロチョウは幼虫の体内で天敵の卵を殺すことができ，エゾスジグロシロチョウは天敵が探索に手間暇がかかり探索をあきらめるような下草に覆われた生息場所を選ぶので，安定した生息場所で定住的な生活をしている，という内容だった。

　その論文は，「あなたがたは近代生態学を知らない」というレビューアーのコメントとともに掲載を拒否された。当時，昆虫の移動習性に代表される生活史戦略は，オックスフォード大学教授でイギリス生態学会会長のリチャード・サウスウッド（Richard Southwood, 1931-2005）が1977年に唱えた生息場所鋳型説（habitat template）が有力な学説だった。鋳型説は，利用している生息場所が不安定な場合に移動習性は発達し，安定なら定住的な生活をするとしていた。私たちは，その説の原因と結果を逆に説明したのだ。サウスウッドの

鋳型説を知らずに説明したのではなく，知ったうえで，新たな学説として提示したつもりだった。

　翌1986年に，イギリスから，レビューアーの査読を受けないシンポジウムの記録，という形で，昆虫の移動習性は天敵を避けるメカニズムとして進化したのではないか，という，天敵不在空間説（enemy free space）と銘打った，私たちの主張とよく似た主張を仮説としたデーターなしの論文が，イギリス人の寄生蜂の研究者により出版された。さらに，1988年に，サウスウッドは生息場所鋳型説を補強し，生息場所の安定性だけでなく，生息場所環境の負荷を重視した論文を発表した。たとえば，捕食者に対する防衛や，別の場所や一時的に存在する避難場所の利用など，どのような生息場所を利用するかで生活様式が決まるとしていた。1988年から1989年にかけて，アメリカから，食植性昆虫の産卵植物は，捕食性天敵の少ない環境にある植物が選ばれる可能性がある，という仮説を提唱した論文も発表された。そこで，私たちは1990年にイギリス生態昆虫学誌 *Ecological Entomology* に再度昆虫の移動習性の進化の論文を，そして，アメリカ生態学会誌 *Ecology* に，食植性昆虫の産卵植物選択は，寄生性天敵を避けるメカニズムとして進化した，という論文を投稿した。前者は1991年に，後者は，紆余曲折を経て，1994年に，仮説を検証した初めての実証研究という形で受理され，掲載された。

　Ecology に掲載されるまでに4年もかかったのは，その間に，担当編集者が，私たちの論文と類似の研究をして受理を引き延ばしていたからだった。担当編集者には2年で13度の修正を求められ，3年目に入るころに交信も途絶えた。そこで，投稿後3年目に，私がアメリカに2年間の留学した際の受け入れ研究者だった，デューク大学のマーク・ラウシャー（Mark Rausher）に依頼して実情を調べてもらった。彼は，私と担当編集者との13度にわたる往復書簡のコピーを携え，編集長のリー・ミラー（Lee N. Miller）のもとに相談にいった。結局，3年目に論文は再投稿という形で扱われ，即時に受理され4年目に出版された。担当編集者との交信が途絶えた後に，担当編集者が私たちの論文と類似の論文を書いたのを知ったのは，その後のことである。マーク・ラウシャーはアメリカ・コーネル大学で学位を取得しデューク大学で教鞭をとっていたが，リー・ミラーはデューク大学で学位を取得し，コーネル大学で教鞭をとってい

た。マーク・ラウシャーの尽力がなければ，私たちの論文が日の目をみたのかどうか，今になると疑問である。

　この論文のおかげで，私たちは，その後四度にわたり海外で行われた会議に招待されて講演をしている。一度は，カリフォルニア州のオックスナードで開かれたゴードン研究会議（Gordon Research Conferences）だった。ゴードン研究会議は，1931年にアメリカのジョン・ホプキンス大学のゴードン（Neil E. Gordon）教授の発案で始まった国際会議である。ゴードン研究会議が主催し，自然科学のさまざまな分野ごとに，最も優れた研究者を2〜4年おきに約100人を精選して集める趣旨で参加者全員が書類審査され，全員を，日曜日の晩から木曜日の晩までの5日間同じリゾートホテルに缶詰状態にし，朝から深夜まで討論は続くという会議だった。参加者の自由な討論を保証するために，会議の内容は非公開で，一切の記録が禁じられている。しかし，アメリカではこの会議に参加したこと自体が履歴書に書き込まれるという。現在は，毎年180を超す分野の会議が行われ，そのスケジュールはアメリカの科学誌 Science に発表される。私が20人の講演者の1人として招かれた会議は，第6回植物と化学に関する会議で，参加者は私たちを除くと全員が北米と西欧から選ばれていた。また別に，ボデガ・フィールド研究会（Bodega Field Seminar）という，カリフォルニア大学デービス校のボデガ臨海実験所で行われたアメリカ国内の研究会に招かれた。実験所の宿舎では，2晩，ダンジネスクラブ（アメリカイチョウガニ）が食べ放題だった。1991年に Ecological Entomology に受理された論文でも，海外での会議に招待された。

　私の Nature に受理されたベイツ型擬態の論文は，異性間性淘汰をまっこうから否定したわけではなかったので，即座に受理されたのかもしれなかった。もし，Evolution に投稿した論文のように，まっこうから異性間性淘汰を否定していたなら，はたしてすんなりと受理されていたかどうかは疑問である。シルバーグリードが書いた異性間性淘汰を否定した論文は，シンポジウムの記録というレビューアーの存在しない報告書に掲載されていた。レーダーハウスとスクライバーの論文も，すでに同性内性淘汰仮説があり，それを検証した，という形だった。私は，まず，擬態のコストの存在を明らかにすることにした。

擬態のコストは何か

　擬態のベネフィットは擬態することで捕食を逃れ、野外における「生態的寿命」が延びることである。寿命が延びれば、メスはより長い産卵期間が獲得できるのでより多くの産卵ができ、自分の子供をより多く残すことができる。一方、オスは寿命が延びればより多くのメスと交尾することで、自分の子供をより多く残すことができる。では、擬態のコストとは何だろうか。

　ベルトのメスによる異性間性淘汰仮説では、オスが擬態するとメスに同種として認識されず、交尾を拒否される、ということが擬態のコストとして考えられていた。レーダーハウスとスクライバーが検証したというオスによる同性内性淘汰も、オスは擬態すると闘争に巻き込まれて縄張りを維持できずに交尾ができない、という擬態のコストを払うことになると考えられた。しかし、その一方で、どちらの性淘汰仮説も、現実に擬態しているメスも擬態のコストを払っている、という発想はなかった。

　いや、擬態メスもやっぱりコストを払っているのだ、と私より先に主張した人がいた。琉球大学の上杉兼司で、検証的な実験を行っていた。私が上杉のベイツ型擬態の研究を初めて知ったのは、伊丹市昆虫館でシロオビアゲハの交尾実験を行っていたときのことである。実験を行っていたチョウの舞うガラス室は暑い。私は実験の合間に昆虫館の図書室に涼を求めた。図書室には昆虫類に関するさまざまな書籍があった。そのなかに、上杉の擬態研究を詳細に紹介した漫画の本（マンガNHKスペシャル『生命』）があった。上杉は羽化したばかりのメスの原型と擬態型を野外に並べ、自然界で飛び交うオスがどちらのメスに交尾行動を仕掛けるかを観察していた。

　上杉のこの実験は、私が伊丹市昆虫館で調べた雌雄のチョウがそれぞれどのような翅型模様を選ぶかの実験のうちのオスの好み（male choice）の実験と同じである。上杉は原型と擬態型の2種類を用いたが、私は全面を塗りつぶした黒色型のメスも作って3種類を用いた。

　上杉の結果は、私の実験よりも顕著に、オスは原型のメスばかりに近づき交尾を試み、擬態型のメスにはなかなか近づかなかった（表7-3）。シロオビアゲハの原型の翅は全面が黒地で、後翅の中央に白い帯のように7つの白い紋が並

表7-3 野外でのオスのシロオビアゲハの交尾相手

交尾相手	観察個体数	交尾に至った個体数	オスから求愛された延べ数
原型メス	12	5	41
擬態メス	7	0	6

羽化直後軟弱期（おそらく羽化後2時間以内）のメスに対するオスの交尾行動である。擬態メスが選ばれていないが，擬態メスの前翅がだらりと垂れて，後翅の白紋が前翅の陰に隠れて見えず，表7-2の黒色型メスの状態だと思われる。（上杉2000より）

図7-2 羽化直後のシロオビアゲハ。翅が固まるまでの約2時間，この状態にある。擬態型の白い斑紋が見えず，図7-1の黒色型のように見える。

んでいる。ところが，擬態型の後翅には縁に赤い斑紋が並び，中央の本来は7つの白い紋になる部分は，真ん中の3紋だけが白地で，左右の2紋の計4紋も赤い斑紋になる。そして，上杉の用いた羽化直後のメスは，前翅をだらりと下げて後翅を覆うようにとまっているので，後翅の中央にある白い斑紋は全く見えなくなる（図7-2）。したがって，私が実験で用いた人為的に細工した黒色型のチョウ（図7-1）と同じ条件になっていた。原型のメスも前翅をだらりと下げるが，後翅の両端から後翅の白い斑紋がのぞいている。

そこで，上杉は考えた。シロオビアゲハのメスの白い斑紋が，オスが自種のメスを認識する視覚的信号リリーサー（releaser）になっているのではないかと。そして，オスにとっては，羽化直後の擬態型メスは，白い斑紋が見えないために自種であるという認識ができず，交尾の対象にはなりえない。その結果，擬態型メスは原型メスに比べて交尾に後れを生じる。これがメスの擬態のコストだろうと。

翅の模様の意味

　チョウの配偶行動はオスがメスにアプローチすることから始まる。その際に，メスの翅の色や模様が重要な鍵となることは，ベルトがベイツ型擬態の異性間性淘汰仮説を提唱した時代から考えられていた。しかし，翅の何を認識して同種のメスだと確認するのか厳密に調べたのは，ニコラス・ティンバーゲンが最初である。彼は1942年に色や形の異なる何種類もの紙を釣り竿の先端に付けて，さまざまな動きの違いを組み合わせてオスのキオビジャノメチョウ *Hipparchia semele* に近づけ，オスの反応を調べた。その結果，オスの配偶行動を解発するのは暗い色と動きで，メスの翅の細かな模様や色は関係ないことを明らかにした。

　その後，さまざまなチョウでオスの配偶行動を解発するリリーサーの研究が行われてきた。たとえば，1970年に東京農工大学の小原嘉明は，モンシロチョウのメスの表翅は紫外線を反射し，裏翅は紫外線を吸収するが，その結果見える異なる色彩の翅が交互に変化するときにオスはメスを認識することを明らかにした。また，1975年に京都大学の日高敏隆と山下恵子は，アゲハチョウのメスの黒と黄色の縞模様が，オスの配偶行動を解発することを明らかにした。

擬態型メスは交尾の際に不利を被ってはいない

　私の用いたシロオビアゲハのメスは，上杉の用いたような前翅をだらりとたらして後翅を覆っている羽化直後の個体ではなく，羽化後数時間を経ていた。羽化したばかりのチョウの翅は小さく縮れており，翅脈の中は空洞である。この翅脈の中に血液が送り込まれると翅も次第に伸びて，前翅をだらりとたらした状態になる。このとき，翅は柔らかくふにゃふにゃで，チョウは飛ぶことができない。翅脈に送り込まれた血液は次第に凝固し翅も硬くなる。チョウは翅脈の血液が完全に固まるまで翅をだらりとたらしたままの姿勢でいる。その間の時間は1〜2時間だが，オスのチョウはそのような羽化直後のメスを探し求めて飛び回り，交尾を試みる。レーダーハウスやスクライバーが実験で用いたメスクロキアゲハも，縄張りを獲得できたオスだけが悠長に縄張りでメスを待ち受けているとは考えられない所以である。

しかし，シロオビアゲハのメスが前翅を垂らし白い斑紋を隠しているのは羽化後の1〜2時間であり，その後は翅を広げて白い斑紋をオスにさらしている。私が交尾実験を行ったのは，この段階である。この段階では，擬態型メスは原型メスに比べて統計的な有意差をもって不利益を被ってはいなかった。

しかも，メスが産卵を開始するのは羽化当日ではない。体内の卵が成熟して産卵可能になるためには2〜3日が必要となる。毎日新たに作り出される処女メスに比べると，日々累積され，何度も交尾ができるオスにとって，生涯一〜二度しか交尾をしないメスの処女メスは争って獲得しなければならない稀少資源である。したがって，すべてのメスは産卵可能な状態になるまでには，オスによって発見され，交尾を終えてしまう可能性が高いと考えられる。

擬態型メスよりも原型メスのほうがオスに好まれる，と初めて主張したのはアメリカのウエスレイアン大学のジェイムズ・バーンズ (James M. Burns) だった。彼は1966年に*Science*に掲載された論文で，野外で捕らえたアオジャコウアゲハに擬態したトラフアゲハのメスの体内にある精包の数は，原型のほうが多いことを指摘し，原型メスのほうがもてると主張した。しかし，もてないと言われる擬態型もすべてが精包をもっていた。3章で述べたように，メスのチョウも複数回交尾をする。その要因として栄養補給説が有力である。なぜ，トラフアゲハは原型のほうが複数回交尾をするのか理由は不明だが，可能性として，寿命の長い個体は原型である場合が多く，栄養を補給する必要があるのかもしれない。そうならば，次章で展開する，擬態のコストは寿命である，という私の仮説とも符合する。

私が伊丹市昆虫館で死亡したシロオビアゲハのメスを拾い集めて精包の数を数えたところ，擬態型も原型も，寿命の違いにかかわらずほぼすべての個体が1個ずつの精包しかもっていなかった。おそらく，交尾で擬態型が不利益を被るのは，羽化直後のわずかな時間だけだと考えられる。したがって，翅の斑紋型の違いが原因で，羽化直後の擬態型が原型に比べて交尾に後れをとることは，私が念頭においている擬態のコストにはなりえていないと思われた。

一方，原型のメスよりも擬態型のメスのほうがもてる，という研究例もある。アフリカ東岸のインド洋の島国ザンジバルのペンバ島で，オックスフォード大学のシャロン・クック (Sharon Cook) らが行った，メスだけが擬態するオスジ

ロアゲハ *Papilio dardanus* の例で，1994年に動物行動学誌 *Animal Behaviour* に掲載された。オスジロアゲハのメスには，異なる地域に生息するマダラチョウに擬態したさまざまなタイプのメスが存在する。クックらの調査地には原型を含む3タイプのメスが混在していて，最もオスに選ばれたのは原型ではなく，マダラチョウ科シロモンマダラ属の *Amauris niavius* に擬態しているメスだった。

クックらの研究結果は，もてる順位は，擬態型，原型，原型によく似た別の型であり，これは，個体数の多い順番と一致していた。つまり，オスはその地域に生息する最も多いタイプのメスを好み，最も少ないタイプに反応が乏しかったのである。

シロオビアゲハの場合，擬態したメスは鳥の捕食を避けられるが，その代償としてオスにはもてなくなる，というストーリーは美しく，擬態に興味をもつ人々の間で興味深く受け入れられている。しかし，その効果は，メスの羽化後の1～2時間で，実際の交尾率にはほとんど影響を及ぼしていない。このことを上杉兼司氏ご本人に直接に説明したところ，彼もそのことには気づいていたそうで，快く同意を得られた。

8章
擬態のコスト

擬態型は生理的寿命が短い

　改めて擬態のコストを考えてみた。擬態をすれば，オスもメスも，両性が払わなければならないコストである。仮説として，擬態型が野外で捕食を避けて「生態的寿命」を延ばしてベネフィットを得ているならば，擬態のコストは捕食のような事故による死亡要因に影響されない「生理的寿命」が短くなるのではないか，と考えた。

　シロオビアゲハの寿命は，引き続き伊丹市昆虫館をお借りして調べた。毎朝，チョウの飼育係の方々に，新たに羽化したチョウに個体識別番号を付けていただき，その後に放蝶園に放してもらうのだ。そして，閉園後の夕方，私が毎日園内の床を中心に，樹木の梢から下草に植えられた花々の陰まで，丹念にシロオビアゲハの死骸を探して回り，回収し，各個体の寿命を調べた。

　この作業は，アリとの競争だった。死亡して，温室の床に倒れたチョウは，胴部からアリに食べられた。雌雄で翅の模様が同じシロオビアゲハの原型の性別は，胴部末端にある交尾器の形の違いから判断する。さらには胴部を解剖して，卵巣の有無から雌雄を判断できる。したがって，胴部がアリに食べられた原型のチョウの性別は，私には判定不能だった。このことを，私は全く予測してなかった。私の最大の失敗は，チョウを放す前に，性別のチェックをしていただくことを，飼育係の方々に依頼しなかったことである。そのため，データ化できなかったサンプルが，結果に何らかの影響を与えている可能性はある。

　個体識別番号は，後翅の左右にペイント・マーカーで直接書こうとしたが，

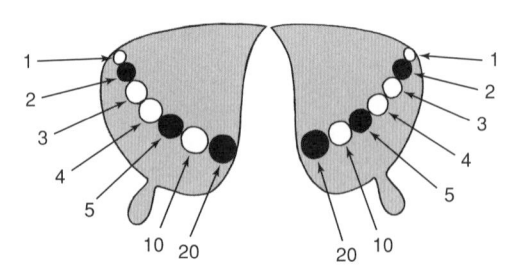

図 8-1 個体識別番号。シロオビアゲハの 7 つの斑紋を利用して，個体識別番号をマジックインクで付けた。翅の内側から，20, 10, 5, 4, 3, 2, 1 とすると，1～45 までの個体識別番号が表示できる。マジックインクの色を変えると，さらに多くの個体識別番号が付けられる。例示した個体識別番号は 27 である。左右に同じ番号を付けておくと，翅が破損しても番号を類推できる。

翅の黒い鱗粉がペイントを弾いてしまって書き込めなかった。しかし，後翅の中央に並ぶ 7 つの白や赤の斑紋の上はペイントののりはよかった。そこで，この斑紋を用いて個体識別を行った。たとえば，7 つの紋様のうち，内側から最初の 2 つを 20, 10 の 2 桁の数とし，残りの 5 つの斑紋を，5, 4, 3, 2, 1 の 1 桁の数とする。すると，この斑紋の組み合わせで，一色のペイント・マーカーで 45 匹のチョウの個体識別が可能である（図 8-1）。これにペイント・マーカーの色を増やしていくと，数百匹でも数千匹でも個体識別は可能となる。このときに重要なのは，両方の後翅に同じ番号を付けることだ。翅が破損したときでも，個体識別番号を推測できるようにするためだ。

この調査の場合は，私はグループ・マークと言って，同じ日に羽化した個体には同じ羽化日の日付けを付けた。したがって 31 までの数字で十分だった。

後年，白板用のマジックインクを用いてチョウの後翅に個体識別番号を直接書き込んでみたが，これはペイントが黒い鱗粉に浸透して，簡単に明瞭な個体識別番号を書けた。手軽でお勧めの方法である。

個体識別を行い，死骸を拾い集めた結果，メス擬態型の寿命が最も短く，オス原型，メス原型の順に寿命が長くなることがわかった（表 8-1）。メス擬態型の場合，ベニモンアゲハに似せた赤い斑紋の数に変異があった。そこで，赤い斑紋の多い個体と少ない個体に分けてデータを整理してみると，赤い斑紋の多いグループの寿命がより短く，統計的にも有意な差があったが，赤い斑紋の

表 8-1 シロオビアゲハの生理的寿命

	個体数	平均寿命（日）
オス（原型のみ）	72	11.36
原型メス	31	14.23
擬態メス	62	11.29
少赤斑紋型	36	12.64
多赤斑紋型	26	9.42

少赤斑紋型の擬態メスは，ベニモンアゲハに近い翅型模様である。多赤斑紋型はヘクトールベニモンアゲハを連想させる，後翅全面に赤い斑紋が現れる翅型模様である。
（Ohsaki 2005 より）

　　（a）赤い斑紋の少ないメス　　　　　　（b）赤い斑紋の多いメス

図 8-2　シロオビアゲハのメスの赤い斑紋型。(a) 赤い斑紋の少ないメス。後翅の中央3紋は白い斑紋で，赤い斑紋は後翅の縁に沿ってある。(b) 赤い斑紋の多いメス。後翅一面に赤い斑紋が出現した。

少ない個体の寿命は原型より短いが，統計的には有意な差はなくなった。つまり，擬態のコストは生理的寿命が短くなることであり，その原因として，赤い斑紋の形成に負っている可能性が考えられた（図8-2）。

赤い斑紋が多いメスはなぜ寿命が短いか

　欧米にロスチャイルド家という富豪一族がいる。主体となる一家はイギリスの銀行家である。もともとはユダヤ系の古銭商，両替商だったが，ナポレオンがヨーロッパを席巻する過程で各国に戦費を融資し大儲けをしたという。特

に，ワーテルローの戦いでナポレオン敗退の知らせをいち早く知ると，株の取引きで大成功して巨額の利益をあげた．日露戦争の際に日本が発行した外国債を引き受けたのもロスチャイルド家である．日本は戦争に勝ったもののロシアから賠償金を取れなかったので，長期にわたりロスチャイルド家に金利を払い続けた．そこで，日露戦争で一番儲かったのはロスチャイルド家だと言われている．イギリスがスエズ運河を買収した際の資金はロスチャイルド家が提供した．イギリスの外務大臣バルフォアが，第一次大戦のさなかにロスチャイルド家当主，動物学者のウォルター・ロスチャイルド（Walter Rothschild, 1868-1937）に送った手紙が，パレスチナにユダヤ人国家の建設を認めたバルフォア宣言である．そのロスチャイルド家の次の当主，子がいなかったウォルターを継いだ弟のチャールズ・ロスチャイルド（Charles Rothschild, 1877-1923）は昆虫学者で，北極海でシロクマのノミを採集したりして，約500種のノミの新種を記載した．彼が自然保護の概念を初めてもたらした人である．

彼の長女のミリアム・ロスチャイルド（Miriam Rothschild, 1908-2005）は正規の教育を受けなかったが，オックスフォード大学とケンブリッジ大学を含む8つの大学から名誉博士号を授与される昆虫学者になった．彼女の代表的な研究は，父を継いだノミの研究で，ノミのジャンプのメカニズムなどを調べている．それと同時に，彼女は世界の秘境に採集人を派遣して，採集家垂涎のチョウを実験材料に用いて論文を書いている．

彼女が78歳の1986年，リンネ協会の生物学誌に発表した論文に，ベイツ型擬態種とそのモデルの体内にあるカロチノイドの濃度を比較したものがある．それによると，モデルの体内には擬態種に比べて10倍ものカロチノイドが含まれていた．調べた材料のなかには，シロオビアゲハとベニモンアゲハも混ざっていた．

カロチノイドは抗酸化剤として作用する物質である．モデルのチョウはまずい味がする．このまずい味はモデルが幼虫時代に食草から摂取し，体内に蓄積した毒性物質である．この毒性物質は太陽の紫外線を浴びると酸化して無毒化する．この酸化を防ぐためにモデルとなるドクチョウは高い濃度のカロチノイドを蓄積している，というのがミリアム・ロスチャイルドの考えだった．

カロチノイドは無毒化を防ぐだけではない．もしカロチノイドがなかったな

ら，紫外線を受けて細胞膜が破損され，動物の神経はボロボロになるだろう。カロチノイドには抗腫瘍作用や免疫賦活作用があることも知られている。

擬態種のカロチノイド含有量はモデルの10分の1だった。この少ないカロチノイドを赤い斑紋発現のために転用したなら，どのような事態が起こるのだろうか。これに関して，私は具体的なデータがないので，話はここまでである。

しかし，第3章のハンディキャップ学説（81ページ参照）で言及した，グッピーやキンカチョウの赤いスポットの話を思い出してほしい。両種はメスを引き付けるために赤い色を発色する。赤い色はカロチノイドで発色する。摂取したカロチノイドの量が多ければ多いほど大きく鮮やかなスポットができる。しかし，限られたカロチノイドを使ってメスを引き付ける装飾に使えば，免疫力が低下して寄生虫などに対する耐性が衰えると考えられている。そのようなハンディキャップがあるにもかかわらず赤い装飾形質をもつのは，オスの高い適応度の指標である，というのがハンディキャップ学説である。

擬態のコストと擬態率

擬態のコストが生理的寿命の短縮であることは，伊丹市昆虫館におけるシロオビアゲハの擬態率の減少でも確認できた。昆虫館で累代飼育されるチョウは，採卵された卵からランダムに選ばれる。そのため，もしシロオビアゲハのメスの擬態型と原型に死亡率の差がなく，交尾率にも差がなく，産卵数にも差がないとしよう。その条件で，メスとオスの性比が1:1とした場合に，伊丹市昆虫館における最初に持ち込まれた擬態率は，理論的には，そのまま維持されるはずである。この理論をハーディー−ワインベルグ法則（Hardy-Weinberg principle）という。しかし，伊丹市昆虫館のシロオビアゲハの擬態率はじわじわと減少していった（図8-3）。これは擬態型の生理的寿命が短いことで説明がつく。

第4章で示したように，野外での擬態率は負の頻度依存淘汰で決まる。擬態種の個体数を一定と仮定した場合，モデルが多ければ擬態率は上がり，少なければ擬態率は下がる。擬態率の上昇と下降を直接に制御するのは捕食者の鳥である。しかし，伊丹市昆虫館での実験が示すことは，鳥がいなければ擬

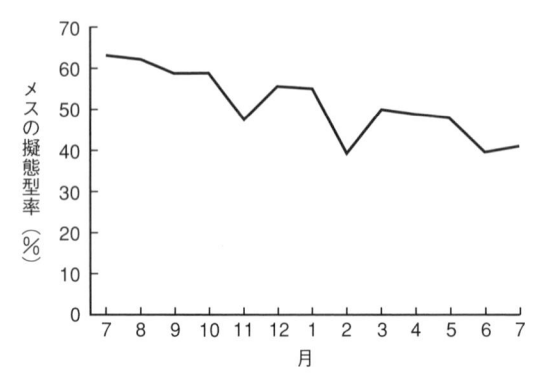

図 8-3 シロオビアゲハのメスの擬態率の変化。昆虫館の放蝶園でメスの擬態型の割合は徐々に減少した。擬態型の生理的寿命が短いからである。

態率は低下して，放っといても擬態型はそのうち絶滅する運命にあるということだった。擬態型は鳥の捕食を避けるために進化したが，捕食者がいなければ逆に存在できないのだ。擬態型の進化に果たす鳥の捕食圧がいかに絶対だかがうかがわれるだろう。

　擬態のコストの大きさは，私が計測した以上に大きいのではないかと思われた。根拠は2つある。寿命を調べた放蝶園は透明なガラスで覆われていたが，このガラスは紫外線を98％遮断していた。もし，擬態のコストに，カロチノイドが関与しているなら，熱い太陽の光が降り注ぐ熱帯や亜熱帯では紫外線の量も多く，擬態型のチョウにかかる負担はもっと大きい可能性がある。紫外線を遮るガラス室の中は，擬態型にとってはより有利な世界だと思われた。

　放蝶園の透明のガラスに激突して，死ぬチョウもいた。これらの多くは放した初期に死んでいた。オスが多かったが，メスも混ざっていた。死亡した個体の胴部はすぐにアリに食われてしまう。したがって，原型の個体のなかには外部形態からだけでは性別を判定できない個体もいた。ひょっとすると，性別の判断を間違えた個体もいたかもしれない。擬態型はすべてメスだから間違うはずはなかった。その擬態型には初期の死亡個体はほとんどいなかった。擬態型はモデルに似て，飛び方も緩やかで，ガラスの壁に激突することもほとんどないと思われた。したがって，この点でも，ガラス室の世界は擬態型のほうに有利な世界と思われた。

擬態型にとってこれら2つの有利点があっても，それでも擬態型の寿命のほうが短かった。実際の野外で生理的寿命を測定できるなら，ガラス室内で生理的寿命を計った際に問題になった，原型の寿命を縮めるガラス壁への激突はなくなる。また，ガラス壁で98％も遮られた紫外線の影響が擬態型に出てくるかもしれない。したがって，原型の長い寿命と擬態型の短い寿命の差は，野外においてはガラス室内よりももっと大きくなる可能性が考えられた。

Box 8-1　ハーディー–ワインベルグ法則

　ハーディー–ワインベルグ法則とは，ケンブリッジ大学の数学者ゴッドフレイ・ハーディー（Godfrey H. Hardy, 1877 – 1947）とドイツの開業医ウィルヘルム・ワインベルグ（Wilhelm Weinberg, 1862 – 1937）が1907年にそれぞれが独自に考えた集団遺伝学の法則である。

　イギリス・リバプール大学のクリリル・クラーク（Cryril A. Clarke）とフィリップ・シェパード（Philip M. Sheppard）（1972）によると，シロオビアゲハの擬態を発現させる遺伝子は優性だという。つまり，擬態に関する対立遺伝子を H と h とすると，母由来の遺伝子と父由来の遺伝子の組み合わせは HH，Hh，hh の3通りができる。そのとき，HH の組み合わせと Hh の組み合わせは擬態型になり，hh の組み合わせは原型となる。ただし限性遺伝といって，擬態型はメスだけに発現し，オスは HH でも Hh でも原型になる。

　限性遺伝のメカニズムはよくわかっていない。第5章の血縁度の説明でも述べたように，遺伝子情報を担うのは染色体である。その染色体上のある決まった場所にはそれぞれの役割を担った遺伝子が収まっている。染色体は性を決める2本の性染色体と，それ以外の多数の常染色体から構成されている。チョウの性染色体は，オスが WW でメスが WZ で表現され，Z 染色体があるとメスになり，なければオスになる。擬態に関与する対立遺伝子の H 遺伝子と h 遺伝子は常染色体上にあるが，それとは別に擬態型を発現する遺伝子がある。その遺伝子は性染色体のメスの性決定染色体 Z の上にあり，メスだけが擬態するものと思われる。

　そこで，ハーディー–ワインベルグ法則だが，たとえば，伊丹市昆虫館のシロオビアゲハのある世代の H 遺伝子と h 遺伝子の頻度を $p : q, (p + q = 1)$ とする。この場合，子の遺伝子型の頻度は，母から受ける遺伝子 $pH + qh$ と，父から受ける遺伝子 $pH + qh$ の組み合わせの $(pH + qh)(pH + qh) = p^2HH + 2pqHh + q^2hh$ となる。つまり，HH という遺伝子型が p^2％，Hh という遺伝子

型が $2pq$ %, hh という遺伝子型が q^2 %存在することになる。これを遺伝子の頻度として計算すると, p^2HH の遺伝子型は p^2H と p^2H の $2p^2$ の H 遺伝子 (p^2 組の HH が, pH と pH に分かれるのではなく, p^2H と p^2H に分かれることに留意), $2pqHh$ の遺伝子型は $2pqH$ と $2pqh$ のそれぞれ $2pq$ の H 遺伝子と h 遺伝子, q^2hh の遺伝子型は q^2h と q^2h の $2q^2$ の h 遺伝子を含む。これをまとめると, H 遺伝子の頻度は $2p^2 + 2pq$, h 遺伝子の頻度は $2pq + 2q^2$ となる。

このとき, $H : h$ は $2p^2 + 2pq : 2pq + 2q^2$ となるので, これを整理すると $2p(p + q) : 2q(p + q) = p : q$ である。つまり, 次の世代の遺伝子頻度も $H : h = p : q$ となる。すなわち, 集団の遺伝子頻度は世代の経過とともに変化しない。これが, ハーディー-ワインベルグ法則である。

このとき, メスの翅型模様は, 擬態型は優性なので, p^2 %の HH という遺伝子型と $2pq$ %の Hh という遺伝子型の計 $p^2 + 2pq$ %となる。一方, 原型は劣性の q^2 %の hh という遺伝子型だけとなる。つまり, ハーディー-ワインベルグ法則に従えば, 伊丹市昆虫館で累代飼育されるシロオビアゲハの擬態率は変化しないはずである。しかし, 擬態率は減少した。擬態型の寿命が短いからだと考えられる。

野外での寿命

沖縄の八重山群島を代表する大きな島は, 西表島と石垣島である。西表島と石垣島北部とは, 生い茂る亜熱帯植物を縫うように多くの清流が流れている。清流にはマラリアを媒介するコガタハマダラカ *Anopheles minimus* が発生し, 琉球王朝時代から第二次世界大戦が終結するまでの数百年間にわたり, 西表島と石垣島北部は, 数十次に及ぶ開拓民の強制移住と開拓民全滅の歴史を繰り返してきた。たとえば, 西表島の南方 20 km には日本最南端の有人島, 波照間島がある。第二次世界大戦末期の 1945 年, 波照間島の住民 1,511 人は日本軍によって西表島に 4 カ月間強制疎開させられた。その間に, 住民の 99.7 %がマラリアに感染し, その後, 488 人が死亡している。これらの島々に人が住めるようになったのは, 戦後, 沖縄を統治していたアメリカ民政府のマラリア撲滅計画の結果である (沖縄占領時は, アメリカ軍政府が統治していた)。

戦後, 米軍は沖縄本島に米軍基地を建設した。その際に, 土地を強制接収

し，住民を立ち退かせ，西表島や石垣島への住民移住計画を立てた。そこで，米軍406総合医学研究所の昆虫学者チャールス・ウィラー（Charles W. Wheeler）を召集し，ウィラー・プランを実施した。計画の主体は，DDT屋内残留散布，住民の検血原虫検査，原虫保有者の治療薬投与，環境整備で，1957年から開始し3年後の達成をめざした。西表島で最後にマラリア患者が見つかったのは1961年である。

　この2つの島の間に，周囲8 kmほどの小さな竹富島と，もう少し広い小浜島がある。竹富島は隆起珊瑚礁の島で，波照間島と同様に川がなく，マラリアを媒介する蚊はいなかった。そこで，昔から人が住んでおり，江戸時代には八重山群島を支配する蔵元がおかれた時代もあった。しかし，水のない島では稲を栽培できないので，住民は船で12 km離れた西表島に通い，稲を栽培していた。島の飲料水は昔は天水で得ていたが，現在は6 km離れた石垣島から海底送水管で水道を引いている。

　琉球大学の上杉兼司は，この竹富島で，卵から飼育して得たシロオビアゲハにマークを付けて大量に放し，再捕獲することで，メスの原型と，メスの擬態型と，オス（原型のみ）の「生態的寿命」を測ることを試みた。竹富島の特徴は，モデル種のベニモンアゲハがいないので，シロオビアゲハの擬態率が0％であることだった。なお，隣の小浜島の擬態率は約30％，石垣島は約25％，西表島は約70％だった（図4-6参照）。

　上杉の得た「生態的寿命」は，メスの擬態型が最も短く，メスの原型とオス（原型のみ）は，ほぼ同じだった（図8-4）。モデルがいなければ，ベイツ型の擬態種は，派手な目立つ体色をしているだけ鳥には目立つ存在となる。したがって，鳥の捕食圧は擬態型に強くかかる。その結果，擬態型の寿命は短くなる。

　上杉は擬態率がほぼ石垣島と同じ約25％の宮古島でも，同じ標識再捕を行っている。宮古島は竹富島より広い。その広い島に放したシロオビアゲハの再捕獲率は竹富島よりもはるかに低く，十分に信頼できるデータを得ることはできなかったそうだが，擬態型と原型の「生態的寿命」はほぼ同じだったという。

　それにしても，周囲の島々には擬態型のシロオビアゲハが存在するのに，モ

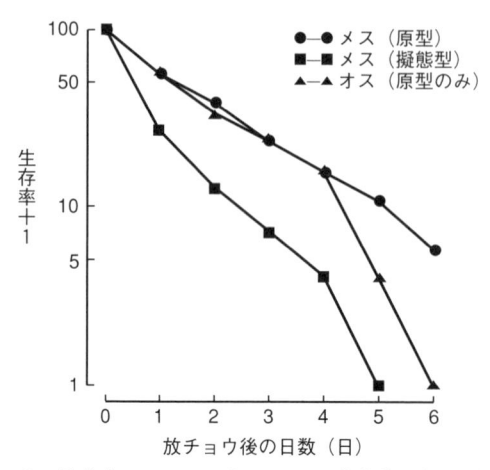

図 8-4 モデルのいない竹富島でのシロオビアゲハの死亡曲線。卵から飼育して得た個体を放飼して，捕獲，放飼，再捕獲を繰り返して推測した，チョウの生存曲線である。擬態型メスの急激な減少より，モデルのいないところでは擬態型に何らかの不利な点があることが示唆されている。（上杉 2000 より）

デルのいない竹富島には擬態型が全くいないのは驚くべきことである。鳥の学習力認識力と捕食圧はそれほどまでに凄まじいと言ってしまえばそれまでだが。しかし，擬態型は原型よりも寿命が短いというコストを払っているなら，この0％という擬態率は理解しやすいと思う。擬態型は原型に強い捕食圧がかかって初めて存在できるのである。モデルの数が減少して，擬態型が有利でなくなったときに，寿命の短い擬態型はそれだけで消滅の運命にある。捕食圧が原型よりも擬態型に強くかからなくても，原型の捕食圧と擬態型の捕食圧の差が少し狭まるだけで，擬態率は速やかに低下して，擬態率は0％になることが予測できる。擬態型は，モデルがいて，鳥の捕食圧が原型にかかって初めて存在できる個体で，ベイツやミューラーが示したように，モデルがいなければ，存在自体がありえないのだ。

　私のカロチノイド学説は仮説である。いまだに検証されていない。検証しようと思いたち，化学分析力のある研究者を探したが，なかなか難しいという話ばかりで，実現していない。本書を読んで，興味をもって下さる方がいたならば，本書を書いた甲斐があったというものだ。

私はカロチノイド学説を検証できないままに，擬態のコストとはチョウの生理的寿命を短縮するものだ，という結果に満足した。そして，なぜメスしか擬態しないかの謎を明らかにしたつもりになって，それ以上の擬態研究に興味を失い，私の本来のテーマである，食植性昆虫の食性の進化に戻っていった。

シロオビアゲハの擬態型

伊丹市昆虫館でシロオビアゲハを累代飼育していると，赤い斑紋の数がさまざまに異なる擬態型のチョウが生まれた。擬態型のチョウの寿命を測ったときには，赤い斑紋の少ない個体と多い個体の2つのグループに分けた。その結果，赤い斑紋の少ないグループの寿命は長く，多いグループの寿命は短かった。なぜ，そのような多彩な変異があるのか，初めはわからなかった。しかし，シロオビアゲハの擬態型には2つのグループがあるのを知って，その謎が解けたような気がした。

シロオビアゲハ *Papilio polytes* のモデルとなっているチョウは，沖縄ではベニモンアゲハ *Pachliopta aristolochiae* だけだが，ほかにヘクトールベニモンアゲハ *Pachliopta hector* (図 8-5) という，もっと赤い斑紋の多いチョウがいる。ベニモンアゲハの分布は広く，西はアフガニスタン，パキスタンから，インド，スリランカ，ネパール，そして，東南アジアのすべての国々から，オーストラリア，東は台湾，そして日本の沖縄まで及ぶ。しかし，ヘクトールベニモンアゲハの分布は，南インドとスリランカだけである。

したがって，シロオビアゲハの擬態型も，ベニモンアゲハに似た擬態型 (stichius 型) はアジア一帯，オーストラリアに広い分布域をもつ。しかし，ヘクトールベニモンアゲハに似た擬態型 (romulus 型) は，南インドとスリランカに限られており，両地では，この2つの擬態型が普通に見られるという。なお，原型は cyrus 型という。

伊丹市昆虫館で得た赤い斑紋の少ない擬態型はベニモンアゲハに似た個体が多かったが，赤い斑紋の多い個体はヘクトールベニモンアゲハによく似ていた。擬態型は，それぞれの土地に生息するモデルに最も似た個体が捕食者の目を逃れて生き残り，進化した。他の変異型は鳥の捕食にさらされて自然淘汰される。沖縄でもボルネオでも，私が採集した擬態型にはほとんど変異がなく，ベ

図 8-5 ヘクトールベニモンアゲハ。　　図 8-6 ヘクトールベニモンアゲハに擬態したシロオビアゲハのメス。

ニモンアゲハによく似ていた。これらのことから考えられるのは，シロオビアゲハは変異を出しやすい種で，さまざまな変異を出しているが，モデルに似てない変異は，速やかに捕食圧という自然淘汰によって排除されてしまうということだ。その結果，自然界で会うことのできるほとんどの変異型はモデルに酷似した擬態型だけになる。鳥の視覚はそれだけ，モデルと擬態型の類似性に厳密に対応していると思われる。

だが，捕食者のいない伊丹市昆虫館では，擬態型はベニモンアゲハからヘクトールベニモンアゲハまでの多様な赤い斑紋型の変異を生みだす一方で，ベニモンアゲハとかヘクトールベニモンアゲハのような特定の変異型に収斂させる強い捕食圧がない。したがって，多様な赤い斑紋型がそのまま残っているものと思われる。もっとも，赤い斑紋の多い型はより短命で，頻度は低いのだが。

鳥の捕食圧が高い種がすべて擬態型をもつわけではない。モデルがいなければ擬態になりようがない。一方，もしモデルになりうる種がいても，捕食圧の高い種がすべて擬態型を生みだすわけではない。擬態型を生みだす種は，おそらくは変異を出しやすい種なのだろう。このことを，伊丹市昆虫館で生まれた多彩な赤い斑紋型のチョウを見ることにより思い起こされた。

性的二型再考

ここで，チョウの性的二型について，改めて言及しておきたい。ベイツ型擬

態種のメスしか擬態しない種は，擬態型のメスと，原型のメスとオスがいる。原型のオスとメスの区別は，多くの場合，翅型模様からは無理で，胴部末端の交尾器を調べなければわからない。しかし，擬態型のメスと原型のオスは翅型模様が異なる性的二型である。性的二型の主要因は性淘汰だとダーウィンは主張した。したがって，ベイツ型擬態の性的二型も性淘汰の結果であると人々は考えた。

これに対して私は，チョウに対する鳥の捕食圧はメスに高くオスに低いことを示した。そして，擬態するにはコストがかかるとした。その結果，捕食圧の高いメスはコストをかけても擬態すると寿命が延びるというベネフィットを得られるが，捕食圧の低いオスはコストをかけて擬態してもベネフィットが得られないと考えた。したがって，擬態における性的二型は性淘汰の結果ではない，と結論した。しかし，この結論をもって，チョウに見られるすべての性的二型を性淘汰の結果ではない，と言っているわけではない。

性的二型が見られるのはベイツ型擬態種だけではない。たとえば，モンシロチョウは翅型模様からオスとメスの区別ができる。つまり性的二型がある。モンシロチョウの見かけの性差はわずかなものだが，オスの翅は紫外線を吸収しメスの表翅は紫外線を反射する。したがって，紫外線の見えるモンシロチョウの立場では，際立った性的二型が存在する。オオムラサキやコムラサキのオスの翅は，紫色の光沢色がある。しかし，メスの翅はくすんだネズミ色である。シジミチョウ科にはゼフィルス *Zephyrus*（ギリシャ神話の西風の神の名に由来し，そよ風の意味）と呼ばれる，オスは緑色の光沢色の翅をもつ小型のチョウのグループがいる。しかし，メスの翅はくすんだ茶色である。

ベイツ型擬態種の性的二型は，擬態型のメスが派手で目立つ警告色をもっている。一方，オスの原型は隠蔽色で，どちらかというと地味である。しかし，ベイツ型擬態種以外の性的二型は，オスのほうが美しくメスは地味である。これらのチョウの性的二型を説明する有力な仮説は，オスの光沢色は縄張りを巡ってオス間の闘争を避ける信号手段であり，同性内性淘汰だと説明している。そのメカニズムは，第4章で示した，タカ-ハト-ブルジョアゲームの帰結である。しかし，多くの場合，具体的には検証されていない。

大きさについても性的二型が見られる。一般にはメスのチョウのほうが大型

である。しかし，エゾスジグロシロチョウのようにオスのほうが大型の種もいる。スウェーデン・ストックホルム大学のクリスター・ヴィックルンドら（Wiklund and Kaitala 1995）は，エゾスジグロシロチョウの大きいオスと交尾したメスは，次の交尾までの間隔が長くなり，結果的に大きいオスのほうが多くの子を残せるから，という異性間性淘汰で説明している。オスから授受される精子の詰まった精包が大きいからである。これらの大きさに関する他種の性的二型も性淘汰が関与している可能性が高い。

インドネシアからパプア・ニューギニアにかけての島々には，トリバネアゲハ（birdwing butterfly）という大型の一群のアゲハチョウ科のチョウがいる。特に，パプア・ニューギニアの2,000 mを超える高地に横たわる40～50 mの高さの密林の樹冠部を，金属光沢に光り輝く翅をもつ大形のチョウが，鳥のように滑空しているという。このチョウは性的二型を示す典型例で，オスは黒や茶色を基調とした翅をもつが，幅広い黄，青，緑の光り輝く光沢色の帯状の模様でその翅を彩っている。メスはオスよりも大型だが，色調はオスよりも地味で，黄，青，緑のオスよりも小さな模様をもつが，光沢色はない。

このチョウが初めて捕らえられたのは1906年のことだった。前述したロスチャイルド家の当主，動物学者のウォルター・ロスチャイルドに採集人として雇われ，ソロモン諸島やニューギニアに送り込まれた鳥の剥製業者アルバート・ミーク（Albert Stewart Meek, 1871-1943）である。彼はパプア・ニューギニア高地の密林地帯で，上空を滑空する影を見て，大型の散弾銃で撃ち落とした。それが世界最大のチョウであるアレクサンドラ・トリバネアゲハ *Omithoptera alexandrae*（図8-7）だった。メスの開翅長は31 cm，体長は8 cmもあった。一方，オスの開翅長は20 cm程度である。しかし，オスは緑と青の輝く光沢色をもっていた。アレクサンドラは時のイギリス国王エドワード7世の妻の名で，1907年にウォルター・ロスチャイルドが命名した。

ロスチャイルド・トリバネアゲハ *Omithoptera rothschildi* という名のチョウもいる。これは，やはりウォルター・ロスチャイルドによってパプア・ニューギニアに派遣された昆虫学者が1911年に捕らえ，ウォルター・ロスチャイルドの名にちなんで命名した。このチョウは少し小型で開翅長は15 cmほどであるが，オスは黒地に光り輝く黄金の光沢色をもっている。メスはくすんだ黄色の

(a) メス　　　　　　　　　　(b) オス

図 8-7　アレクサンドラ・トリバネアゲハ。(a) メス（開翅長は 31 cm）。(b) オス（開翅長は 20 cm）。発見者のミークは頭上を飛ぶ影を散弾銃で撃ち落とした。

模様があるだけだ。トリバネアゲハの性的二型も，鳥の捕食圧の違いが要因となっているのではなく，性淘汰が何らかの形で作用しているものと思われる。

ベイツ型擬態は両性が擬態する

　擬態研究を忘れかけた 2002 年に，私は 1991 年にイギリスのラーセンによってオックスフォード大学出版会から出版された，『ケニアのチョウとその自然史』という原色の図鑑を手にする機会があった。その図鑑のなかに，ひっそりと，ケニアにはベイツ型擬態種がいて，オスもメスも擬態する種とメスしか擬態しない種がいると書き込まれてあった。数えてみると，擬態種は 21 種いて，両性が擬態するのが 16 種で，メスしか擬態しないのはわずかに 5 種だった。
　私がベイツ型擬態に関心をもったのは，メスだけが擬態する，しかも一部のメスだけが擬態する，という現象に興味をもったからである。したがって，擬態そのものや，擬態研究から派生する細々とした他の問題に対しては関心を払っていなかった。その結果，擬態研究者ならば誰もが知っていたと思われる，雌雄両性が擬態する種も少なからずいるという事実に，この図鑑を見るまでは気づかなかったのである。
　ラーセンの『ケニアのチョウとその自然史』で，雌雄両性とも擬態する種もいると知ったときに，それまでの擬態研究者たちが，ある種には性淘汰がかからず雌雄両性が擬態し，別のある種には性淘汰がかかってメスだけが擬態した，というような相互に矛盾した説明で満足していることにとても不思議なも

のを感じた。私なら，なぜある種は雌雄両性が擬態し，別のある種はメスだけが擬態するのか，その違いが何によって引き起こされるのか，その根底には共通に説明できる要因があるはずだ，と考えるのだが。しかし，欧米の擬態学者はそうは考えていなかった。

　欧米の擬態研究者たちが，ある種には性淘汰がかかり，別のある種には性淘汰がかからない，と考えた理由が何となくわかったような気がしたのは，最近のことである。ダーウィンの説く自然淘汰説は，変異はランダムに起こり，適者が自然淘汰される，というのが理論の柱である。そうしてみると，淘汰は種により地域により個別的であり，ある種には性淘汰がかかり，別のある種には性淘汰がかからなかった，と考えるのは矛盾のない考え方なのだ，と思い至った。

　しかし，雌雄とも擬態する種がいる，と知ったときに，私はそうは考えなかった。ボルネオで採集したチョウのビーク・マーク率を調べた結果，擬態とは，鳥の捕食を避けるために進化したのであり，擬態することで得られるベネフィットと，擬態することで払うコストの収支決算の結果である，と考えた。ならば，ある種はメスだけが擬態し，別のある種は雌雄両性が擬態するのは，個々の種，個々の性にかかる鳥の捕食圧が異なるからではないか，と考えた。この仮説を検証するためには，数多くの種で，種間や雌雄間にかかる鳥の捕食圧の違いを比較することが必要だった。ラーセンの『ケニアのチョウとその自然史』のなかで，擬態種の主要な生息地としてカカメガの森が頻繁に現れた。私は，熱帯草原サバンナの国，ケニアに残された，熱帯降雨林カカメガの森での調査を目ざした。

9章
メスだけが擬態する種と両性も擬態する種

カカメガの森

　ケニアの首都ナイロビから西北西に進路をとると，道の両側は丈の高い草が繁る赤褐色の荒野で，テーブル状に平たく枝を広げたアカシアの木がまばらに点在していた。乾いてひびが入ったアスファルト道路には，大きく深くえぐられた穴が繰り返し現れた。その穴を右に左に避けながら，車で6時間ほど走ると，広い湿原に出た。アフリカ最大の湖ビクトリア湖の後背湿地である。この湿原を抜けるとケニア第三の都市，人口36万人のキスムが現れた。キスムはビクトリア湖の対岸にあるウガンダやタンザニアからの渡航地である。イギリスの植民地時代には，アフリカの奥地で物資を積み込んだ貨車は，ビクトリア湖をフェリーボートで2～4日かけて運ばれ，キスムに上陸し，ナイロビを経て東海岸のモンバサに向けて走っていた。キスムの郊外には，植民地時代の白く輝く瀟洒な洋館が立ち並び，赤，白，黄，ピンク，橙，など多彩な色のブーゲンビリアが敷地の周りを取り囲んでいた。現在の洋館の主は，町で商店を営むインド人たちだった。

　ケニアの人口は約3,200万人で，異なる言語をもつ40数部族から構成されている。しかし，経済は5万人ほどのインド系住民によって握られていた。彼らは，イギリス植民地政府が1895年から1905年にかけてケニアに鉄道を敷いた折に，その労働力としてインドから渡ってきた人々の4～5代目の子孫である。1964年にケニアが独立して支配層のイギリス人が帰国した後に，インド系の住民は，ケニアの実質的な支配層になった。

図9-1 カカメガの森の位置。カカメガの森と世界一の淡水湖ビクトリア湖は60kmしか離れていないが，森は北半球に湖は南半球にある。

　キスムから進路を北にとると，緑豊かな丘陵地が続き，高い木立が見えてくる。赤道を南から北に越え，車でキスムから1時間ほどで，人口8万人のカカメガ・タウンに達する。カカメガ・タウンは，熱帯草原サバンナの国ケニアで唯一残された熱帯降雨林カカメガの森の入口の町である（図9-1）。

　カカメガの森は，東アフリカに位置するケニアの西の果てにあり，隣国ウガンダを経て中央アフリカ，西アフリカに続く「ギニア・コンゴ降雨林」と呼ばれる熱帯降雨林の東の果てにあたる。広さは琵琶湖の3分の1の約240 km^{2}にすぎないが，高さ40〜50mを超える鬱蒼と繁る森は，150種の樹木と170種の草本植物で構成されていた。草本植物は双子葉植物が90種で，単子葉植物が80種あり，単子葉植物のうちの60種はランだった。森には400種のチョウと350種の鳥がすんでいた。動物は他に，27種のヘビ，そのうちの25種は毒蛇でコブラも含まれている。そして7種のサル，5種のシカ，2種のイノシシが生息している。手のひらよりも大きなコガネムシ，ゴライアスオオツノハナ

ムグリ *Goliathus goliathus* も生息していた。

　チョウは日本全土で約240種しか生息していない。各県単位に見たならば，100種に満たない数だろう。したがって，カカメガの森の豊かな種の多様性がわかるだろう。私はカカメガの森で，どのようなチョウのどちらの性に，鳥の捕食圧がどのようにかかるのかを明らかにすることにした。

　カカメガの森はケニア野生生物公社 (Kenya Wild Service; KWS) によって管理されており，森の出入り口には検問所があり，迷彩服にライフル銃を持ったレンジャーと呼ばれる森の管理官が詰めていた。森で研究をするためにはナイロビにあるケニア野生生物公社の本部で研究許可書を発行してもらい，カカメガの森が属する西ケニア州カカメガ県の県都カカメガ・タウンにある野生動物公社のカカメガ支所で森の入林許可書を受けとり，その入林許可書を，森の出入りの際には毎回示す必要があった。森の中でも迷彩服を着たレンジャーが隊伍を整えパトロールしており，森の思いがけない場所で藪の中から突然現れる迷彩服にライフル銃を持った一団に遭遇することが何度かあった。私のカカメガの森の調査中に，同じウエスタン州のエルゴン山国立公園では，レンジャー部隊とサイの密猟者との間に銃撃戦が起こり，2人のレンジャーが銃殺されるという事件が起こった。

イシペ（国際昆虫生理生態学センター）

　ケニアで長期にわたる調査を行うためには，ケニアに私を受け入れてくれる研究機関が必要だった。都合が良いことに，ケニアにはイシペという国際研究機関が存在した。ICIPE (International Center of Insect Physiology and Ecology) と言い，日本語で国際昆虫生理生態学センターと訳されている。2002年に，私は日本イシペ協会の推薦を受けて，日本学術振興会の派遣研究員としてイシペに1年間派遣された。

　イシペは，アフリカにおける食糧の安定供給，ヒトおよび家畜の健康改善，自然環境保全および生物資源の効率的利用を使命として，これらに関連する昆虫学の研究を行うために1970年にケニアの首都ナイロビに設立された国際研究機関である。政治に左右されずに純粋に学問を遂行するために，国連のような上部機関に属さず，世界のさまざまな機関から浄財を集めて運営されて

いる組織で，世界各国から研究者が集まり研究に従事していた。そして世界各国から集まる大学院生の教育機関も兼ねており，昆虫学に関するアフリカ最大の研究教育機関である。

日本でも1979年に日本イシペ協会が設立され，主に派遣研究者の支援とイシペでの研究内容の啓蒙に努めており，文部科学省傘下の日本学術振興会から毎年1人の日本人昆虫学者がイシペに派遣されていた。しかし残念なことに，2005年度から，日本学術振興会はこの派遣事業を中止してしまった。私がイシペに所属していたときに日本人研究者は，私をいれて2人いたが，中国人研究者は5人もいて，その数は増加し，影響力は増すばかりだった。イシペからの日本の撤退は，学問的な立場からだけでなく，日本の対アフリカ政策，世界の食糧問題，環境問題に対する国家戦略上からもまずいのではないかと私は思う。少なくとも，ケニアのどのような辺地に出かけても，イシペの名は知られており，ケニア人と外国人は驚くべき差額料金の世界で，イシペに所属していると告げれば，常に外人用の高額料金からケニア人と同等の低額料金の待遇を受けた。

イシペの本部はナイロビの北東の郊外にある。中心街からは車で40分ほど離れており，日本の小中学校程度の広さの敷地は鉄条網に囲まれ，三階建ての口の字型の研究棟と，訪問研究者のための二階建ての宿泊施設や食堂があった。構内には緑の芝生が張られ，南国の極彩色の植物が植えられていたが，なかでも桐の花に似た紫色の花を全身に帯びたジャカランダは，私に鮮烈な印象を残した。しかし，この花の原産地はアルゼンチンだった。ケニアの町でも村でも，身近な樹木や花木の多くは，イギリス植民地時代にケニアに持ち込まれた外来種ばかりで，在来種はサファリーの動物同様に，保護区の中に残っているだけだった。

イシペの支所はケニア国内の他にもあり，ビクトリア湖畔のビタ・ポイントにある研究所はナイロビの本部よりも規模が大きく，構内には病院や小学生のための国際学校もあった。ナイロビの南，タンザニアに近いマサイ族の住むマガティの研究所の近くには，広く荒涼とした原野のかしこから湧き出る高温の温泉水が大きな流れを作り，近くのマガティ湖に流れ込んでいた。川の窪みで強いアルカリ性の温泉に浸っていると，目の前を小さな魚の群れが泳いで

いた。

　私はイシペの自然環境保全部門に所属し、熱帯草原サバンナの国ケニアに残された唯一の熱帯降雨林カカメガの森の保全研究を行うとともに、ケニアのベイツ型擬態種が、ある種はメスだけが擬態し別の種は両性が擬態するメカニズムを同時に説明できる共通した論理を、カカメガの森で探し求めた。

チョウの同定

　海外で研究を行う場合、最も苦労するのは採集した昆虫の種名を明らかにすることだ。分類学の研究者なら、新種を採集し名前を決めたり、目的とする種の分布を調べることが研究の目的だから、種名を明らかにすることが研究の主要な要素で、種名を調べることはお手の物だと思う。

　しかし、私たち生態学の研究者にとって、よほど研究材料を絞って扱いなれた材料を用いない限り、研究で扱った昆虫の種名を明らかにすることは至難の技で、普通は専門家に分類を依頼する。しかし、分類学者も自分の研究があり多忙で、なかなか見てもらえない。そうなると、生態学の研究はお手上げになるので、標本がそろっている大英博物館に出かけて時間をかけて自分で種名を調べたり、直接分類学者のもとに出かけて哀訴するしか手はなくなる。

　チョウはその点ではかなりましな材料で、すでにほぼすべての種に名前が付けられている。そのうえ、カラー図版の図鑑もそろっており、難しい検索表に従って種名を調べなくても、図鑑との絵合わせでかなりの種名を知ることができる。しかし、熱帯のチョウは種数が豊富なうえに、ベイツやウォレスやダーウィンを喜ばせたように、微妙に違う連続的な変化のある近縁種や、分類的には全く異なるよく似た擬態種がいたりするので、種名を調べるのは時間のかかる困難な仕事である。

　私がベイツ型擬態の研究に首を突っ込む契機となったボルネオで採集したチョウは、当時、東京の藤村学園高校の先生をされていた大塚一壽さんに調べていただいた。彼は『ボルネオの蝶』(1988)という図鑑を書かれた方で、私が三角紙に包んだ多量の標本を御自宅に持ち込んだときに、私の目の前で三角紙の外側から標本をチェックし、すいすいと標本をグループ分けした。そして、グループ分けの後に、それぞれのグループに番号を付け、各番号に種名と性別

を書き込んだリストを作って私に渡してくださった。それはまるで神の手を見る思いだった。

カカメガの森では，当初はラーセンの『ケニアのチョウとその自然史』を基に標本を分類するつもりだった。しかし，私が雇った2人の調査助手が分類にかけて驚くべき才能を示した。彼らはチョウを採集するとすぐその場で彼らのもっている『ケニアのチョウとその自然史』を開いて即座に種名と性別を確認したのである。そうとなると，いちいち標本を保存する必要はなくなる。各個体から知りたいデータをとった後には，個体識別番号を記してすぐその場で放してやることができた。

調査助手の本業は，カカメガの森の観光ガイドだった。彼らは高校卒業後に，ケニアに自然探訪にやってくる欧米人相手のガイド養成のための専門学校を出ていた。そして，ケニア国立ナイロビ博物館で動植物の同定訓練を2年間受け，その後，カカメガの森のガイド協会の試験を受けて採用された同定の専門家だった。同定だけでなく，生態学や環境学の知識も豊富で，森にやってくる欧米の大学の生物学実習の講師も引き受けていた。私のカカメガの森での研究は，一重に彼らの同定能力に負う面が強かった。

ケニアは40数部族からなる多部族国家で，日常生活では各部族がそれぞれ他に通じない独自の部族語を使っていた。しかし，公教育は旧宗主国イギリスの言語である英語を用いていた。それだけに，世の中で成功するためには英語力が優れていないと見込みが立たない。その点で，森のガイドたちの英語力は私にはネイティブと同様に映っており，私の拙い英語をよくフォローして，私の求めるデータ収集に協力してくれた。

森での生活

カカメガの森での調査中，私は森に隣接したブヤング村に住む調査助手の1人の家に寄宿した。村は，ケニアの40数部族のなかで3番目に人口の多いルイヤ族の集落で，完全な自給自足が生活の基本だった。村民は全員6宗派に分かれたいずれかのキリスト教徒だったが，昔からの一夫多妻制を維持していた。各家庭の敷地には，バンダと呼ばれる1～2間の小さな家屋が複数戸あった（図9-2）。バンダは，夫，第一夫人，第二夫人，第三夫人，割礼を受けた

森での生活

図 9-2 バンダ。茅葺屋根と土と牛糞をこねて作った壁と土間の家。骨組みは丸太である。バンダの内部には寝室と居間の2間があった。扉も窓も木製で、建材すべてが庭での自給自足である。

　長男，次男，三男，等々と別々に建ててあり，私は妻とそのなかの一軒を借りたのである。現在，一夫多妻を維持できる人は，子供に十分な教育を施せる現金収入のある人だった。そういう人は，村では学校の先生とか警察官のような，公務員が多かった。

　バンダの骨組みは庭の樹木を切り倒して作り，壁は庭の土と庭に落ちている牛糞を混ぜ合わせて作ってあった。屋根は茅葺である。入り口以外に小さな窓が3〜4方にあったが，窓板はガラスではなく，庭の樹木から作った木製の板だった。寝床として，木製のベッドが用意してあった。このように，家屋や家具の建材も自給自足で各家庭の庭で育てており，庭には20〜30mに及ぶ樹木が，遠目に鬱蒼と茂っていた。しかし，これがすべてオーストラリアから導入したユーカリの木だった。ユーカリの木は成長の早い軟材で，ケニア固有のマホガニーのような木は成長の遅い硬材で，硬材は保護林にのみ残っているだけだった。

　村には電気はなく，村民のなかの豊かな人々は，中国製の石油ランプと石油コンロを用いていた。夜になると，幼い子供たちは深い闇のなかで家族と明るくおしゃべりしていたが，学齢期の子供たちは薄暗いランプの光のもとで，遅

くまで勉強していた。ケニアは大変な学歴社会なのである。私も石油ランプと石油コンロを用いたが，調査器具類の電源として，大型バッテリーを持ち込み，不定期に，近くのカカメガ・タウンや，キスムに出かけてバッテリーに充電してもらった。水は森の湧水を煮沸して用いたが，カカメガ・タウンやキスムでペットボトルに入った飲料水を買うこともあった。

交通機関は，近距離だとボダボダといって，中国製の自転車の荷台を客席に改造したものがよく利用されていた。長距離だとマタツという，日本製の小型中古ワゴン車に客席15人分くらいを設置したものが最もよく利用されていた。しかし，私の交通手段としては，日本イシペ協会がナイロビのイシペに確保してあった日本製乗用車を利用できた。この車は粗悪な道路事情が原因で，1年間に20度もパンクし，エンジンも途中で全面的に換える必要があった。パンク対策には，スペアータイヤを常時2本用意した。

ブヤング村の各家庭の庭は広く，主食のトウモロコシの畑や換金植物のサトウキビの畑を臨む庭先には緑の芝生が張ってあり，私はバナナやコーヒーの木陰にテーブルやイスを出して食事をしたり，データを整理したりした。

調査助手の2人は熱心なクリスチャンで，日曜は教会に出かけ，1人は宣教師の資格ももっていた。彼らはアルコール類を口にせず，私がアルコール類を勧めても一度も飲むことはなかった。彼らが頻繁に口にするのは将来の夢だった。1人は観光業者になるのが夢で，大型のサファリートラックを買って，欧米の観光客のツアーを企画すると言っていた。そのためには，サトウキビ畑を拡張し資金を増やし，石油スタンドを買って資金をさらに増やす計画を立てていた。もう1人の宣教師は新婚の妻が薬剤師で，薬局を開くことが夢だった。彼らはその夢を語るだけでなく，私に給料の前借を兼ねて，少し融資してくれないか，と言いだした。私は彼らの熱意と私の好奇心に負けて，彼らの年収に近い額を融資した。

宣教師は隣村に薬局を開き，私の帰国までにサトウキビを売って金を全額返済した。彼は私の帰国後，第二店舗も設け，カカメガの森の隣接地に観光客用のキャンプサイトも開設したと連絡してきた。観光業を目ざしたほうは，融資とその年のサトウキビの売り上げを元手に，祈祷師に資金の一挙増額を委ねた。祈祷師は手にした紙幣一枚一枚の間に紙幣の大きさに切り揃えた紙を挟

み，紙幣と紙の束をくくって黒く染め上げた。この黒い塗料を特殊な化学薬品で落とすと，紙幣の間に挟んだ紙がすべて紙幣になるという。特殊な化学薬品はナイロビでしか手に入らないと言い，祈祷師は消えた。それと同時に，寝室の戸棚の中に置いた鞄の中に入れたはずの紙幣と紙の束も消えていた。欧米の学生たちに，生態学と環境学を滔々（とうとう）と講義する彼が，そのような形ですべての現金を失ったなどとは私は最初は信じられなかった。しかし，その後に進行した彼と彼の奥さんとの間に勃発した騒動から，信じざるをえないものを感じた。彼は融資金を返すことができず，私たちがカカメガの森を去る前夜に行ったパーティーには姿を見せなかった。

森での調査

　調査の主体は，どのようなチョウがどのような捕食圧を受けているかを調べることだった。どのようなチョウとは，どのような体の大きさで，どのような高度を，どのようなスピードで飛んでいるチョウか，ということである。そういうチョウの特徴とビーク・マーク率の関係を調べることだった。調査の対象となるチョウは，モデルとなるドクチョウでもなく，擬態しているチョウでもない，普通のチョウである。

　森には1周2kmの周回道路があった。幅は2mほどで，密林，グアバの二次林，草原，を横切っていた。チョウの体の大きさの指標は胸部の直径として，ノギスを用いて計測した。見た印象として，大きなチョウとは翅の大きなチョウのような感じがするが，翅の形は種によって異なるために，種間の大きさを比較する際には，胸部の太さを用いるのが最も妥当だと考えられた。飛翔高度は，手を伸ばせば10mまで届くつなぎ竿に50cmごとに目盛りを打っておき，チョウを捕らえた直後に目測で調べた。データが蓄積すると，チョウのおおよその飛翔空間が推測できる。飛翔速度はチョウを初めて目撃した時点でストップウォッチを押し，捕らえた時点までの時間を計り，その間の飛翔距離を巻き尺で計って割り出した。

　飛翔高度の測定法では，興味ある経験がある。この方法で計った飛翔高度について，欧米の国際誌と言われる科学誌に投稿した際には，クレームをつけられたことは一度もなく，何事もなく受け入れられている。しかし，日本の学

会誌に投稿した際には，受け入れられなかった。そんな方法で正確な高度が測れるはずがない，という理由で論文そのものの受理を拒否された。私も正確な高度を測れているとは思っていない。重要なのは他種との比較において，どの程度の高度を生活空間としているか，ということが，物事を考えるうえでちょっとしたアイデアの基になることがあるからだ。そういうときに，欧米のレビューアーは「なるほど。面白い」と言って受け入れてくれることが多く，日本のレビューアーは「精度に問題がある」と言って受け入れを拒否する傾向が強い。

　以下に述べることは，統計的検定にかけるうえで十分なデータがとれた，アゲハチョウ科 Papilionidae，シロチョウ科 Pieridae，タテハチョウ科 Nymphalidae の計14種のチョウで得た結論である。結果は，イギリス動物生態学誌 *Journal of Animal Ecology* (2005) に掲載してある。

大きな種ほど敏捷に高い空間を飛ぶ

　大きなチョウほど速いスピードで飛んでいた。チョウの飛び方は，一般的には直線的ではない。ひらひらと上下左右に揺れながら飛んでいる。しかし，2地点を結ぶ直線距離にかかる時間を計ってみると，やはり大きな種ほど速く飛んでいた。チョウの大きさは胸部の直径で表している。胸部には飛翔括約筋がつまっている。したがって，大きなチョウの飛翔速度が速いのは当然といえば当然だった。オスとメスで飛翔時の飛翔速度に差はなかった (図9-3a)。

　チョウの飛翔高度は種によってだいたい決まっていた。大きなチョウほど高い空間で捕らえられた (図9-3b)。この高度は単に飛翔する高度だけでなく，日中の休息，夜間の寝場所など，チョウの日常行動の生活空間と考えられる。小さな種は，地上より20cm，30cmという低い空間を生活空間としており，大きな種ほど地上数メートルの高さで捕らえられた。データを見ると，胸部の直径が7mmを超えると，6mmの種より飛翔高度は落ちている。これは，捕獲技術の問題で，より胸部の太い種ほど俊敏に飛び回るので捕獲しにくい。したがって，たまたま低い所にとまったときにようやく捕まえることが多く，その影響を受けた結果である。

　熱帯林の樹冠部は地上40m，50mの高度であり，私の調査法では，そのよう

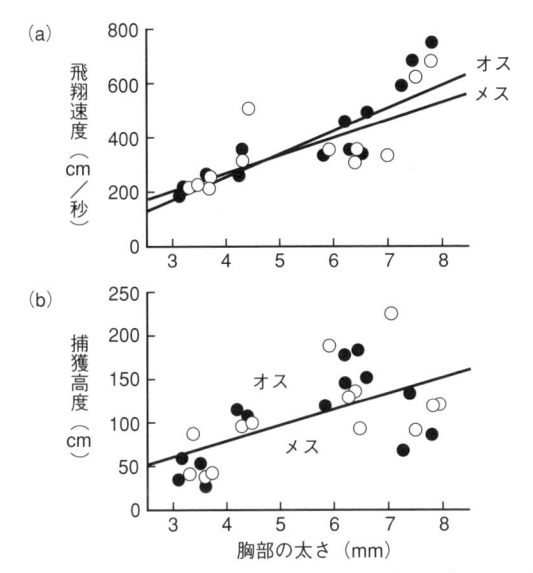

図 9-3 チョウの飛翔速度と飛翔高度。(a) チョウの胸部の太さと飛翔速度の関係。(b) チョウの胸部の太さと飛翔高度の関係。○はメスを●はオスを示す。捕獲高度の回帰直線は雌雄で重複している。異なるプロットは異なる種を示す。(Ohsaki 2005 より)

な高度は到底フォローできていない。そのような樹冠部を調査する樹冠生態学という学問分野がある。そのような高度をフォローしている研究者から見たならば，私の調査は不十分だろう。日本には，ゼフィルスと称される一群のシジミチョウのグループがいる。オスは緑に輝く金属光沢をしている種が多いので，多くの採集家に愛されている。このチョウは私が調べたケニアのチョウよりは小型なのに，大きな木の梢を生活の空間にしている種が多い。したがって，熱帯の樹冠部にも，そのような小型のチョウが生活している可能性はあった。

しかし，重要なことは，私が研究対象としたチョウは，胸部の太い種ほど飛翔速度が速く，より高い場所を飛んでおり，その生活空間は，種によって，決まっている，ということである。

大きな種のメスほど鳥に襲われる

チョウはメスよりもオスがよく捕れた。したがって，捕らえられたチョウの性比，つまり，捕らえられたオスとメスの比率である捕獲性比（オス/メス）は

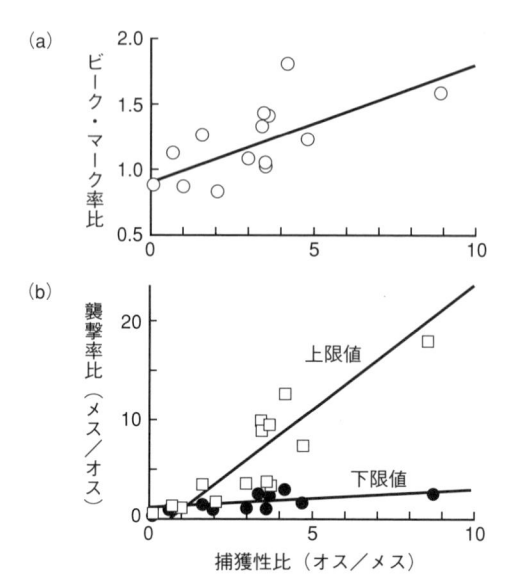

図 9-4 捕獲性比（オス／メス）とビーク・マーク率比（メス／オス）の関係，および捕獲性比と襲撃率比（メス／オス）の関係。襲撃率比は上限値と下限値を推定しており，異なるプロットは異なる種を示す。（Ohsaki 2005 より）

 14 種中 12 種でオスのほうが多く，オスに偏っていた（オス／メス＞1.0）。しかし，オスのほうが 10 倍多い 10.0 から雌雄ほぼ同数の 1.0 までの間に散らばっており，他の 2 種でメスのほうが多く捕らえられた（図 9-4a）。
 捕らえられたチョウのなかには，鳥に襲われてうまく逃げおおせたときに翅に残るビーク・マークをもつ個体が混ざっていた。捕らえられたチョウのうちビーク・マークをもつ個体の比率をビーク・マーク率とすると，メスは胸部の太い種ほどビーク・マーク率が高いことがわかった。しかし，オスの場合，体の大きさとビーク・マーク率は関係なく，全体的にメスよりも低いビーク・マーク率であることがわかった（図 9-5）。
 オスとメスのビーク・マーク率を比べたビーク・マーク率比（メス／オス）と捕獲性比（オス／メス）の関係を調べると，オスの捕獲性比が高い種ほどメスのビーク・マーク率比が高くなり，オスの捕獲性比が低い種ほどメスのビーク・マーク率比が低くなった（図 9-4a）。
 このビーク・マーク率を基に，第 6 章に掲げた襲撃率の推定式に当てはめ

オスに偏った捕獲性比を説明する3つの仮説　　　　　　　　　　　　　　　189

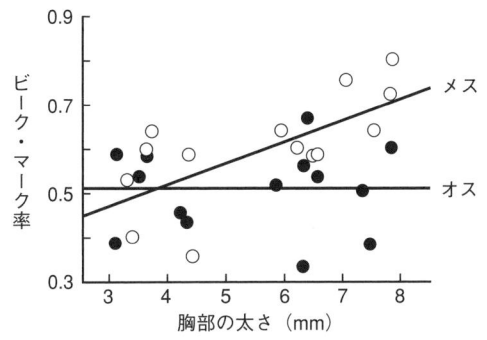

図 9-5 チョウの胸部の太さと翅のビーク・マーク率の関係。○はメスを●はオスを示す。異なるプロットは異なる種を示す。(Ohsaki 2005 より)

て，実際の鳥の襲撃率比（メス/オス）を比べると，たとえば，ビーク・マーク率比ではメスはオスの1.2倍程度しか高くないにもかかわらず，襲撃率比は3～8倍も高いと推定され，最も襲撃率比の高い種では5～20倍も高く推定された（図9-4b）。

　胸部の太い種ほど速く飛ぶ（図9-3a）。そして，胸部の太い種のメスほど襲撃率の推定値は高かった。これらの結果より導き出されることは，高い空間を俊敏に飛び回る大きな種のメスほど鳥に襲われている，ということである。速く飛び回る，ということは，一見，鳥の襲撃を避ける手段として進化したのではないかと考えられる。しかし，速く飛び回る種のメスほど鳥に襲われているということは，矛盾しており，逆説的なことのように思えた。

オスに偏った捕獲性比を説明する3つの仮説

　チョウを採集すると，一般にオスがよく捕れる。成虫が羽化したときの性比はオスとメスで等しいにもかかわらず，採集した個体の性比（捕獲性比）がオスに偏る理由に対して3つの仮説があり，どの仮説が正しいのか決着がついていなかった。

（1）経験豊富で熱心な採集家が断固として主張するのは，メスは産卵植物の陰で産卵活動をしているので人の目に触れる機会が少ないが，オスはメスを探し求めて飛び回るので，それだけ人の目に触れやすく，捕獲されて

しまう，というものだった。

(2) メスは点在し，オスは偏在するので，チョウの多い場所で採集すれば，捕獲性比はオスに偏る，という仮説だ。たとえば，モンシロチョウはキャベツ畑で羽化し，メスは羽化場所近くで交尾をすると，その後，数キロ離れた場所に分散して産卵活動を行う。一方，オスは羽化した場所の近くに産卵植物だけでなく，蜜源となる吸蜜植物がある程度存在するならば，羽化地にとどまり，新たに羽化してくるメスを待ち続ける。その結果，オスは累積的に増加し，この地での性比はオスに偏ることになる。

(3) メスは産卵植物の陰で産卵活動をしているので，ゆっくりと飛んだりとまったりするので鳥などの捕食者に捕食されやすい。オスはメスを探し求めて俊敏に飛び回るので，鳥はなかなか捕食できない。したがって，人間の捕らえた捕獲性比は実際の性比を反映して，オスに偏っている。しかし，チョウの採集家が，実際に鳥がチョウを捕獲する現場を見ることはほとんどなく，彼らに最も懐疑的に受け止められていた仮説だった。

カカメガの森において，捕獲できたチョウの捕獲性比（オス/メス）と，ビーク・マーク率から推定したチョウに対する鳥の襲撃率比（メス/オス）の関係は，捕獲できた個体の少ない性がより鳥に襲われて捕食されている可能性を示していた。そして捕獲性比は一般にオスに高く，オスの捕獲性比が高いほど，メスの襲撃率比が高く推定された。つまり，人間によってオスがよく捕獲される背景として，鳥によるメスの捕食率が高いためにメスの個体数が少ないためと考えられた。

はたしてそうだろうか。この点を，第6章で紹介した襲撃率比の推定式（図6-4）の上限値と下限値をどう決めたかに戻って，図9-4bを用いてもう少し深く検討してみたい。襲撃率比にかかわる要因は3つある［式(6-2)］。捕獲率比（メス/オスの捕獲率比）と，メスとオスの捕食を除く死亡と移出を含む消失率比（メス/オスの分散率比）と，捕食による死亡率比（メス/オスの捕食率比）である。いずれも，先にあげた3つの仮説に相当する要因である。

仮説(1)が説くように，捕獲率はオスのほうがメスよりも高い傾向は否めず，メスの捕獲率のほうが高い可能性はない。したがって，実際の捕獲率比（メス/オス）はメスとオスの捕獲率が等しいときの値の1.0よりも小さな値に

なることが予測できる。

　一方，仮説 (2) が説くように，メスのほうが分散率が高い傾向は否めず，オスの分散率のほうが高い可能性はない。したがって，実際の分散率比（メス/オス）はメスとオスの分散率が等しいときの値の 1.0 よりも大きな値になることが予測できる。

　この捕獲率比と分散率比の値を 6 章で示した襲撃率比の推定式［式 (6-2)］に代入すると，捕獲率比が 1.0 の場合を襲撃率比の上限値とし，分散率比が 1.0 の場合を襲撃率比の下限値とした値域で，上の条件を満たす（図 6-4）。つまり，この値域は，メスの捕獲率のほうが高いとか，オスの分散率のほうが高いとかの，現実にはありえない条件を含まない。

　この場合，多くの種の襲撃率比（メス/オス）は常に 1.0 よりも大きな値になり，オスよりもメスの襲撃率のほうが高いことを示している（図 9-4b）。

　人間が採集したときに，オスのほうがより多く捕獲される，という捕獲性比（オス/メス）の値が 1.0 よりも大きくなる現象の要因は，おそらく一律ではなく，上にあげた 3 つの仮説が主張する要因のいずれか，その複合によるものと思われる。しかし，襲撃率を推定してみると，どのような条件でもメスのほうがオスよりも鳥に襲われやすいという結果が得られた。このことはとりもなおさず，捕獲性比がオスに偏っている主要因の 1 つは，メスがオスよりも鳥に多く捕食されているからである。

なぜある種はメスだけが擬態して，別の種は両性が擬態するのか

　なぜ飛翔力旺盛な種のメスがより強い捕食圧にさらされているのか，その理由を考えるのは後回しにして，なぜある種はメスだけが擬態して，別の種は両性が擬態するのか，その理由はカカメガの調査結果より説明できるように思われた。

　改めて，擬態のコストとベネフィットを考えてみよう。擬態のベネフィットとは擬態することで捕食者を欺き，捕食を免れることで生態的寿命を延ばすことである。擬態型の個体は，擬態することの代償として擬態のコストを払っており，生理的寿命は短くなる。したがって，もし捕食者に襲われないなら擬態のコストを払うのは割が合わず，そのような形質は自然淘汰されて進化しえな

い。つまり，擬態のコストを払ってでも鳥からの捕食を免れて寿命を延ばすことができる強い捕食圧を受けている個体だけが擬態するのである。

擬態のコストはチョウの個体数の多寡とは無縁で，擬態するすべての個体が払わなければならない代価である。一方の擬態のベネフィットは擬態型の個体数が増えれば次第に減少して，擬態のコストと等価になったときに個体群の擬態率は平衡になる。

カカメガの森の結果より予測できることは，チョウは理論的に，3つのグループに分けられることだ。

(1) 両性ともに捕食圧が高くて擬態のコストを払ってでも擬態したほうが適応的な種。
(2) メスだけが高い捕食圧のもとにおり，メスだけが擬態することが適応的な種。
(3) 両性ともに捕食圧は低く，擬態は適応的でない種。

つまり，両性が擬態する種，メスだけが擬態する種，両性とも擬態しない種の3つのグループに分かれ，オスだけが擬態する種が出現する可能性は非常に低いことである。

メスだけが擬態する種と両性が擬態する種の違い

では，実際に擬態しているチョウはどのようなチョウだろうか。カカメガの森で捕らえたベイツ型擬態種は9種いて，メスが擬態するのは5種，両性が擬

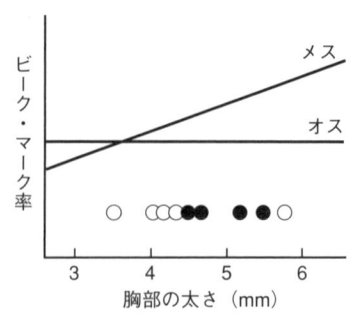

図 9-6 メスだけが擬態する種と両性が擬態する種のメスの胸部の太さの関係。○はメスだけが擬態する種，●は両性が擬態する種を示す。異なるプロットは異なる種を示す。(Ohsaki 2005 より)

態するのは4種いた。わずかに9種だけのデータだが，傾向は明らかで，メスだけが擬態する種は小型から大型のチョウまでいて，両性が擬態するのは大型のチョウに偏っていた（図9-6）。メスの捕食圧はオスに比べて全般に強い。しかし，大型でより強く小型で弱い。オスの捕食圧はメスに比べて弱く，大きさとは無相関だった。つまり，メスはある程度の大きさになれば大きさの程度にかかわらず擬態したほうが適応的な種がいる。一方，両性とも捕食圧が高く，そのために擬態したほうが適応的な種は，大型の種のなかにいる可能性が高かった。

生物の体の大きさ

　カカメガの森の調査結果をまとめた論文を英国動物生態学誌 *Journal of Animal Ecology* に投稿したときに，レビューアーの1人のコメントに，私に対しての質問が書き込んであった。「この論文が成功したのは，チョウの胸部の太さを測っていたからだ。だが，何で測ろうという発想をもったのだ？」。

　私が深く影響を受けた生態学の教科書は2つある。私自身が共訳者として翻訳にかかわったアメリカ・プリンストン大学のロバート・マッカーサー (Robert H. MacArthur) の『地理生態学 (Geographical Ecology)』と，オックスフォード大学のジョーン・クレブス (John R. Krebs) とケンブリッジ大学のニック・デービス (Nick B. Davies) の共著による『行動生態学（原書第2版）(An Introduction to Behavioural Ecology)』である。『地理生態学』には，「パターンや規則性は科学の中心概念である。パターンとはある種の反復を意味し，反復は自然界では通常不完全な形で現れる。この反復があるから予測が可能なのである」とあった。私はこの文章に接してから，すべての現象に対して常に規則性を探し出すことを心がけている。

　『行動生態学』は，本書を書くうえでも大いに参考にさせてもらった。心に残る記述は2カ所で，「比較という発想は，適応についてのほとんどの仮説の核心をなす。異なる種間の比較研究は，動物が自然界で採用している戦略について，何らかの直感を与えてくれる」，「食物と社会構造に最も強く相関しているのは体の大きさである」とあった。この文章に接して以降，私は調査対象の昆虫を複数種選び，体の大きさを測り，横軸に体の大きさをプロットし，縦

軸にさまざまなパラメーターをおいてみて，直感的に規則性を探し出すことを試みてきた．チョウの場合の体の大きさの指標に適しているのは胸部の太さだった．

　私は結果を予測し，成算があってチョウの胸部の太さを測ったわけではなかった．しかし，測っていなかったなら，この章で紹介した結果は得られていなかった．

10章
メスの捕食圧が高い理由

鳥にとっての餌の価値

　なぜメスのチョウのほうがオスよりも鳥に襲われるのだろうか。しかも，大きなメスのほうが小さなメスよりも襲われるのだろうか。それは，胴部に卵の詰まっているメスのチョウのほうがオスのチョウよりもカロリー量が多く，餌としてより価値があるからである。同様に，大きなメスのほうが小さなメスよりも餌としてより価値があるからである。

　餌の価値は，餌のカロリー量を，捕食者が餌を捕らえてから食べ終わるまでの処理時間（handling time）で割った，単位処理時間当たりのカロリー量で評価できる。大きな餌ならカロリー量が多く，小さな餌ならカロリー量は少ない。しかし，大きな餌なら激しく抵抗し逃げ回るので発見してから食べ終わるまでの処理時間は長くかかるかもしれない。小さな餌なら簡単に捕らえてすぐに食べ終えることができるだろうから処理時間は短くてすむ。小さくても，貝やクルミのように硬い殻で覆われた餌は殻を割って中身を取り出して食べ終わるまでの処理時間は長くかかる。イチゴのように柔らかい餌ならば，すぐに食べ終えることができるので処理時間は短い。

　鳥が1日に必要とするカロリー量は決まっている。そのカロリー量を得られるかどうかは鳥にとっては死活問題になる。したがって，鳥はより採餌効率を上げるように振る舞っているはずである。そのときに，採餌の判断基準になるのが，単位処理時間当たりのカロリー量で評価できる餌の価値である。

　鳥は，より価値のある餌の発見確率があるレベル以上だと，より価値のある

餌だけを専食する。そのような，より価値のある餌の発見確率が悪くなると，突然に，価値の劣る餌も食べ始める。したがって，より価値のある餌を専食するかどうかの判断に，価値の劣る餌の発見確率は全く関係ないことになる。これは私たちの食生活を考えれば全く当然で，意外なことではない。おいしい食べ物が十分に手に入るときに，まずい食べ物がいくらふんだんにあるからといって，そのようなまずい食べ物の量が何を食べるかの判断基準になることはないだろう。

したがって，より価値のある大型のメスのチョウが豊富にいるならば，鳥は大型のメスのチョウを専食する。そのようなより価値のある餌が減ってくれば，鳥は次善の餌をも混食するようになる。しかし，鳥の採餌様式が，採餌効率のみで決まっているというと，すぐには納得できない人がいるかもしれない。

捕食者が餌を捕るとき，周囲にある餌をやみくもに捕らえているわけではないことは直感的に理解できると思う。大きな捕食者は大きな餌を捕るだろうし，小さな捕食者は，手に余る大きな餌よりは，身の丈に合った小さな餌を捕るだろう。捕食者は餌を捕るために努力を払う。その払う努力に見合った価値のある餌を効率的に捕っている。これを理論的に最初に説明したのは『地理生態学』の著者のマッカーサーだった。1964 年のことで，彼は鳥にとって価値のある餌と価値の劣る餌がある場合の鳥の餌選択を数理モデルで説明し，最適採餌戦略 (optimal foraging strategy) と名づけた。

マッカーサーは 1972 年に，鳥の餌選択を決めるカギは，より価値のある餌の発見確率であり，その際に，価値の劣る餌の発見確率は，鳥の餌選択に何の影響も与えないと予測した。このマッカーサーの予測を，1987 年に，『行動生態学』の著者のクレブスは，その本のなかでさらに単純な数理モデルで説明している。

クレブスは，捕食者が餌を捕る際に，重要となる要素を 4 つに分けた。
(1) 単位時間当たりの餌の発見確率： 餌の量が多いなら発見確率は大きくなり，少ないなら発見確率は小さくなる。
(2) 餌のカロリー量： 大きな餌ならカロリー量は多いが，小さな餌ならカロリー量は少ない。
(3) 餌の処理時間： 餌に出会ってから食べ終わるまでの時間である。

(4) 餌の価値： 餌の価値はカロリー量を処理時間で割った，餌を発見したときの単位時間当たりに得られるカロリー量で決まる。単位時間当たりにより多くのカロリー量を得られる餌が，より価値のある餌である。したがって，カロリー量が多くても処理時間がかかるなら価値の劣る餌である。カロリー量が低くても，処理時間が短いならば，より価値のある餌になる場合もある。

クレブスはこの4つの要素だけを基にした簡単な数理モデルを作った。そして，より価値のある餌と，それより劣る餌の2つがある場合の，捕食者の効率的な採餌法を予測した。結論は，より価値のある餌が豊富にあるときにはより価値のある餌だけを専食し，より価値のある餌が減ってきたときには，劣る餌も混食すべきであることを示した。専食か混食かを決める要素は，より価値のある餌の発見確率だけで，価値の劣る餌の発見確率は何ら考慮の対象にはならなかった。そして，専食から混食への切替えは突然に起こった。

餌選択モデルの検証

数理モデルとは仮説の提唱である。クレブスと彼の共同研究者たちは，このモデルを検証した実験を行っている。実験はかごに入れたシジュウカラ Parus major を用いて行った。シジュウカラの前にベルトコンベアーに載って餌が運ばれる。餌はシジュウカラの前を 0.5 秒間で通過する。その際に，シジュウカラには他の餌が見えないように工夫してある。もし餌をついばめば，食べ終わるまで他の通過する餌は食べられない。餌は透明なストローの中に入れられたミールワームで，大きさは2種に分けられており，一方を他方の半分の大きさにしてある。ミールワームはゴミムシダマシ科 Tenebrionidae に属する甲虫の幼虫の総称で，細長いウジムシのような形をしている。シジュウカラは嘴で透明なストローを引き裂き，内部のミールワームを引き出して食べることができる。実験は，ベルトコンベアーに載せた2種の餌に出会う確率を正確に制御して行われた。

この実験で，餌選択モデルの各項目に相当するのは，
(1) 餌に出会う確率： 小さな餌に出会う確率を一定にして，大きな餌に出会う確率を変化させた。

(2) カロリー量： 大きな餌は2倍のカロリー量がある。
(3) 処理時間： シジュウカラがストローをくわえ，引き裂き，内部のミールワームを引き出して食べ終わるまでの時間である。この実験では2種の餌に対する処理時間に違いはない。
(4) 餌の価値： 餌のカロリー量を処理時間で割ったもので，大きな餌が2倍の価値がある。

実験の結果は図10-1に示した。図の横軸は，小さな餌と大きな餌を混食するよりも，小さな餌を無視して大きな餌を専食するときに得られる余分の餌量を1秒当たりに得られる大きな餌の量に換算し直して表してある。したがって，数理モデル（Box 10-1）の示す予測値の混食と専食の切り替え点の0値は，混食をしても専食をしても単位時間当たりに得られる餌量は変わらないことを示している。この切り替え点での大きな餌に出会う確率に比べ，大きな餌に出会う確率が減少すると，大きな餌を専食することで単位時間当たりに得られる餌量は減少する。逆に，大きな餌に出会う確率が増加すると，大きな餌を専

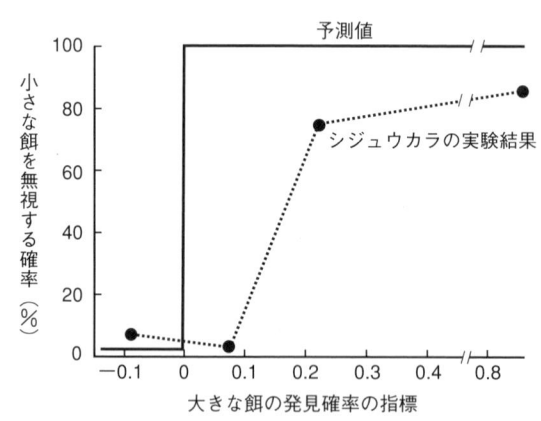

図10-1 餌選択モデルの検証実験。横軸は大きな餌を専食した場合に，小さな餌も混食した場合よりも余分に得られる餌量を，1秒間に得られる大きな餌に換算して表してある。専食しても混食しても得られる餌量が等しいときの値が0で，その場合よりも大きな餌に出会う確率が増えれば余分な餌量はプラスになり，大きな餌に出会う確率が減れば余分な餌量はマイナスになる。数理モデル（Box 10-1）は，大きな餌に出会う確率が高いときには大きな餌を専食し，出会う確率が低いときには小さな餌も混食すると予測した。実際のシジュウカラは，モデルほどの鮮やかな切り替えを示さなかったが，よく似た傾向を示している。（Krebs et al. 1977より）

食することで単位時間当たりに得られる餌量は増加する。

　シジュウカラの採餌様式は，大きな餌に出会う確率が小さいと大きな餌と小さな餌を混食するが，大きな餌に出会う確率が増加すると大きな餌を専食することを示している。その大きな餌を専食するか，小さな餌も混食するかの判断は，数理モデルの予測ほどには鮮やかではないが，ほぼ一瞬に切り替わった。そして，小さな餌に出会う確率は，その判断に全く関係なかった。

　チョウに対する鳥の捕食様式も，この実験の結果と同じだと推測できる。より価値のある餌が十分にあるなら，それより劣る餌は捕食の対象にならないだろう。より価値のある餌とは処理時間当たりに得られるカロリー量の多い餌である。大きなメスのチョウは胸部が太いだけでなく，大きな胴部ももっており，そのなかには卵が詰まっているカロリー量の多い餌である。したがって，鳥が大きなメスのチョウを容易に捕らえることができるなら，そのようなチョウは，オスや小さなメスのチョウよりも，より価値のある餌になる。飲み屋でも，オスのシシャモよりは，卵の詰まっているメスの子持ちシシャモの値がはるかに高い。子持ちシシャモのほうがうまく，客は子持ちシシャモを専食したがるからである。つまり，食べ物としての価値は，子持ちシシャモのほうが上で，オスのシシャモの量のいかんにかかわらず，客は子持ちシシャモを優先的に選択する。

　以上のことより，鳥が捕食の際に選ぶより価値のある餌のチョウとは，大きなメスが最善で，それよりはやや小さなメスが次善で，そのような価値のあるチョウがいるときに，価値の劣るオスは見向きもされない。価値のあるメスがなかなか捕れなくなったときにのみ，オスも捕食されるようになるのである。そのときに食べられるのは大きなオスだろう。

　捕食圧は一般にメスで高く，特に大きなメスで高かった。擬態は，そのような淘汰圧がかかって初めて進化する。メスだけが擬態する種が大きな種から比較的小さな種まで存在していたことと，両性が擬態する種が大きな種に偏っていたことは，捕食者の最適採餌戦略からも支持される。

Box 10-1　餌選択モデル

以上に述べたことを，クレブスの数理モデルを用いて，より厳密に説明する。ここでは，より価値のある餌をエサ1とし，それより劣る餌をエサ2とする。

(1) 発見確率：　捕食者が T_S 秒間の餌の探索活動をするとして，その間に2種の餌に出会う確率を1秒当たりそれぞれ λ_1 個，λ_2 個とする。
(2) 餌のカロリー量：　1個の餌から得られるカロリー量を E_1, E_2 とする。
(3) 処理時間：　餌に出会ってから食べ終わるまでの時間を処理時間という。その処理時間を h_1 秒，h_2 秒とする。
(4) 餌の価値：　餌の価値は，単位処理時間当たりのカロリー量で表現する。したがって，カロリー量を処理時間で割ったものである。それぞれの餌の価値は，E_1/h_1, E_2/h_2 となる。また，エサ1のほうがより価値ある餌とするので，$E_1/h_1 > E_2/h_2$ とする。

もし捕食者がどちらの餌も食べるとすれば，T_S 秒間の餌の探索時間で得られる総カロリー量 E は，次のようになる。

$$E = T_S(\lambda_1 E_1 + \lambda_2 E_2) \tag{10-1}$$

これだけの総カロリー量を得るために費やされる総時間 T 秒は，探索時間と処理時間の総和となり，次のようになる。

$$T = T_S + T_S(\lambda_1 h_1 + \lambda_2 h_2) \tag{10-2}$$

そのため，捕食者の餌採効率は，得られた総カロリー量 (E) を総時間 (T) で割って得られるので，次のようになる。

$$\frac{E}{T} = \frac{T_S(\lambda_1 E_1 + \lambda_2 E_2)}{T_S + T_S(\lambda_1 h_1 + \lambda_2 h_2)} = \frac{\lambda_1 E_1 + \lambda_2 E_2}{1 + \lambda_1 h_1 + \lambda_2 h_2} \tag{10-3}$$

もし捕食者がより価値のあるエサ1だけを専食し，それより劣るエサ2を無視するならば，採餌効率は，式(10-3)より次のようになる。

$$\frac{E}{T} = \frac{\lambda_1 E_1}{1 + \lambda_1 h_1} \tag{10-4}$$

以下の式で示したい重要な点は，不等号の向きと，式から λ_2 が消えていることである。もし，より価値のあるエサ1だけを専食して，価値の劣るエサ2を無視したほうが，単位時間当たりの採餌効率が良いならば，採餌効率 E/T を最大にするためには，次の条件のときに，より価値のあるエサ1だけを専食すべきとなる。

$$\frac{\lambda_1 E_1}{1 + \lambda_1 h_1} > \frac{\lambda_1 E_1 + \lambda_2 E_2}{1 + \lambda_1 h_1 + \lambda_2 h_2} \tag{10-5}$$

この式を整理すると次のようになる。

$$\frac{1}{\lambda_1} < \frac{E_1}{E_2} h_2 - h_1 \tag{10-6}$$

Box 10-1　餌選択モデル

　$1/\lambda_1$ はより価値のあるエサ 1 を 1 個探し出すために必要とされる時間の期待値である。この期待値が，不等式の示すように，あるレベル（不等式の右辺の値）よりも短時間であるならば，捕食者はより価値のあるエサ 1 だけを専食する。
　しかし，式 (10-6) の不等号が逆になり，

$$\frac{1}{\lambda_1} > \frac{E_1}{E_2} h_2 - h_1 \tag{10-7}$$

となると，より価値のあるエサ 1 とそれより劣るエサ 2 の両方を混食することが採餌効率を最大にすることになる。
　もし，不等号に代わり，両辺が等号で結ばれると

$$\frac{1}{\lambda_1} = \frac{E_1}{E_2} h_2 - h_1 \tag{10-8}$$

となり，より価値のあるエサ 1 だけを専食しようと，より価値のあるエサ 1 と価値の劣るエサ 2 を混食しようと，採餌効率は等しいことになる。
　いずれにしろ，これらの式［式 (10-6)，式 (10-7)，式 (10-8)］で重要なのは，不等号の向きと，式から，より劣るエサ 2 の発見確率の λ_2 が消えていることである。λ_2 が消えていることは，捕食者がより価値のあるエサ 1 を専食すべきか，より価値のあるエサ 1 と価値の劣るエサ 2 を混食すべきかの判断をする際に，価値の劣るエサ 2 に出会う確率は全く関係ないことを示している。そして，より価値のあるエサ 1 が十分にあるなら，捕食者はより価値のあるエサ 1 だけを専食するようになる。
　このとき，より価値のあるエサ 1 はコストを払ってでも捕食を避けるために擬態することでベネフィットを得られるが，価値の劣るエサ 2 はコストを払うだけのベネフィットを期待できない
　採餌効率のみで餌選択が変わるというと，すぐには納得できない人がいるかもしれない。しかし，鳥が 1 日に必要とするカロリー量は決まっている。したがって，得られた総カロリー量 (E) を総時間 (T) で割って得られる採餌効率 E/T の比率が出てくる。これより大きいか小さいかが鳥にとっては死活問題になる。このことより，より採餌効率を上げるように鳥が振る舞っていることは理解できるだろう。

擬態と餌選択モデル

　鳥は，より価値のある餌を狙って採餌活動を行っていた。そのような価値ある餌は胴部に卵の詰まったメスのチョウであり，大型のチョウだった。したがって，そのような捕食圧の高いチョウのなかに対抗適応として擬態が進化したチョウがいた。

　しかし，擬態はそんなに有効なのだろうか。擬態するのが，より価値のある餌ならば，効率的な採餌に生死がかかっている捕食者はもっと容易に擬態を見破ってもよいはずである。ここでは，擬態が捕食回避できるメカニズムを理論的に説明する。

　本書で扱っている擬態は，派手で目立つ警告色をもつベイツ型擬態だが，擬態には，警告色とは正反対の，目立たずに周囲の環境に溶け込むような隠蔽色の擬態もある。この2つの擬態は，全く異なるメカニズムで効果を発揮していると考えられているが，捕食を逃れる基本的メカニズムは一緒である。

　現象的に言えば，隠蔽色の擬態は，ひたすら周囲の環境に溶け込んで捕食者の目から姿を隠すことで捕食を回避している。それに対して，警告色をもつベイツ型擬態は，第5章で詳述したように，派手で目立つ体色をしている味の悪い種に擬態している。味の悪い種の派手で目立つ色は，自らの味の悪さを捕食者に強烈にアピールするために進化した警告色である。捕食者は本来の味の悪い警告色をもつ種を食べると，その味の悪さを記憶して，そのような個体を繰り返して襲撃することを回避する。しかし，記憶とは薄れるものであり，時間がたてば再び襲撃を繰り返す。その際に，派手で目立つ色彩は，襲撃者の記憶を喚起し，学習効果の持続を高め，回避時間を長くする。そのような警告色をもつ種に擬態して捕食を回避しているのがベイツ型擬態種である。

　したがって，隠蔽色の擬態は食べられないモデルに擬態し，警告色の擬態はまずいモデルに擬態している。つまり，擬態個体は潜在的には価値ある餌である。そして，捕食者がそのような擬態個体を探す場合には，常に，本物の餌なのか，餌にはならないモデルなのか判断しなければならなくなる。

　ここで，餌の価値というものを思い出してほしい。餌の価値は，餌のカロリー量を処理時間で割った，単位時間当たりのカロリー量で評価される。単位

時間当たりのカロリー量が多い餌が，捕食者にとって，より価値のある餌となる。ならば，カロリー量が同じでも，処理時間が長くなれば餌の価値は落ちることになる。そして，周囲に存在する他の餌よりも価値の劣る餌になれば，鳥の捕食を免れることができるようになる。

この擬態型に対する処理時間を長くするうえで，モデルの存在が重要になる。鳥が擬態型なのかモデルなのかを識別するために必要な時間を認知時間としよう。その認知時間が2～3秒だとしても，擬態種の周りにそのようなモデルが多いならば，実際の価値ある餌を探し当てるまでに何度かモデルに目がいき，そのつど2～3秒の認知時間が必要となる。つまるところ，擬態種を餌として捕らえるためには，擬態種に対する処理時間に，それらの認知時間が加算されることになる。したがって，擬態種の餌としての価値は，カロリー量を処理時間と識別のいちいちにかかった認知時間の和で割ったものになる。その結果，擬態種の餌としての価値は激減し，捕食を回避できるのである。

このとき，樹皮や小枝や葉に似た隠蔽色の擬態は，周囲に無数のモデルがいるので，個々に対する認知時間がほんの2～3秒とわずかでも，本物の餌にいきつくまでにかける認知時間の総和は膨大なものとなる。一方，警告色の擬態は，モデルの数が限られているので，捕食者が擬態種にいきつくまでの認知時間はそれほど加算されない。しかし，捕食者が隠蔽色のモデルにいき当たっても，単に食べられないことを認知するだけだが，警告色のモデルを試食すると，鳥はその味の悪さを記憶して，記憶が薄れるまで，擬態種もモデルも避けるようになる。したがって，そのような回避時間が処理時間に加算されて，カロリー量を，処理時間や認知時間や回避時間を加算したもので割ったことと同じことになり，擬態種は価値の劣る餌となる。

認知モデルの検証

オックスフォード大学のヨナサン・エリックセン（Jonathan T. Erichsen）たちは，1980年に上記の認知モデルの核心の検証実験を行って，*Journal of Animal Ecology* に発表している。彼らは，餌選択モデルを検証したのと同じ，シジュウカラとベルトコンベアーの実験装置を用いて検証した。ただし，今度は，3種類の餌を用いている。

より価値のある餌 (a)： 不透明なストローの中に普通の大きさのミールワームを入れておく。

価値の劣る餌 (b)： 容易に見極めて取り出せる透明なストローの中に，2分の1の大きさのミールワームを入れておく。

食べられない餌 (c)： 不透明なストローの中に毛糸を入れておく。

これらの餌の条件は，ストローの大きさは同じで，3つの餌の処理時間は同じである。とりもなおさず，食べられない餌 (c) の認知時間も処理時間と同じである。(a) はより価値のある餌だが，(c) の食べられない餌とは外形からは区別できない，という設定である。一方，(b) は餌だと容易にわかるが価値の劣る餌である。

この3種の餌の比率を実験Aと実験Bの異なる2通りを設定して実験を行っている。実験Aではa:b:cの比率を8:5:2とし，実験Bでは2:5:8とした。この実験の味噌は，餌だと容易にわかるが価値の劣る餌 (b) の発見確率を一定にして，2つの実験で，より価値のある餌 (a) とより価値のある餌とは外形が酷似しているが食べられない餌 (c) の発見確率を変えていることだ。

結果は，実験Aの，より価値のある餌 (a) の比率が，外形が酷似しているが食べられない餌 (c) の4倍と高いならば，より価値のある餌を選ぶ割合は76%

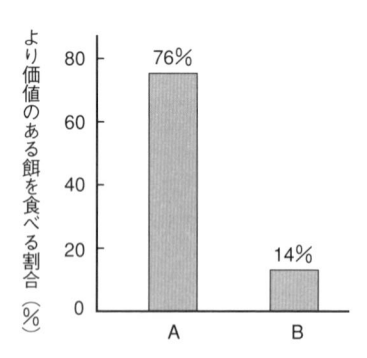

図10-2 認知モデルの検証実験。より価値のある餌（擬態種）と，価値の劣る餌と，より価値のある餌と区別が紛らわしい食べられない物（モデル）の3つがある。実験Aでは，擬態種がモデルの4倍あるときには，シジュウカラは擬態種を選ぶことを示している。実験Bでは，擬態種がモデルの4分の1しかないときには，シジュウカラは価値の劣る餌だが明らかに食べられる餌を選ぶことを示している。(Erichsen et al. 1980 より)

と高かった。しかし，実験Bの，より価値のある餌 (a) の比率が，外形が酷似しているが食べられない餌 (c) の4分の1と低くなると，より価値のある餌を選ぶ割合は14％と急落した（図10-2）。擬態の効果が発揮されたのである。

　この実験で重要なのは，シジュウカラが不透明のストローを引きちぎって内部の餌がより価値のある餌 (a) であるか，より価値のある餌とは外形が酷似しているが食べられない餌 (c) かを判別するためにかかった処理時間がほんの3〜4秒だということである。つまり，食べられない餌 (c) の「認知時間」が3〜4秒ということである。しかし，より価値のある餌 (a) の比率が減ると，シジュウカラはそのわずか3〜4秒の時間を厭うて，より価値のある餌 (a) を無視して，餌だと容易にわかるが価値の劣る餌 (b) に探索の標的を絞った。

　つまり，この実験は，上に示した認知モデルの予測を検証した実験となっている。

Box 10-2　認知モデル

　以上に述べた擬態種が捕食を回避できるメカニズムについて，数理モデルを用いて厳密に説明する。この数理モデルは，餌選択モデルと構造は一緒だが，より価値のあるエサ1と価値の劣るエサ2に加えて，エサ1と外見が酷似しているが食べられないエサtがあることだ。やはり，クレブスによって1987年に提示された。しかし，本章では，クレブスが示した数理モデルの式の形を少し変えてある。ここでは便宜上，認知モデルと呼ぶ。

　この認知モデルは，より価値のあるエサ1が，条件次第では鳥に無視され，鳥は価値の劣るエサ2を専食するようになることを示している。この設定は，すでに説明した最適採餌戦略とは矛盾しており，あり得ない設定のようにみえる。しかし，エサ1と外見が酷似しているが食べられないエサtを加えることで，エサ1とエサtの比率において，より価値のあるエサ1の比率が低下すると，捕食者はより価値のあるエサ1を無視して，価値の劣るエサ2を専食する。このことを，数理的に示すのが，この項の目的である。

　この認知モデルの基本的な設定条件は，より価値のある餌をエサ1，価値の劣る餌をエサ2，エサ1と外見上は酷似しているが食べられない餌をエサtとする。

(1) 発見確率：　捕食者がT_S秒間の餌の探索活動をするとして，その間に3種の餌に出会う確率を1秒当たりそれぞれλ_1個，λ_2個，λ_t個とする。

(2) 餌のカロリー量： 1個の餌から得られるカロリー量を，それぞれ E_1，E_2，E_t とする。このとき，食べられない餌は $E_t = 0$ になる。

(3) 処理時間： 餌1個を見つけてから食べ終わるまでの時間が処理時間である。それぞれの餌にかかる処理時間を，h_1 秒，h_2 秒，h_t 秒とする。このとき，h_1 と h_2 は，鳥が餌をついばんで食べ終わるまでの時間である。しかし，h_t は，鳥がついばんで，食べられないことを認知して，捨てるまでの時間である。したがって，処理時間というよりは，食べられないと判断するまでの「認知時間」になる。

(4) 餌の価値： それぞれの餌の価値は，カロリー量を処理時間で割ったもので，E_1/h_1，E_2/h_2，E_t/h_t となる。このとき，$E_t = 0$ なので，$E_t/h_t = 0$ となる。また，$E_1/h_1 > E_2/h_2$ とする。つまり，単位処理時間当たりのカロリー量はエサ1のほうがエサ2よりも優れているとする。

この条件で，もし捕食者がより価値のあるエサ1と価値の劣るエサ2の両方を混食するならば，エサ1と外見では区別できないが食べられないエサtもついばまれ，結局，吐き出されることになる。そのときの，T_S 秒間の探索時間で得られる総カロリー量 E は，次のようになる。

$$E = T_S(\lambda_1 E_1 + \lambda_2 E_2) \tag{10-9}$$

これだけの総カロリー量を得るために費やされる総時間 T 秒は，探索時間と処理時間の総和となり，次のようになる。

$$T = T_S + T_S(\lambda_1 h_1 + \lambda_2 h_2 + \lambda_t h_t) \tag{10-10}$$

そのため，捕食者の採餌効率は，得られた総カロリー量 (E) を総時間 (T) で割って得られる。式は次のようになる。

$$\frac{E}{T} = \frac{\lambda_1 E_1 + \lambda_2 E_2}{1 + \lambda_1 h_1 + \lambda_2 h_2 + \lambda_t h_t} \tag{10-11}$$

捕食者がより価値のあるエサ1だけを専食し，価値の劣るエサ2を無視するならば，エサ1と外見が酷似している食べられないエサtもついばなければならないので，採餌効率は次のようになる。

$$\frac{E}{T} = \frac{\lambda_1 E_1}{1 + \lambda_1 h_1 + \lambda_t h_t} \tag{10-12}$$

捕食者がより価値のあるエサ1と，エサ1と外見が酷似している食べられないエサtを全く無視して，餌だと確実にわかる価値の劣るエサ2だけを食べるなら，採餌効率は次のようになる。

$$\frac{E}{T} = \frac{\lambda_2 E_2}{1 + \lambda_2 h_2} \tag{10-13}$$

この認知モデルで説明したいのは，捕食者がより価値のあるエサ1を無視して，価値の劣るエサ2を専食する条件である。最適採餌戦略の結論より，その

Box 10-2 認知モデル

状態に至るまでには，3つの段階があることが容易に推測されるだろう．
　第一段階：　より価値のある餌のエサ1が豊富にあり，エサ1に外見上では酷似しているが食べられない餌であるエサtが非常に少ないなら，捕食者はエサ1を専食する．
　第二段階：　エサ1の比率が減り，エサtの比率が増えると，捕食者はより価値のある餌のエサ1と価値の劣る餌のエサ2の混食を始める．
　第三段階：　さらにエサ1の比率が減り，エサtの比率が増えると，捕食者はより価値のある餌のエサ1を無視して，価値の劣るエサ2の専食を始める．
　この第三段階が，理論的にありうるのかないのか，もしありうるならば，どのような条件でありうるのかを以下で検討する．
　認知モデルは，次の条件のときに，捕食者は餌の採餌効率 E/T を最大にするために，より価値のあるエサ1と，エサ1に外見が酷似しているが食べられないエサtを無視すべきとしている．そして，価値の劣るエサ2を専食すべきということになる．つまり，式 (10-13) と式 (10-11) より

$$\frac{\lambda_2 E_2}{1 + \lambda_2 h_2} > \frac{\lambda_1 E_1 + \lambda_2 E_2}{1 + \lambda_1 h_1 + \lambda_2 h_2 + \lambda_t h_t} \tag{10-14}$$

この式を整理すると，次のようになる．

$$h_t > \frac{\lambda_1}{\lambda_t}\left[\frac{E_1}{E_2}\left(\frac{1}{\lambda_2} + h_2\right) - h_1\right] \tag{10-15}$$

この式をよく見ていただきたい．左辺の h_t は，エサ1と外見が酷似しているが食べられないエサtの認知時間である．つまり，捕食者にとって，エサtが食べられるか食べられないかを判別するための認知時間である．その認知時間よりも右辺の値が小さくなると，捕食者は，エサtに外見上は酷似しているより価値のあるエサ1を無視して，価値の劣るエサ2を専食するようになる．しかし，右辺の値が認知時間よりも大きいなら，より価値のあるエサ1と価値の劣るエサ2を混食する．
　つまり，この式 (10-15) より，捕食者が価値の劣るエサ2を専食することに影響を与える要素は4つある．
　(1) より価値のあるエサ1に酷似しているが食べられないエサtの発見確率 (λ_t) と比較して，より価値のあるエサ1の発見確率 (λ_1) が小さくなる．
　(2) 餌の価値が，より価値のあるエサ1 (E_1) と価値の劣るエサ2 (E_2) で差が小さくなる．
　(3) より劣るエサ2の発見確率 (λ_2) が大きくなる．
　(4) より価値のあるエサ1の処理時間 (h_1) が長く，価値の劣るエサ2の処理時間 (h_2) が短くなる．
　この式をもっと深く理解してもらうために，具体的な数値を代入してみたい．

エサ1のカロリー量 (E_1) をエサ2のカロリー量 (E_2) の2倍とする。すると，$E_1/E_2 = 2$ となる。

処理時間を，h_1（エサ1）= 5秒，h_2（エサ2）= 4秒，h_t（エサt）= 3秒とする。エサtの処理時間とは認知時間のことである。つまり，より価値のあるエサ1と酷似しているが食べられないエサtを発見してからエサtが食べられない餌だと認知するのにわずか3秒しかかからない，と設定するのだ。

次にエサ2の発見確率を，1秒間に0.05個（$\lambda_2 = 0.05$）とする。すなわち，エサ2に出会うのは，20秒に1回（$1/\lambda_2 = 20$）とする。

以上の条件を式(10-15)の右辺に代入すると，

$$h_t > \frac{\lambda_1}{\lambda_t}\left[\frac{E_1}{E_2}\left(\frac{1}{\lambda_2} + h_2\right) - h_1\right] = 43\frac{\lambda_1}{\lambda_t}$$

つまり，次のようになる。

$$h_t > 43\frac{\lambda_1}{\lambda_t} \tag{10-16}$$

この式(10-16)の示すことは，捕食者がより価値のあるエサ1を無視するか，無視しないで探索の対象とするかは，より価値のあるエサ1と，エサ1に酷似した食べられないエサtとの比率（λ_1/λ_t）によって決まるということだ。たとえば，この条件で，より価値のあるエサ1の発見確率（λ_1）と，エサ1に酷似しているが食べられないエサtの発見確率（λ_t）を変えて，両者の比率（λ_1/λ_t）の変化の影響を調べるために，以下の3つのケースを考えてみる。

ケースⅠ： $\lambda_1 = 0.02$（50秒に1回），$\lambda_t = 0.08$（12.5秒に1回）とすると，$\lambda_1/\lambda_t = 0.25$ となり，右辺は10.75秒となる。つまり，認知時間（h_t）の3秒よりはるかに大きな値となり，この式を満たさない。結局，捕食者はより価値のあるエサ1と価値の劣るエサ2の両方を混食する。

ケースⅡ： $\lambda_1 = 0.01$（100秒に1回），$\lambda_t = 0.09$（11.1秒に1回）とすると，$\lambda_1/\lambda_t = 0.11$ となり，右辺は4.78秒となる。この場合も認知時間（h_t）の3秒よりはわずかに大きくなり，この式を満たさない。結局，捕食者はこの場合も，より価値のあるエサ1と価値の劣るエサ2の両方を混食する。

ケースⅢ： $\lambda_1 = 0.008$（125秒に1回），$\lambda_t = 0.12$（8.3秒に1回）とすると，$\lambda_1/\lambda_t = 0.067$ となり，右辺は2.87秒となる。この場合は認知時間（h_t）の3秒よりも短くなり，この式を満たす。したがって，捕食者は価値の劣るエサ2だけを専食するようになる。

ケースⅠのように，より価値のあるエサ1とエサ1に酷似した食べられないエサtの発見確率の比率（λ_1/λ_t）で，エサ1の発見確率がケースⅢに比べて高いときには，食べられない餌の認知時間がたとえ10.75秒もかかるにしても，捕食者はより価値のあるエサ1も採餌のターゲットとして探索する。しかし，ケース

> Ⅲのように，より価値のあるエサ1の発見確率が，エサ1に酷似した食べられないエサtに比べてかなり小さくなると，捕食者は3秒の認知時間にも耐えられずに，より価値のあるエサ1を無視するようになる。つまり，無駄に終わるかもしれない試行が増えると，それがわずか3秒だとしても，その試行自体を避けるようになるのだ。
>
> 　言葉を変えれば，より価値のあるエサ1を捕食するためには，処理時間だけでなく，酷似した食べられない餌に対する認知時間も加算されるようになる。したがって，より価値のあるエサ1の実際の価値は，エサ1のカロリー量を処理時間と認知時間の和で割る必要がある。したがって，より価値のあるエサ1の発見確率よりも酷似した食べられないエサtの発見確率が増えれば，それだけ認知時間は加算され，より価値のあるエサ1の実際の価値は減少し，捕食者から無視されるようになる。

探索像

　効率良い採餌のためには，採餌を行う生物に，探索像 (searching image) というものが形成される。探索像は鳥でも形成されるが，それよりもはるかに能力の劣ると思われるチョウでも，効率良い採餌のために，探索像が形成される。第5章で紹介したように，京都大学大学院時代の香取郁夫 (1998) によると，羽化して間もないモンシロチョウは，花にとまっても蜜のあり場所がわからずに試行錯誤を繰り返して蜜のあり場所を覚えていく。ものごとに慣れるためには繰り返される学習と，その結果の記憶の定着が重要なことは，モンシロチョウも他の生物と同様である。その際に，モンシロチョウは採餌の対象に対して探索像を形成し，効率良い採餌活動ができるようになる。

　一方，花は，花粉を媒介してくれる昆虫を誘引し，同じ種の花を続けて訪れさせるために，昆虫の探索像を容易に形成するように進化した。たとえば，ヒメジョオン *Erigeron annuus* という植物は，小さな白い花をたくさんつける。白い部分は花を縁取る花弁で，中央にはたくさんの管状花がある。蜜はこの管状花の管の中に分泌される。ヒメジョオンの蕾が花として開けば，花弁は開いたときから花が枯れるまで白いままである。しかし，管状花は，この間に，緑，黄，褐色と変化する。そして，黄色のときにのみ蜜を分泌する (図10-3)。

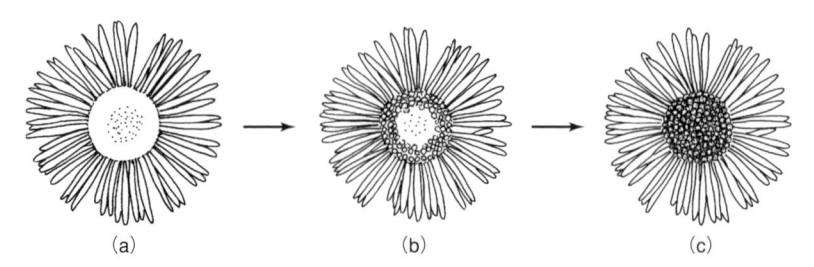

図 10-3 ヒメジョオンの蜜標の変化。花の外縁は常に白い花弁が縁取っている。中央の管状花は，蜜を分泌する前は緑色 (a)，分泌を始めると黄色 (b)，分泌を終えると茶褐色 (c) に変わり，蜜標の役割を果たしている。

　ヒメジョオンに対して探索像を形成したモンシロチョウは，離れた場所から，まず全体像としての白い花を目標にヒメジョオンに近づく。花に接近すると，個々の花の黄色い管状花が探索の目印となる。このときに，管状花が蜜を分泌する以前にも黄色であったり，蜜の分泌を終えた後にも黄色のままだと，チョウは効率良く蜜の分泌をする花を認識できずに，より効率良く利用できる花を訪れるようになるだろう。しかし，蜜を分泌するのは管状花が黄色いときだけである。したがって，モンシロチョウは繰り返してヒメジョオンを訪問する。

　花にとって重要な花粉媒介昆虫はモンシロチョウよりもミツバチやマルハナバチやハナアブである。花には，このような花粉媒介昆虫が同じ種の花に繰り返して訪花して花粉を受粉させるために，花粉媒介昆虫の探索像を容易に形成させる蜜標のような特徴が進化した。蜜標は，第5章で紹介したように，昆虫が学習し記憶しやすいような独特の模様とあでやかな色彩をもっている（109ページ，図5-1参照）。

　一方，チョウが訪れて産卵し，孵化した幼虫が食害するような植物の葉は，花とは異なる進化を遂げた。チョウが産卵植物の葉を探し出す決め手は，葉の化学成分である。植物の葉は昆虫の食害から逃れるためにさまざまな毒性成分を発達させた。そのため，その毒性成分に対処できない昆虫はその植物の葉を利用できなくなった。しかし，解毒法などの対処法を獲得した昆虫は，逆に，そのような毒性成分を利用できる植物の葉の探索のカギとして使用している。

その際の探索手段は，チョウの場合は前脚の裏についている味覚器官である。チョウは緑の植物を見つけると，近づき，葉にとまって脚の裏の味覚器官で植物をチェックして，自らの産卵植物の葉かどうかを確認する。

たとえば，モンシロチョウは，キャベツやダイコンのようなアブラナ科 Brassicaceae の植物の葉を産卵植物としている。アブラナ科の植物の葉の特徴は，カラシ油配糖体という毒性成分を含有していることである。このカラシ油配糖体があるので，アブラナ科植物は多くの昆虫を排除している。しかし，モンシロチョウの幼虫はカラシ油配糖体に対処する術を獲得しており，逆に，カラシ油配糖体を自らの産卵植物の葉の探索のカギとして利用している。

だからといって，いちいちすべての植物の葉にとまって前脚の裏で化学成分を確認し，自らの産卵植物の葉を探し出す方法は迂遠であり，効率的ではない。チョウは次第に味覚と植物の葉の色や形の関係を学習し，記憶し，最後は視覚にたよって遠方から植物の葉を判断し，本来の産卵植物の葉を認知し，効率良く探し出す。やはり探索像を形成するのだ。それに対して，植物は葉の形を多型化し，チョウの探索像を攪乱する。

花粉媒介昆虫に繰り返して自種の花を訪れて花粉を媒介してもらいたい場合には，植物は昆虫の探索像を促進するように進化したが，葉を食害するような敵対行為をする昆虫に対しては，その探索像を攪乱するように進化したのだ。

擬態と探索像

探索像という考え方を最初に提案したのは，コストとベネフィットの考え方を行動学に持ち込み，第7章で紹介したように，チョウの翅の模様のもつ意味を初めて解析したティンバーゲンである。彼は1960年にオランダの松林で鳥の採餌行動を調べ，鳥がある日突然にある昆虫を食べ始めるのを見て，鳥がその昆虫の探索像を獲得した結果であると考え，探索像という考え方を提案した。彼のこの研究自体は，異なる解釈が可能である。たとえば，最適採餌戦略に沿って考えれば，今まで相対的には価値の劣る餌だった種が，より価値のある餌が減った結果，採餌の対照として浮上したのかもしれない。しかし，その結果，鳥はやはりこの新たな餌に対し探索像を獲得し，効率良い採餌活動を開始したのは間違いないだろう。

チョウが産卵植物の葉に対する探索像を獲得し，視覚にたよって産卵植物を探索する一方で，植物がその葉の形を多型化して，チョウの探索像を撹乱していることを初めて明らかにしたのは，第7章で紹介したマーク・ラウシャーである．彼がニューヨーク州にあるコーネル大学の大学院生の時代に，テキサス州に滞在して，アオジャコウアゲハとその幼虫のウマノスズクサ科 Aristolochiaceae の植物で，チョウの探索像と植物の葉の多型化の研究を行った．成果は1978年にアメリカの科学誌 Science に掲載された．

　このように，生物間の相互作用で，食う者と食われる者の間に展開される適応（adaptation）と対抗適応（counter-adaptation）の応酬は共進化（coevolution）と呼ばれている．食う者は餌をいかに効率的に探し出し利用するかという適応という名の探索像が進化した．対する食われる者は，その探索像を撹乱し，いかに利用されずに済むかという対抗適応が進化した．

　擬態は，この捕食者の探索像を撹乱するために進化した食われる者の対抗適応である．その実態は，目立たない隠蔽色の擬態も，目立つ派手な警告色をもつベイツ型擬態も，擬態の対象となる酷似した食べられない餌に似ることによって，捕食者が擬態種に酷似した食べられない餌を識別するために割くたった3～4秒の認知時間をも厭うようになるためである．警告色をもつベイツ型擬態種の場合は，まずい味の警告色をもつ種に擬態することにより，さらに捕食者の採餌の回避効果も加えて，擬態種が高い比率で存在しても，捕食者が認知行動を厭う効果を増幅している．

　最適採餌戦略は，鳥はより価値のある餌が豊富にあるなら，価値の劣る餌を無視してより価値のある餌を専食することを示した．したがって，もともとはより価値のある餌に捕食圧という自然淘汰がより強く作用し，それらの餌に擬態が進化した．そのようなより価値のある餌は，メスのチョウであり，特に大型のチョウである．

　餌として，より価値のある大型のチョウは，高い空間を俊敏に飛び回っている．そのような捕らえ難いチョウを，鳥はいかにして容易に捕らえ，処理時間を短くしているのだろうか．この謎は次章のチョウの体温調節機構を説明することにより明らかにする．

11章
チョウは寝込みを襲われる

チョウの体温調節機構

　大きなメスのチョウが，捕食者にとって，より価値のある餌であり，そのような餌が手に入るなら，鳥はオスのチョウには目もくれず，大きなメスのチョウを専食している可能性が高い。しかし，大きな種は高い空間を敏捷に飛び回っており，私のデータにも捕獲することの難しさは反映されていた。私は，今までに，鳥が飛翔中のチョウを襲ったのを四度見たことがある。日本で一度，熱帯で三度である。そのいずれもが失敗に終わっている。本当に鳥は，俊敏に飛び回る大型のチョウのメスを選択的に捕食しているのだろうか。

　この問題を説明するデータは，1982年に私がボルネオで収集していたデータのなかにあった。当時，私は京都大学理学部の日高敏隆教授の海外学術調査チームの一員として，マレーシア領ボルネオ島に滞在していた。私の調査の目的は，チョウの体温調節機構（thermoregulation）を明らかにすることだった。

　チョウは変温動物（poikilothermal animal）である。周囲の熱環境によって体温は左右される。しかし，正常な日常活動をするためには，体温を種特有の適温に保つ必要がある。適温といっても，人間の体温の適温が36.6℃の前後にあるような，そのような厳密な体温ではない。たとえば，活動中のモンシロチョウを捕らえて体温を測ると，28〜32℃の範囲内にある。この体温は真夏の最高気温に近く，春先や秋にはありえない気温である。と書いてみたものの，最近はそうでもなく，この原稿を書いている時点で，日々の最高気温は

もっと高い温度である。ともかく，チョウは春先でも，この体温を太陽の光を直接浴びて獲得している。

　チョウが日光浴をしているのを見たことがないだろうか。太陽を背にして，翅を半開きにしている光景を。チョウの飛翔筋は胸部にある。チョウはこの胸部に光を当てて，体温を上げている。アメリカ・ワシントン大学のジョエル・キングソルバー（Joel G. Kingsolver）の 1985 年の研究によると，このときの半開きの翅はパラボラアンテナのように光を集め，反射板として作用し，翅が受け止める光を胸部の背面に集中しているという。種によっては，翅を閉じたまま胸部側面に光を浴びている例も知られている。

　翅自体が光を浴びても，翅は直接に体温を引き上げる働きはない。昔は翅の翅脈に体液が流れ，その体液が温められることによって体温を引き上げているのではないか，と考えられていた時代もあった。しかし，羽化時に翅脈に送り込まれた血液はすぐに凝固して，骨格のように硬くなる。ドイツのフリードリッヒ・アレクサンダー大学のルッツ・ワーゼンサール（Lutz T. Wassenthal）が 1975 年に発表した厳密な実験によると，翅は面積全体の 15％に当たる基部だけが物理的に熱を胸部に伝導するだけで，残りの 85％は全く体温に関係ないことが明らかになった。

　強い光のなかで，体温が適温の上限を超えたとき，チョウは葉の上などにとまり，翅を閉じて胸部背面に当たる光を遮って，体を冷やして体温を下げる。種によっては，葉陰に移動し，あるいは木陰に入り，光から逃れることもある。このようにして，体温を加温し，あるいは冷却して，チョウは体温を適温に保っている。

　チョウは典型的な昼行性の昆虫で，体温は太陽の光を利用して調節しているが，すべての昆虫が太陽の光を利用して体温を調節しているわけではない。スズメガのような夜行性の昆虫や，冷涼な早朝から飛び始めるマルハナバチは，翅を動かす飛翔筋を猛烈な速さで振わせることにより自家発熱を行って，体温を調節している。

体温調節機構との出会い

　私が昆虫の体温調節機構に最初に興味をもったのは，ある研究集会に参加

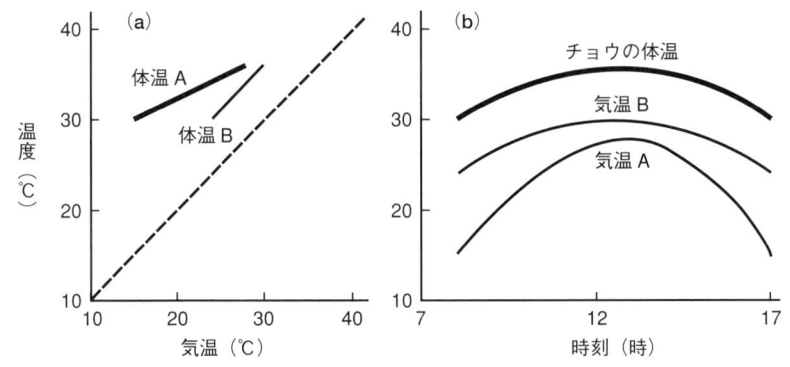

図 11-1　熱環境温度と体温。(a) 気温と体温の関係。変温動物の体温の変化は傾き1よりも穏やかである（体温 A）。もし変温動物の体温が外部の熱環境温度に支配されているなら，体温は気温に同調して傾き1の斜線と平行に変化するはずである（体温 B）。したがって，変温動物も体温を調節している，と考えられていた。(b) 体温が同じように変化しても，日中の寒暖の差が激しい地域の気温（気温 A）と寒暖の差が緩やかな地域の気温（気温 B）とでは，気温と体温の関係は異なった傾きになる。これを (a) の体温の変化を用いて説明すると，気温 A の場合は体温 A のように緩やかな傾きになり体温を調節しているように見えるが，気温 B の場合は体温 B のように平行な傾きで体温を調節していないように見える。

したときのことだった。そのとき，発表者の1人が話したトンボの体温調節機構の話にある疑問をもったからだ。その後，昆虫の体温調節機構を扱った幾つかの文献を読んでみたが，疑問は解けなかった。

　疑問とは，昆虫が体温を調節していることを示す表現法だった。当時，多くの文献は，気温と体温の関係をグラフで説明していた。図の縦軸に昆虫の体温を示し，横軸に気温を示して，原点を通る傾き1の直線が描いてあった。そして，気温の変化に伴う昆虫の体温の変化を示す直線を描き，その傾きが図11-1a の体温 A のように1より小さな緩やかな傾きであることを示して，昆虫は体温を調節しているとしていた。気温は地上 1.2 m の高さの大気の温度である。太陽の光を浴びて気温は上がり，太陽が雲にさえぎられると気温は下がる。したがって，昆虫が単なる変温動物なら，体温は太陽の光を浴びて上がり，光が遮られて下がるはずである。そのときの体温の変化は気温の変化に同調して，グラフ上で傾きが1になることが期待される。しかし，現実にはそうではなく，昆虫の体温は気温の変化に比べて緩やかな傾きである。それは昆虫が体温を調節しているからだ，というのが図の表現したい趣旨だった。私には，そ

の表現法が，昆虫が体温を調節しているのを示しているとは思えなかった。

たとえば，ある異なる地域で昆虫の体温が同じ変化を示したとする。しかし，異なる地域での気温の変化は異なっており（図 11-1b），一方は気温 A のように寒暖の差が激しく，もう一方は気温 B のように寒暖の差が穏やかだったとする。これを縦軸に体温，横軸に気温をとって表現をしたなら（図 11-1a），寒暖の差が激しい地域の昆虫の体温の変化は，体温 A のように気温の変化よりも緩やかになって体温は調節されていることになる。一方，寒暖の差が穏やかな地域の昆虫の体温の変化は，体温 B のように気温の変化に見かけ上は同調して，体温を調節していないことになる（図 11-1a）。

それに，昆虫の体温調節のメカニズムは，太陽の輻射熱をどう体温に利用しているかである。その輻射熱との関連を明らかにせずに，体温よりも低い気温との関係を説かれても，違和感があった。さらに文献を調べてみると，私と同じ疑問を抱いた人がいて，太陽輻射熱の熱量と昆虫の体温を比較した研究を見つけることができた。しかし，太陽輻射熱の熱量を持ちだされても，私には，体温との関係をどう考えてよいのかわからなかった。研究対象のチョウの標本を太陽輻射熱にさらし，その標本の体温と生きたチョウの体温を比較した研究もあった。標本の体温は時々刻々と変化するが，生きたチョウの体温は，それに比べれば穏やかな変化を示した。つまり，生きたチョウは体温を調節している，というわけである。

その研究に接し，私は複数の種の体温調節機構を同じ基準で比較できないかと考えた。そこで，同僚の友人だった気象学者に相談してみた。彼は人工衛星から彼の研究室のコンピューターに送り込まれるヒマラヤ山脈上空の気象データを処理しながら私の話を聞いてくれた。チョウが太陽の光を浴びたときに，黒い体色と白い体色が獲得できる温度は違うはずである。その違いの目安を表現するために，アルコール温度計の感温部に白い布を二重に巻きつけたものと，黒い布を二重に巻きつけたものを作り，それを直接に体温輻射熱にさらして計測してみることを，彼に勧められた。私はさっそくそのような温度計を作り，計測して得た温度を白色輻射温度と黒色輻射温度と便宜的に呼んだ。そして，計測した白色輻射温度と黒色輻射温度とを，チョウの体温と比較してみた。

ここに示すのは，大阪府能勢町の初谷で計測した，モンシロチョウ属のチョウの体温の変化と15分おきに計測した輻射温度である（図11-2）。初谷にはたくさんのモンシロチョウ属のチョウが飛んでおり，そのチョウを捕らえるたびに体温を測り，測った後のチョウはすぐに放した。図を見ればわかるように，チョウの体温は気温とは無関係である。しかし，輻射温度とは鮮やかな対応を示している。

白色輻射温度が28℃になると，チョウは行動を開始した。そのときの体温

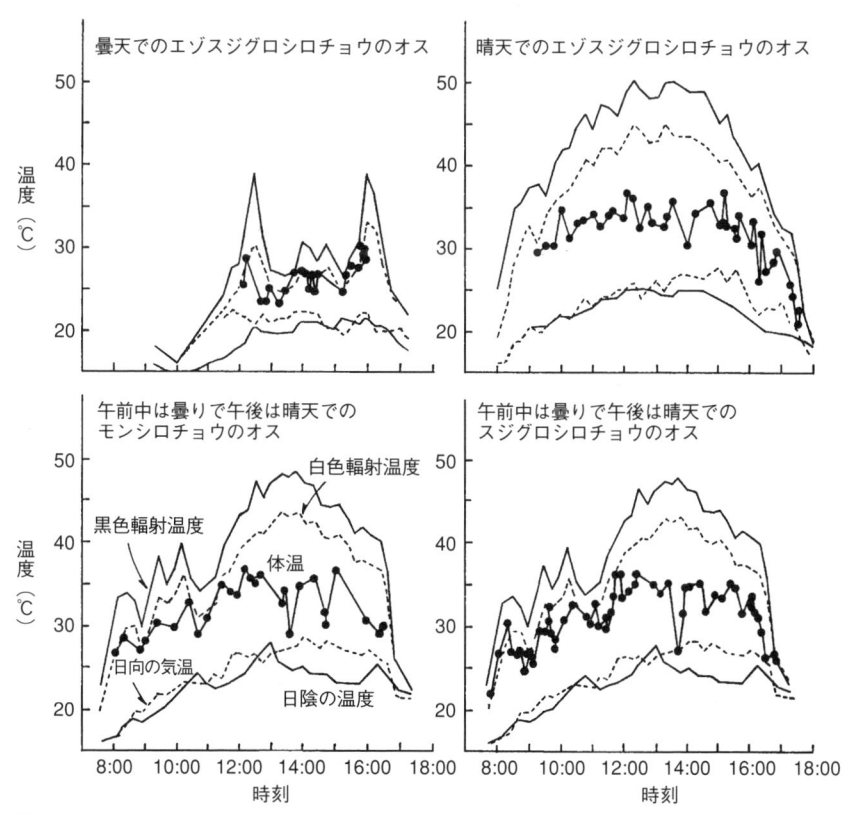

図11-2 熱環境温度と飛翔中のモンシロチョウ属のチョウの体温の関係。黒色輻射温度，白色輻射温度，日向の気温，日陰の気温などの熱環境温度は15分ごとに計測した。チョウの体温は黒丸で示してあり，すべての黒丸が時系列に沿って捕らえた異なる個体の体温を示してある。(Ohsaki 1986 より)

はほぼ28℃である。白色輻射温度が32℃未満のときには，輻射温度の変化に伴い，チョウの体温は同調するように変化する。しかし，輻射温度が32℃を超えて40〜50℃に達する温度域では，チョウの体温は輻射温度とは関係なく，ほぼ32℃に保たれていた。チョウはやはり，体温を調節していたのだ。

チョウの体温を白色輻射温度との関係で解析してみた（図11-3）。このデータはとまっているチョウも含んでいる。白色輻射温度が28℃以下だとチョウ

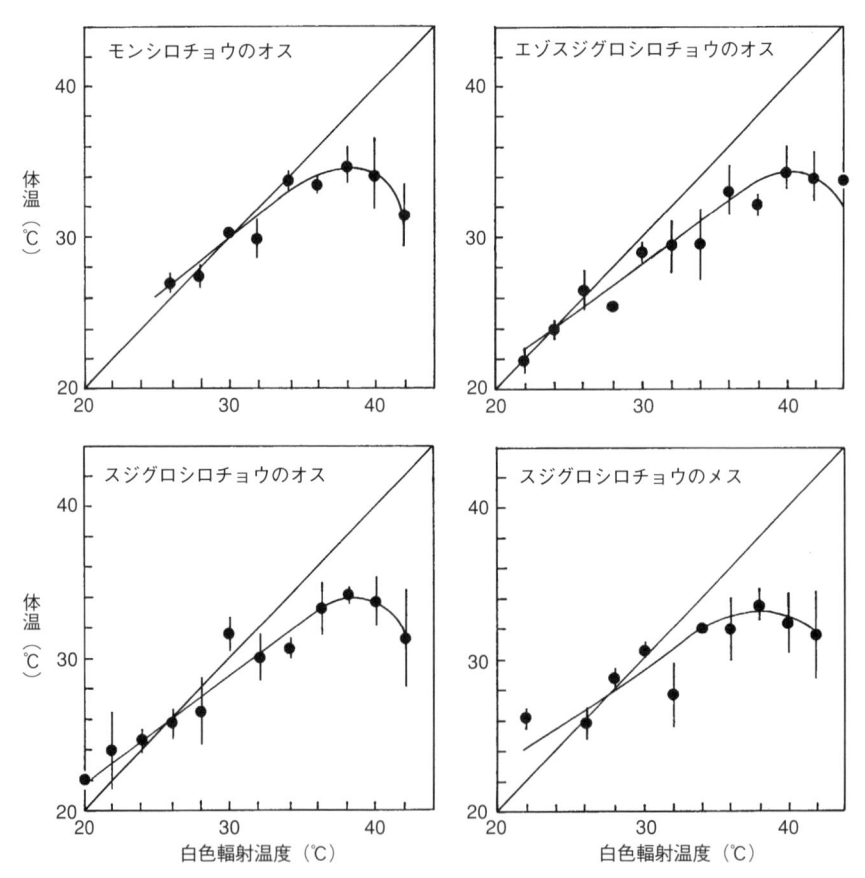

図11-3 白色輻射温度とモンシロチョウ属のチョウの体温の関係。飛翔中だけでなく，止まっているチョウの体温も含まれている。黒丸で示した体温は平均体温で，縦棒は標準偏差である。熱環境温度が高くなると，チョウは体温冷却行動を行っていることがわかる。(Ohsaki 1986より)

は飛ばない。しかし、日光浴をするので、体温は白色輻射温度の変化によく同調している。しかし、白色輻射温度が38℃を超すと、チョウの体温は逆に低下し始める。活動に不適な環境温度になり、モンシロチョウは葉にとまって体を翅で覆って太陽の光を遮断して体温の冷却に努めるからだ。スジグロシロチョウやエゾスジグロシロチョウは日陰に入ることにより、やはり体温の冷却化を図る。このようにしてチョウは体温を調節している。

チョウの体温は熱電対を用いて計測した。熱電対は細い銅線と細いコンスタンタンという銅とニッケルの合金の線の先端どうしを融着した一対の線で、これを細い金属パイプでシースしたものである。直径は0.6mmで、一見針金みたいな装置である。この先端をチョウの胸部の腹面から1〜2mm差し込んで、体温を計測した。チョウの体温は、置かれた環境で速やかに変化した。人間の手で胸部をつかめば、人間の指先の体温にも影響された。したがって、体温を測るときには捕虫網で捕らえたチョウの翅の先端をつかんで熱電対を差し込み、捕らえて7秒以内に体温を計測できた個体だけをデータ化した。体温を計測した後に放されたチョウは、即座に視界から消え、その後、数日にわたって繰り返し捕獲された。熱電対を差し込んだ影響はあまりなかったようだ。

そんなことを、本来の私のテーマだった昆虫の食性の進化研究の合間に遊び半分に行っていたころ、ある行動学者の著作のなかのある記述に注意を引かれた。「黒い装束をまとったクロアゲハは、夏の暑い日差しのなかを、ふうふうと言って飛んでいる」。クロアゲハは翅の先端まで真黒なチョウである。しかし、翅の先端から基部にかけての85％は体温調節には関係がない。したがって、見た目ほどには暑がっていないはずである。しかし、なんで真黒い翅をしているのかな、と考えた。体温調節機構と翅の色、あるいは、体色と利用している生息場所とを結び付ける一貫とした法則があるのではないか、と思った。それを明らかにするには、チョウの種数の多い熱帯で調査ができたらよいな、と思っていた。そんな矢先に、日高敏隆教授から、ボルネオでチョウの体温調節機構を調べないかと誘われ、私は即応した。

野外調査の成果は調査地に依存する

ボルネオ島での調査は、私にとって初めての海外学術調査だった。期間は約

1カ月しかない。この短期間で知りたいことを明らかにするにはどうしたらよいか。私は市販の海外学術調査の体験を書いた本を幾冊か読んでみた。そのなかで，川道武夫さんの『原猿の森』に書かれていた一文が目に焼きついた。「海外学術調査が成功するかしないかの9割以上が調査地に負っている」。私も野外調査を主に研究してきたので，この記述に共感を覚えた。それまで曖昧模糊としていた研究対象の昆虫の行動の基本的な特徴が，調査地の地形や植生の組み合わせ次第で，突然よくわかることがある。

名古屋大学の大学院生の時代に，モンシロチョウの移動習性を調べたことがある。名古屋大学から車で1時間半ほど離れた愛知県の奥三河地方に，稲部町という山間の町があった。現在は豊田市に編入されている。町の中央を名倉川という川が流れていた。町の繁華街を外れると，山は名倉川の両岸に迫り，数多くの小さな谷川が名倉川に流れ込んでいた。その流入部には小さな扇状地が形成されていた。小さな扇状地には1～2軒の家屋があり，家の周りで小規模に野菜が栽培されていた。山は低くなだらかだったが，全面がスギやヒノキの植林に覆われており，小さな扇状地は，まるでスギやヒノキの大海の中に浮かぶ小さな島のように見えた。名倉川に沿って国道が走っていた。したがって，国道は小さな島を結ぶ橋のような構造になっていた。

私は国道沿い約3kmにわたり，名倉側の両岸にこのような小さな扇状地を21カ所見つけた。そこで，各扇状地を巡ってモンシロチョウを捕らえ，モンシロチョウの翅にマジックインクで個体識別番号を書き込み，すぐその場で放す，という作業を繰り返した。これを標識再捕獲法という。その際に，チョウの翅の破れ具合や鱗粉のはがれ具合から，チョウの翅の状態をカテゴリー1からカテゴリー4までの4段階に分けておいた。

カテゴリー1は完全無欠の個体。カテゴリー2は翅の縁が少し欠けた個体。カテゴリー3は明らかに鱗粉が剥がれ翅の一部が欠損したもの。カテゴリー4はボロボロの翅の個体である。その後，個体識別番号を付けたチョウを再捕獲することで，最も新鮮なカテゴリー1のチョウが，カテゴリー1のままの状態であるのは平均2.2日であった。カテゴリー1の個体がカテゴリー2に変化するのは5.6日，カテゴリー3に変化するのに8.8日，カテゴリー4に変化するのに10.4日かかることがわかった。

小さな扇状地は，モンシロチョウの幼虫の食草となるキャベツやダイコンの生育状態で，大ざっぱに3つのタイプに分けることができた。

(1) 収穫期の迫ったキャベツやダイコンが植えてある。
(2) 定植したばかりのキャベツの若い苗や，芽を出して間もないダイコンしかない。
(3) キャベツやダイコンは植えてない。

その結果わかったのは(1)の扇状地では，メスはカテゴリー1の個体だけが一度だけ捕獲された。しかし，オスはすべてのカテゴリーの個体が，繰り返して捕獲された。

(2)の扇状地では，メスのカテゴリー2〜4までの個体が，繰り返して捕獲されたが，オスは全く捕獲されなかった。これらのメスがカテゴリー1のときに捕獲された場所は，1kmも2kmも離れた扇状地だった。

(3)の扇状地では，メスのカテゴリー1〜2の個体が時々捕獲できたが，オスは全く捕獲できなかった。捕獲したメスが以前に捕獲された場所は，近くの(1)の扇状地だった。

以上のことよりわかるのは，メスは羽化後に旺盛な分散 (dispersion) 活動を行い，遠く離れた場所に新たな生息場所を見つける。そこでは短距離の日常的移動 (trivial movement) に切り替え，産卵と吸蜜の活動を行う。一方のオスは，羽化地の古い生息場所に一生とどまり，羽化してくるメスを待ち構え，探雌飛翔と吸蜜の日常的移動だけを行っている。

この調査では，モンシロチョウだけでなく，近縁種のスジグロシロチョウとエゾスジグロシロチョウの移動分散も調べた。この両種は，オスもメスも等しく，最初に捕獲された場所からじわじわと，200〜400mくらい分散した。これらのチョウの幼虫の食草は，主に林の中にある野生のアブラナ科植物だった。したがって，両種のチョウの雌雄は，オスのモンシロチョウよりは広い地域を日常移動するが，メスのモンシロチョウのような長距離移動はしなかった。

このようなモンシロチョウや他のチョウの特徴的な行動は，広い平野部の畑作地帯ではなかなか把握できなかっただろう。小さな扇状地がスギやヒノキの植林地の中に，大海に浮かぶ小さな島のように分布しているという地形では，

島のなかの日常的移動と，生まれた島から新たな島に移るという長距離の移動分散活動が明確に識別される。このように，調査地の地形に恵まれると，そうでない場合には見えない昆虫の行動の特徴も，理解しやすい形で把握できるようになる。

ボルネオ，ビンコールの森

　ボルネオで，私たちが調査の対象とした地域はマレーシア領のサバ州だった。ボルネオ島は3つの国に分割されている。最も広いのは島の南部を占めるインドネシア領で，インドネシアではボルネオのことをカリマンタンと呼んでいた。最も狭いのは，豊富な石油資源で豊かな生活を送っている北部の立憲君主国ブルネイ・ダルサラーム国だ。そのブルネイ・ダルサラーム国を取り囲むように，マレーシア領のサバ州が東側に，サラワク州が西側にある。ダーウィンが『種の起源』を書くきっかけになったウォレスの論文の1つ，サラワク論文は，私がボルネオに行く127年前に，ウォレスがサラワク州に滞在している間に書かれたものである（37ページ，図1-4参照）。

　マレーシアはアジア大陸の東南の隅に突き出たマレー半島にある11州と，ボルネオ島の2州を含めた13州で構成されており，各州に首長（サルタン）がいる立憲君主制の連邦王国である。国王は13州のうちの世襲の首長のいる9州の首長の互選により5年任期で選ばれる。形は互選でも実質は輪番制である。世襲の首長のいない4州の首長は，国王に指名される形で州の首長になるが，実質的には州内の名家が輪番制の首長になっている。世襲の首長のいない4州のなかに，ボルネオ島のサバ州とサラワク州も含まれる。サバ州で聞いた話では，複数の部族を統合して州を構成しているので，有力な部族の首長が交代で州の首長になるのだ，ということだった。ブルネイ・ダルサラーム国は金持ちだから首長がマレーシア連邦に統合されるのを嫌ったのだという。同じ理由で，一度はマレーシア連邦に属したシンガポールも離脱し，そして現在は共和国になったそうだ。

　サバ州の州都は，島の西岸にある臨海都市コタキナバルである。同行者は私を含めて6人いたが，多くの方々は幾度かボルネオにきたことのある人々で，思い思いの調査地がすでに決まっていた。しかし，初めての私のためにサバ州

各地を巡って下さった。そのなかで訪れた，内陸部のケニンガウ近郊のビンコールの森に，私は自分がイメージした調査地を見つけた。いったんコタキナバルに戻った一行は，それぞれがレンタカーを借りておのおのの調査地に散った。私はコタキナバルから100kmあまり南下した，内陸部のビンコールの森を目ざした。

私が知りたかったことは，チョウの生息場所と，彼らの体温調節機構と，翅の色，あるいはその体色との間にある法則性である。そのためには，森の中，林縁部，森の外の日向，という異なる3カ所の生息場所を，どのようなチョウがどのように利用しているかを知ることだった。そして，ほぼ同時刻の同一条件下でこれらの3カ所の熱環境とチョウの行動を比較する必要があった。

ビンコールの森は，河原に沿った深い森で，河原の広場が森にえぐり込んでいた。そして，広場の一方の端から森の中に入る小道があって，その小道に沿って15分も森の中を巡ると，小道は広場の他の端に出ることができた。したがって，私はこの広場と小道を利用して，森の中に15分，林縁部に15分，森の外の日向である河原の広場で15分を過ごした。そして，この合計の45分を1サイクルとして，朝の8時から夕方5時までの540分，12サイクルを費やして，15分ごとに各場所に滞在した。この間に，チョウを採集し，採集時間を記録し，体温を測り，胸部の太さを計った。また，15分ごとに，この3つの場所の熱環境を計測した。白色輻射温度，黒色輻射温度と気温である。したがって，チョウの体温は，採集した場所の熱環境と最大7分30秒のずれで対応できた。

採集した標本は日本に持ち帰り，胸部と胴部の背面，側面，腹面，そして翅の表面と裏面に分けて，その色の色調を，色立体を基に中学の美術教師の妻に5段階に分けてもらった。

森の生活

当時，サバ州のちょっとした都市はすべて華僑の町だった。ホテルも商店街も市場も，建物があれば，その中には中国人がいた。片田舎に2～3軒の店舗があれば，それは中国人の店だった。調査の期間中，私は中国人の経営するホテルに泊まり，中国人の経営する中華料理店で朝夕の食事をとった。昼食

はとらずに，調査中にスダチを5〜6個食べるだけだった。現地にはマレー人も住んでいるはずだった。しかし，マレー人に出会うことはほとんどなく，中華街と人気の全くない調査地をレンタカーで往復する毎日だった。

そんなある日，調査地の川辺の近くに置いた温度計がなくなっていた。私は，それを深く気にとめることもなく，新たな温度計を補充しておいた。2〜3日後に徒歩で川を渡って私のほうに近づいてくる親子のような2人の男がいた。川幅は10mもあっただろうか。熱帯の川は普通は赤茶色に濁っている。しかし，調査地の横を流れていた川は，日本の川のように澄み切っており，川底の石がよく見えていた。

彼らはカダザン族の兄弟だった。20代と思われる兄が私に英語で話しかけてきた。マレーシアはケニア同様にイギリスの植民地だった。したがって，どのような片田舎でも英語がよく通ずるのである。彼の話によると，小学生の弟が，河原から温度計を持って帰ってきたという。親は即座に対岸で何かをしている私のものだと気づいた。しかし，どうしてよいのかわからずに，悶々としたときを過ごしていたという。今日，近くの村で小学校の先生をしている彼が，夏休みのために帰省して，親より相談を受けた。弟は悪気があったわけではなく，珍しいものを拾ったと思っていた。許して下さい，と言って温度計を差し出した。

川の対岸に高いヤシの木が生えていたのは気づいていた。しかし集落があるとは思ってもいなかった。カダザン族の村があったのだ。村の家の多くは竹だけを材料にした高床式のバンブーハウスで，風のよく通る居住性のよい快適な住居だった。私はこの日から，村の酒盛りにしばしば招待されるようになった。タパイという米の麹を基にした酒で，壺の底にササッという麹をおき，ためておいた雨水を入れてもササッが浮かび上がらないように，ササッの上にバナナの葉を敷いて，中央に上から竹を突き刺し，狭くなった壺の口近くでこの竹と別の十字に結んだ竹を結わえておく。そして，壺の縁まで水をいれて，長い竹のストローでタパイを吸い上げる。集まった人々はタパイを囲み，ひとり1人が順番に飲んでいく。1人の飲む量は決まっており，突き刺した竹に目印がついていた。そこまで飲むと，水を再び壺の縁まで継ぎ足して，次の順番の人が飲んだ。パーティーには男も女も参加し，老いも若いもいた。タパイはすっぱ

いビールのような味だった。

　初めてのタパイ・パーティーで，私は主賓として最初にタパイを飲まされた。壺の中にはすでにササッが入っていた。私が飲む直前に，壺には初めて水が入れられた。タパイを竹のストローで吸い上げるために，私は小さな椅子に腰掛け，壺を膝で抱え込むようにしてタパイの水面を見た。すると，水中から何かがぽかっと浮かび上がってきた。それはハエの幼虫のウジだった。2匹，3匹と浮かび上がったウジは水面を泳ぎ出した。私は，それをそっと取り除けた。

　タパイは薄い酒である。少しくらい飲んでもなかなか酔わない。しかし，5巡6巡目となると，次第に心地良い酔いが回ってくる。高床式の竹の家の周りには，しばしば水牛が掘った泥水の堀が巡らしてある。したがって，家に入るには，切り倒した椰子の木の橋の上を伝って行かなければならない。行きは何の問題もなかったが，帰りは結構恐い橋で，私は幾度か水牛の堀の中に落下した。中国人のホテルに戻り，タパイを飲んだことをホテルの受付にいた経営者に話すと，彼は紙に「打排」と書いて肩をすくめた。よく飲んだな，という表情だった。

　調査が終わりに近づいたころ，私は村の酋長に請われて，ケニンガウで開かれたパーティーに彼のお抱え運転手として出席したことがある。それは，ケニンガウ選出の国会議員が開いたタパイ・パーティーで，主賓は州の首長夫妻だった。私は首長や酋長とは別室でタパイを飲まされた。当時の首長はムラット族で，穏やかな表情の上品な小太りの初老の夫妻だった。

　村の人々との交流でわかったことは，私の選んだ調査地は，かつてはゴムの植林地だったという。当時は廃林になっており，私の目からは鬱蒼と茂る熱帯の原生林に見えていた。

熱環境の計測

　調査を通して，直感的に，チョウは3つのグループに分けられると思った。裸地や草地のような日向で頻繁に捕れるチョウ。林縁部でよく捕れるチョウ。林縁部とは，林縁を境に森の内外それぞれ約1m以内の空間である。そして，森の中でよく捕れるチョウである。しかし，直感的には日向で捕れるチョウだとわかっていても，常に日向で捕れるわけでなく，時には林縁部でも捕れる。

一方，森の中で捕れるチョウも，時には日向で捕れるし，林縁部でも捕れる。したがって，日向のチョウ，林縁部のチョウ，森のチョウ，と分類するには何らかの基準を設ける必要があった。

直観に合わせてチョウを分類する基準を探し求めると，日向で80％以上採集できたチョウを日向の種，森の中で40％以上を採集できたチョウを森の種，その他のチョウを林縁の種，とすると，その後のいろいろな解析に，納得のいく結論が出るのがわかった。

15分ごとに測った各場所の熱環境は3通りあった。2つは，アルコール温度計の感温部を黒い布で二重に覆って直射日光にさらしておいた黒色輻射温度と，白い布で二重に覆って直射日光にさらしておいた白色輻射温度である。輻射温度は，日向と林縁部は直接太陽の直射温度にさらせたので，気温よりははるかに高温で，かつ，この2カ所での白色温度にも黒色輻射温度にも違いはなかった。しかし，森の中では光は遮られ，白色輻射温度も黒色輻射温度も気温と変わりはなかった。気温は，チョウの体温を計測した熱電対の先端を空中にさらし，手の平で直射光線を遮って計測した。この3通りの環境温度は，輻射温度を測るために温度計をおいた，高さ30 cmの台座の高さで計測した。

この熱環境の測定法は，その後，印象的な出来事を引き起こした。最初，私は調査結果を短くまとめて*Nature*に送った。*Nature*の審査は2段階で，最初は担当編集者が行い，約3分の2の投稿論文がその段階で掲載を拒否される。担当編集者の段階をパスした残りの3分の1が専門の3人のレビューアーに送られる。私の論文は担当編集者の段階をパスして，専門のレビューアーに送られた。その結果は，掲載に賛成2名，反対1名で，掲載は拒否された。賛成したレビューアーたちは，「面白い。初めて聞く話だ。方法論には何の問題もない」とコメントしていた。しかし，拒否したレビューアーはかなり強硬で，「私はこの10年間，種をまとめて生物測定をする場合の系統間の遠近関係の重要性を説いてきた。しかし，この筆者はそれを全く考慮してなく，到底受け入れられない」と指摘していた。

どういうことかというと，私はチョウの体の各部の体色を5段階に分けて評価し，種ごとの平均値を出した。そして，各チョウを，日向の種，林縁の種，森の種の3通りに分け，そのおのおののグループ内のチョウをさらに，アゲハ

チョウ科，シロチョウ科，マダラチョウ科などの科に分けて，各生息場所グループの各科のチョウの種ごとの平均値からさらに科の平均値を計算し，チョウの体色の特徴と生息場所の関係を割り出そうとした．それに対する系統間の遠近関係を考慮してないという指摘は，同じ科には複数の属に属するチョウがいて，属ごとの種数に違いがある．したがって，同じ科のすべての種を同じ重みで評価すれば，属間の種数の違いが科の平均値にゆがみを与えている可能性がある，というものだった．このレビューアーはこの点を激しく指摘し，絶対に譲れない欠陥だ，と主張していた．私は数値の微妙な違いに関心はなく，比較対象としている数値に大きな違いがあるのだから，そのような仔細に捕らわれる必要はないと考えた．しかし，レビューアーのその主張がレビューアーをおそらく世に出しているのだと思ったので，反論をあきらめた．担当編集者は，掲載に賛成をしたレビューアーの1人のさらなるコメントを引用して，私に助言を与えていた．そのコメントには，「掲載には賛成だが，私は著者が Nature の限られた紙面で要約した内容よりも，もっているデータをすべて出して展開する，全体のストーリーのほうにより興味がある」というもので，担当編集者は私に，生態学の専門誌に，そのような論文を書くことを勧めていた．

論文の行方

　この論文は，その後，体裁を改めて，日本の生態学誌に投稿した．その専門誌には2人のレビューアーがいた．2人とも日本人で，1人は簡潔なコメントで私の論文を受理していた．しかし，もう一方のレビューアーのコメントは，Nature の3人のレビューアーとも，もう1人の日本人レビューアーとも全く異なるものだった．このレビューアーのコメントは，あふれるような批判だけだった．批判は多岐に及んだが，最も激しい批判は，環境温度の測定法に対するものだった．まず，白い布と黒い布で温度計の感温部を覆って計った輻射温度に対して，何を計測しているのかわけがわからないと書いてあった．批判の矛先は，私が気温の指標として計測した温度に最も激しく向けられていた．気温はアスマン風洞計に納めた温度計で地表 120 cm の高さで計測したものを用いるべきで，地上 30 cm で，熱電対の先端を空中にさらし，直射日光を手で遮って測ったものを気温とは言わない，とあった．そして，結論として，「熱

環境に関するデータをすべて削除して，チョウの専門誌に論文を再投稿することを勧める」と書いてあった。この論文は，熱環境の測定値があって初めて生きてくるのに，熱環境のデータをすべて削除してしまえば，論文の伝えたい情報はほとんどなくなってしまうというのに。

　担当編集者は，このレビューアーに対する私の釈明の機会を与えて下さった。そこで，私は釈明した。確かに，気温に関しては，厳密な意味では指摘のとおりだが，この論文で重要なのは，チョウの体温と，白色輻射温度と黒色輻射温度との対応関係であり，気温は添え物にしかすぎない。しかも，熱帯の密林の中での計測である。私の計測した環境温度とチョウの体温を比較すると，比較対象とする周囲の熱環境とチョウの体温がどのように関係するかが，何もないよりよくわかるだろうと。しかし，私の釈明は，レビューアーの感情を逆なでしただけだったようだ。彼は，「気象学が確立した方法論を無視する気か」と反論し，「だいたいに，捕らえたチョウの体温を7秒以内に計測するのは不可能で信用できない」と結論していた。

　最初にこのレビューアーのコメントを読んだときに，レビューアーが私の英語を理解しているとはとても思えなかった。たとえば，私は，チョウは体温を調節している，と書いた。しかし，レビューアーは，私がチョウの体温は刻々と変化している，と主張していると受けとった。私は，環境温度は実際に調査を行ったすべての日に15分ごとに測定し，その間に測定したチョウの体温と，15分間の近いほうの環境温度を比較した。しかし，レビューアーは，測定した環境温度は晴天の1日だけと受け止め，体温は刻々と変化する環境温度と対応させなければならないのに，それをしていないと批判していた。さらに，調査地3カ所の比較をするなら，3カ所で同じ確率でチョウを採集する努力をしなければならない，とも批判していた。私は15分ごとに調査地を移動して，各調査地で同じ確率でチョウを採集する努力をしていたのに。このような誤解に基づいた批判は，一時が万事であり，そのほかにも，レビューアーは幾つかの致命的な誤解をしていた。

　この論文は，最初は *Nature* に投稿した。その際に，当時，*American Naturalist* の編集長をしていた友人のマーク・ラウシャーが，論文の英語をチェックしてくれた。ラウシャーの主張は，論文はわかればよいというものではなく，

美しい英語で書かなければならない，というものだった。そこで，彼が手を入れてくれた英文は，倒置法や仮定法過去などの，凝った文章があった。私は，日本の生態学誌に論文を送ったときに，そのような凝った文章をそのまま用いた。レビューアーは，そのような文章をことごとく読み間違えていた。このように，最初にボタンをかけ違えられた論文は，なかなか受理されることはない。

　しかし，このときのレビューアーの誤解は度を超えていた。担当編集委員はこのレビューアーのコメントに疑問をもち，私の論文の受理を決めた。しかし，編集長がその決定を覆し，私に直接，受理の拒否を連絡してきた。編集長の拒否の理由は，白色輻射温度と黒色輻射温度の測定法に関してであった。「感温部に対する布の微妙な巻き方の違いで，温度は微妙に変化するはずだ。したがって，データは信用できない」と書いてあった。私は，輻射温度の計測を勧めてくれた気象学者に相談をした。当時から日本を代表する気象学者だった彼は，輻射熱と熱伝導の仕組みを数式で解説し，私の測定値が信用でき，チョウが浴びている太陽輻射熱の測定法として適切であることを編集長に説明した。しかし，編集長は，掲載拒否を繰り返しただけだった。このときの担当編集委員は，編集長の決定に抗議して，編集委員を辞任したという。

　この論文は Nature に掲載を拒否されたものの，その直後から，アメリカの生態学会誌やイギリスの動物生態学会誌から，私は昆虫の体温調節機構の専門家として投稿論文のレビューアーを依頼されるようになった。アメリカのワシントン大学やイギリスのオックスフォード大学からは，わざわざ日本に情報交換に訪れた研究者もいた。おそらく，私の論文を是とした Nature の 2 人のレビューアーが在籍している大学だと思われた。

　チョウの生息場所を 3 つに分けた分類法も，この日本人レビューアーには恣意的で科学的でない，と指摘された。体色の 5 段階評価も，何を基準にしているのかわけがわからない，と指摘された。救われないのは，この日本人レビューアーには，必ずしも悪意があるわけではなかったことだ，と私は思っている。彼は信じる科学的対応のもとに，厳密という観点から，論文の核心となるアイデアを摘み取っていたのだ。

　さらに，この日本人レビューアーに致命的欠陥だと指摘されたこの論文の欠

点を紹介すると，私はこの論文をオスのデータのみで書いたことだ。オスに比べると，メスの捕獲数は少なかった。したがって，統計処理に耐えるデータはオスでしかとれなかった。データの処理は，オスとメスを込みにするよりは，オスだけで処理し，論文にはオスだけで得た結論だと明記すればそれでよいと考えた。性淘汰の所で書いたように，オスの活動のほとんどは，メスの探索活動である。オスはメスのいない世界を飛び回っているわけではなく，メスの住む生息場所の熱環境のなかを飛び回っているはずである。したがって，オスで得た体温調節機構はメスにも敷衍できるだろうし，違っていても当たらずとも遠からずで，チョウの体温調節機構がどのような仕組みになっているか，今までわかっていなかったことが明らかにされていると私は思った。しかし，この日本人レビューアーの考えは違っていた。オスだけのデータでは片手落ちで，実際のチョウの体温調節機構を明らかにしたとは言えない，というものだった。こう長々と書いた問題点を，レビューアーの言うとおりだ，と思う人と，私の反論にも一理ある，と思う人もいるだろう。しかし，こういう問題点を含みながらも，*Nature* のレビューアーのコメントにあった「今まで聞いたことも考えたこともなかった話」という解析結果を紹介したい。

なお本書では，日向の種と同じ熱環境に住んでいることがわかった林縁の種も日向の種に含んで一括して扱った。

白いチョウの体温は高く黒いチョウの体温は低い

日向のチョウは白く，森のチョウは黒かった。白いチョウか黒いチョウかの印象は，一般に翅の色から受ける。しかし，体を翅の表裏，胸部と胴部の背面，側面，腹面の8カ所に分けて解析すると，白いチョウの体色の最も白い部分は胸部の側面と腹面で，黒いチョウの体色の最も黒い部分は胸部の背面であることがわかった（図11-4）。そして，同じ科の同じ胸部の太さの種を比べると，白いチョウよりも黒いチョウの体温が低かった（図11-5）。

ビンコールの森は北緯5度にあった。私が調査をしたのは7月で，熱帯といっても，現地の学校は夏休みの真っただ中で，おそらく最も暑い時期でないかと想像できた。その熱帯で計った環境温度は，私には意外なものだった。日向で直射日光にさらした黒色温度計の温度は，日中は50〜60℃になった。

白いチョウの体温は高く黒いチョウの体温は低い　　　　　　　　　　　　　　231

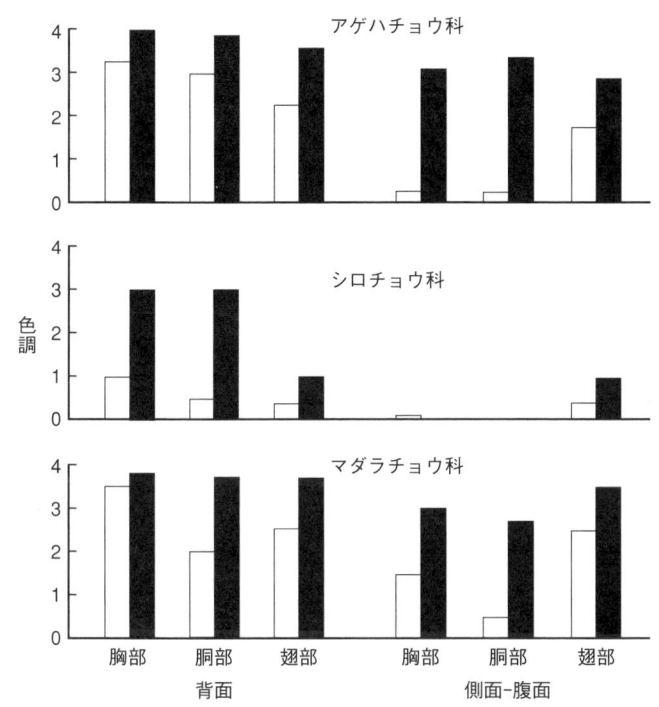

図 11-4　チョウの体色。黒い棒グラフは森の種の色調で，白い棒グラフは日向の種の色調を示している。色調の指数は白 (0) 〜黒 (4) までの5段階で，個々の種の平均値を，アゲハチョウ科，シロチョウ科，マダラチョウチョウ科の3つの科ごとにさらに平均値にして示している。森のチョウは黒く，日向のチョウは白いことがわかる。黒いチョウの最も黒いのは胸部の背面であり，白いチョウの最も白い部分は胸部の側面と腹面である。

しかし，気温はせいぜい32〜33℃くらいにしか上がらず，朝夕は，気温も輻射温度も，すべての温度が23℃くらいまで落ちた (図11-6)。森の中は，黒色温度計の温度も気温も，日中の真っただ中でも26℃までしか上がらず，肌寒いくらいだった。このボルネオの日向の環境温度は，京都でいうと，5月の晴天の日の温度である。チョウの体温は種によって異なっていたが，体温が低い種でもせいぜい下限が28℃で，多くは30℃台だった。したがって，森の中の最高温度が26℃だったということは，森の中は変温動物のチョウの体温よりも低温の世界だということだった。

　日向の白色温度計の温度の変化と，日向で捕れる各チョウの種ごとの割合

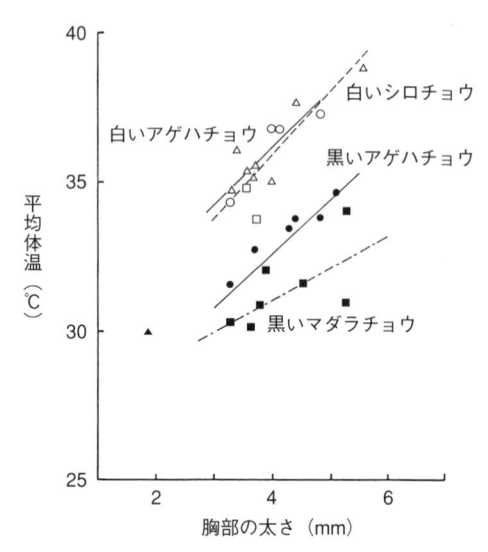

232　　　　　　　　　　　　　　　　　　　　11章　チョウは寝込みを襲われる

図11-5　白いチョウの体温と黒いチョウの体温。個々のマークは個々の種の平均体温である。○は白い体色のアゲハチョウ科，●は黒い体色のアゲハチョウ科，△は白い体色のシロチョウ科，▲は黒い体色のシロチョウ科，□は白い体色のマダラチョウ科，■は黒い体色のマダラチョウ科のチョウである。同じ科のチョウなら白い体色のチョウの体温が高く，胸部の太い種ほどその体温は高くなる。白いチョウは日向の種，黒いチョウは森の種である。

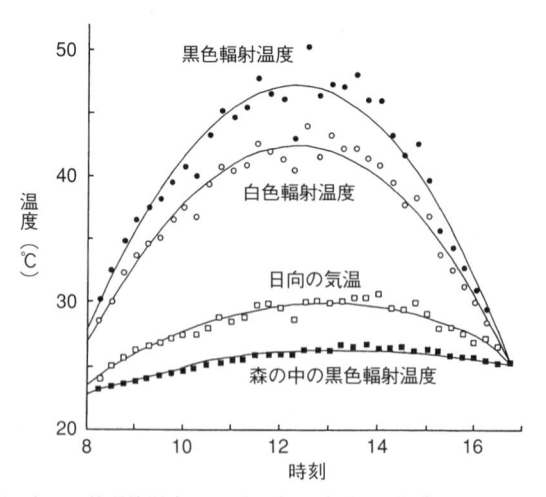

図11-6　ボルネオの熱環境温度。15分ごとに計測した温度の14日分の平均値である。森の中の温度はチョウの体温よりも低かった。

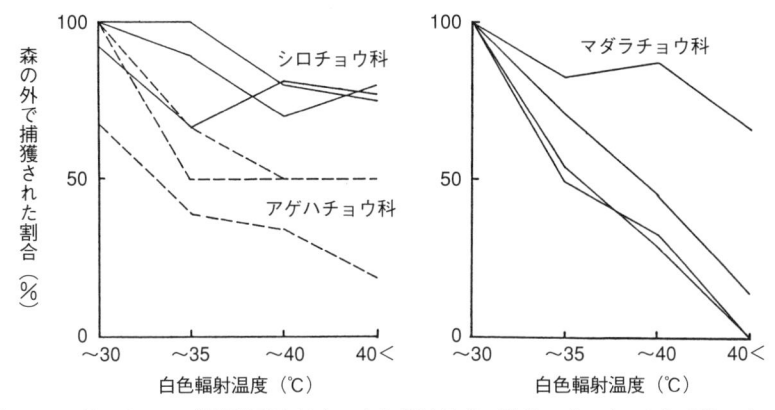

図 11-7 森のチョウの捕獲場所と日向の白色輻射温度の関係。森のチョウとは黒いチョウのことである。白色輻射温度が低いと森のチョウも森の外の日向で捕獲された。白色輻射温度が上昇すると，森の外の日向で捕獲される割合は低下して森の中で捕獲された。日向のチョウは常に森の外の日向にいた。

を調べてみると，日向のチョウは温度の変化にかかわらず，ほとんど日向で捕れていた。一方，森のチョウは白色温度計の温度が低いと日向で捕れる割合が高いが，温度が上がると，森の中で捕れる割合が上がっていた (図 11-7)。

体温調節機構に果たす翅の役割は，基部の 15 %だけが熱を胸部に伝導するだけで，残りの 85 %は直接には関係ない。したがって，日向のチョウの翅の色が白っぽいのと，森のチョウの翅の色が黒っぽいのは，チョウの主要な生息場所の光環境に合わせた隠蔽的色彩である可能性が考えられた。しかし，白っぽい日向のチョウの胸部の側面と腹面の体色が最も白く，黒っぽい森のチョウの胸部背面の体色が最も黒いのは，体温調節機構と密接な関係があることがうかがえた。

日向は太陽の光にあふれている。したがって，日向を生息場所とするチョウが光を浴びて体温を適温に引き上げるのは容易だと思われた。その上昇した体温を引き下げるときに，日向のチョウは葉にとまり，翅を閉じて胸部背面を覆い，光が胸部背面に当たることを遮る。しかし，そのときに外側にさらされるのが胸部の側面と腹面である。白っぽい日向のチョウの最も白い体色がこの部分である。

一方，森の中はチョウの体温よりも低温の世界である。森を主な生活の場としているチョウにとって，森の中だけでは体温を適温に維持できない。したがって，森の外に出て，太陽の光を浴びて体温を引き上げ，再び森の中に入っていく。その際に，光を浴びて体温を引き上げるうえで最も重要な胸部背面が，黒っぽい森のチョウの体色のなかで最も黒い部分である。日向の光りが強ければ強いほど，森のチョウは短時間で体温を引き上げ，森の中に戻っていくのだろう。体温調節機構は森のチョウと日向のチョウとでは異なっており，その違いが最も端的に出た体色の違いが，日向のチョウの白い胸部側面と腹面と，森のチョウの黒い胸部背面だった。

チョウの体温調節機構と捕食圧

　晴天の日と曇天の日の1日の白色輻射温度の推移と，体温の平均値が最も低かったチョウと高かったチョウの発生と，捕らえた時点でのチョウの体温を比べてみた。晴天の日は，白色輻射温度が28℃になった午前8時半ころから低体温のチョウは飛び始める。その時点でのチョウの体温は白色輻射温度とほとんど変わりがない。10時ころになると，白色輻射温度は35℃に達し，高体温のチョウも飛び出す。そのときの高体温のチョウの体温も白色輻射温度とほぼ同じレベルだった。時間の進行とともに白色輻射温度はさらに上昇し，12時ころには50℃に達した。このとき，チョウの体温は白色輻射温度よりもはるかに低く，低体温のチョウは30℃前後，高体温のチョウは37℃前後で推移している（図11-8a）。

　曇天の日は，日が差した一瞬を除けば，白色輻射温度は最高でも，高体温のチョウの体温よりも低い30数度にしかならなかった。この日，高体温のチョウは飛び出すことはほとんどなく，低体温のチョウだけが，体温の上限を白色輻射温度と同じにしながら飛んだだけだった（図11-8b）。このことよりわかるように，チョウの体温は，太陽の光に依存しており，低体温のチョウは朝の弱い陽光を浴びて朝早くから活動できるが，高体温のチョウは，昼近くの陽光が強くなる時間帯まで飛び立たない。

　チョウの体温は，胸部の太さと密接な関係がある。同じ胸部の太さなら，日向のチョウは森のチョウより体温は高いが，同じ日向のチョウや，同じ森の

チョウの体温調節機構と捕食圧　　　　　　　　　　　　　　　　　　　　235

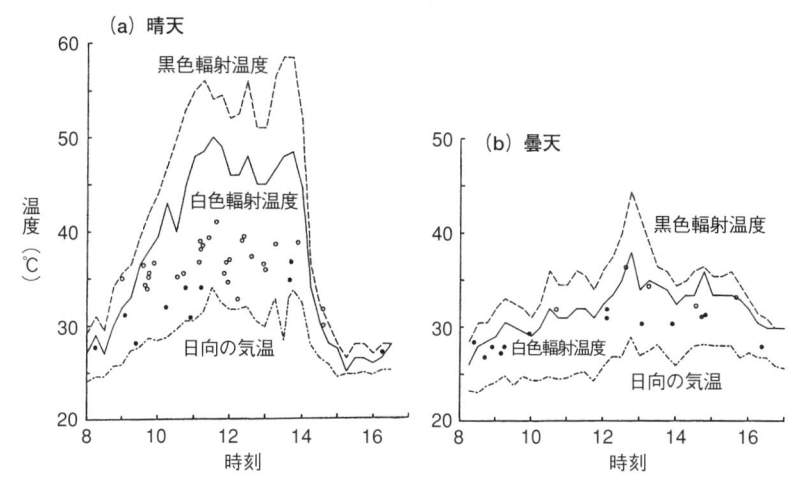

図 11-8 熱環境温度とチョウの活動。○ はシロチョウ科の最も体温の高い種の体温で，● はシロチョウ科の最も体温の低い種の体温である。(a) 晴天の日は体温の高い種も飛翔活動をするが，(b) 曇天の日は体温の高い種はほとんど飛び立たず，体温の低い種だけが飛んでいた。

　チョウなら，胸部が太い種ほど体温が高い。言葉を換えれば，俊敏に飛び回る胸部が太い大型のチョウほど，飛び立つことのできる時間が遅く，種により，9時，10時，10時半になって，初めて飛び立つことが可能となる（図11-9）。チョウは飛び立つまでの間は，葉の陰などの寝場所にとどまるが，その高度は飛翔高度と同じ種特有の生活空間にある。

　鳥は太陽が地平より顔を出す前の黎明から採餌活動を開始する。熱帯の夜明けは7時ころで，鳥の採餌活動は6時半には始まる。鳥は生活の糧であるチョウの寝場所がどこにあるかは熟知しているだろう。チョウも鳥の襲撃に備えて，何らかの防備をしているであろうが，寝場所にとどまる大型の種に対する探索時間は，毎朝3〜4時間はある。この間，鳥は最適採餌戦略に従って，より価値のあるメスのチョウを襲っているものと思われる。チョウの翅に残るビーク・マークは，往々にして左右の翅に対称的に残っている。とまっているところを襲われた証拠である。

　鳥は飛び回っているチョウを襲撃しているわけではなかった。寝場所にとどまっているチョウを襲っていたのである。そして，より価値のある大型のメス

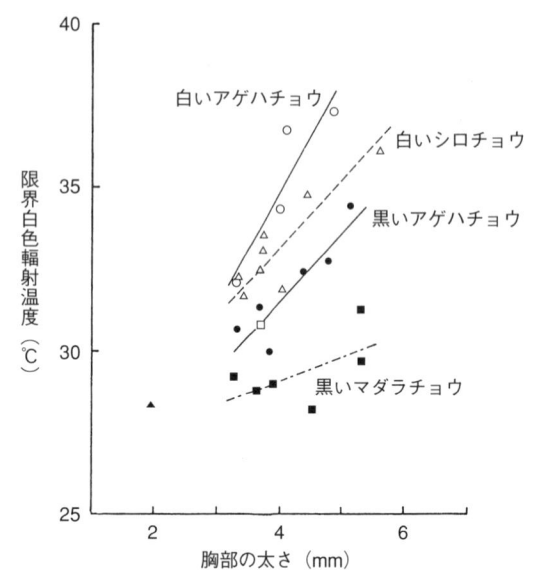

図11-9 チョウの飛び始める限界白色輻射温度。個々の種が捕獲されたときの白色輻射温度の閾値の上から97.5％の値を限界温度とした。個々のマークは個々の種の限界白色輻射温度である。○は白い体色のアゲハチョウ科，●は黒い体色のアゲハチョウ科，△は白い体色のシロチョウ科，▲は黒い体色のシロチョウ科，□は白い体色のマダラチョウ科，■は黒い体色のマダラチョウ科のチョウである。白いチョウは日向の種，黒いチョウは森のチョウである。

のチョウほど，朝遅くまで寝場所にとどまっていたのである。

チャレンジャー教授の叫び

「ガリレオやダーウィンや私のように，科学の世界に新たな領域を開拓する者を，諸君は常に迫害する」。これは，序章の冒頭で引用した，アマゾンでの恐竜発見を発表した際のチャレンジャー教授の叫びである。ガレリオの地動説も，ダーウィンの進化論も，彼らの生きた時代の人々にはなかなか受け入れられなかった。メンデルの遺伝学理論が受け入れられたのは彼の死後である。血縁淘汰理論を確立したハミルトンも，当初は世に受け入れられることはなく，悩める青春時代を送っている。最適採餌戦略を唱えたマッカーサーの数々の数理生態学の論文も，当初はなかなか受理されることはなかった。私の研究を，これらの知の巨匠たちの研究と比べることははばかられるが，しかし，新たな

ことを述べた論文を投稿すると，なかなか受け入れられない，という点では同じだった。

　ケニアのデータをまとめて，俊敏に飛び回る大型のチョウのメスが，最も鳥に捕食されていることを知ったときに，私はその理由を即座に理解した。このボルネオのチョウの体温調節の研究があったからだ。ダーウィンも，ベイツもウォレスも説明できなかった，ベイツ型擬態の謎の1つ，なぜメスだけが擬態するかということは，極言すれば，このボルネオでのチョウの体温調節機構の研究があって140年後に初めて説明できたのである。しかし，この論文は，日本人のレビューアーや編集長により，世に出ることを拒否された。今考えれば，即座に海外誌にでも再投稿しておけばよかったと思う。だが，当時の私には，この研究が自分の主要な研究だという認識がなく，他の研究やその他の出来事に気をとられているうちに，論文草稿は書類の山の底に沈み，世に問うこともなく，そのままほったらかしになっていた。しかし，ケニアで得た，高い空間を俊敏に飛び回る大型のチョウのメスが，なぜ鳥に集中的に捕獲されるのか，その理由を考えたときに，私はボルネオの研究の重要性に気づいたのだ。20年ぶりのことだった。

　鳥にとって，大型のメスのチョウはより価値のある餌だった。したがって，そのような大型のメスのチョウに捕食を避ける対抗適応として擬態が進化した。大型のチョウは空中を俊敏に飛び回り，鳥にはなかなか捕食できない餌である。にもかかわらず，そのようなチョウに捕食圧がより高くかかり擬態が進化した。この一見逆説的な現象は，俊敏に飛び回る大型のチョウは体温が高く，そのような高温の体温にするためには，太陽が熱く輝く昼遅くまで寝場所にとどまっていなければならなかったのだ。鳥はそのようなチョウの寝込みを襲っていたのである。

12章
ベイツ型擬態の謎の帰結

モデルなき擬態はありえない

　ここで，ベイツ型擬態進化の謎について，私自身が明らかにしたことや，先人の研究成果を基にして，わかったことをまとめてみたい。しかし，私は進化学者ではない。遺伝学の深い知識もないし，分子生物学には全くうとい。私は昆虫生態学の研究者である。私が知る進化論は，進化の原動力は突然変異であり，突然変異には方向性はなくランダムに起こる。そして自然淘汰により，その生物の住む環境に対してより適応した形質をもつ個体の子孫が生き残る，というものである。人によっては，これを俗流進化論という。そんな単純なメカニズムでこれだけ多様な生命が生まれたことを説明できるのかと問う。擬態にしても，そんな単純なメカニズムでこれほどまでに精巧な擬態が進化したのかと問う。それに対して，私は答えるべき解答を持ち合わせてはいない。したがって，進化の深いメカニズムは，進化学者にまかせたい。

　まず，明らかになったのは，ベイツ型擬態はモデルと混生して初めて存在できる，ということだ。当然のことではないか，という人もいるだろう。しかし，世の中は，これを必ずしも当然のこととはしていない。「モデルなきベイツ型擬態」という言葉がある。たとえば，西日本に幅広く分布するタテハチョウ科のチョウで，豹柄模様のツマグロヒョウモン *Argyreus hyperbius* というチョウがいる。琵琶湖の湖畔にある私の家の庭にもしばしばやってきて，スミレの葉に卵を産んでいく。このチョウには明らかな性的二型があり，メスの翅の先端半分が黒い。沖縄に住むマダラチョウ科のカバマダラ *Anosia chrysippus* に擬

態しているベイツ型擬態種だ，と主張する昆虫学者もいる。しかし，西日本にはカバマダラは生息していない。したがって，ツマグロヒョウモンはモデルなきベイツ型擬態種だ，と考える人がいるのだ。だが，私がベイツ型擬態研究で得た結論は，「モデルなきベイツ型擬態などありえない」ということである。ツマグロヒョウモンの問題は後に詳述したい。

ベイツによるベイツ型擬態の発見は，ダーウィンの進化論を2つの面で支持した。1つの面は，モデルとなったドクチョウの翅の模様が，地域の違いにより少しずつ異なり，遠く離れた場所では，全く異なる種として存在していたことだ。このことは，種は変化することを明示していた。それまでの種の形成の仕組みを説明していた創造論は，神が創造した種は，その後は変化しないとしていた。それに対して，ダーウィンは，種は変化すると主張した。それが，ベイツによって肯定的に明示されたのだ。

ベイツが明らかにしたもうひとつの面は，擬態種は，それぞれの地域に分布するモデルに最も似ており，モデルのいない地域には擬態種はいなかったことである。擬態種にとって最も適応的なことは，最もモデルに似ることである。このことは，ダーウィンの主張した，自然淘汰と適者生存を積極的に肯定していた。

上杉兼司の示した，沖縄諸島でのベイツ型擬態種シロオビアゲハの擬態型の比率は，モデルのベニモンアゲハの個体数との関係で決まっており，負の頻度依存淘汰仮説を鮮やかに検証していた。ベニモンアゲハが多ければ擬態個体も増加して擬態率は上がった。ベニモンアゲハが少なければ擬態個体は減少して擬態率は下がった。ベニモンアゲハのいない島では擬態型は全く存在しなかった。

私が伊丹市昆虫館で計った擬態型の生理的寿命は原型よりも短かった。したがって，モデルがいなければ，擬態型に対する捕食圧がたとえ原型と同じでも，擬態型は消滅することになる。いずれにしてもモデルがいなければ，擬態型は存続できない。

種内擬態（automimicry）という言葉がある。北米と中米の間を長距離移動するオオカバマダラ *Danaus plexippus* に代表されるマダラチョウ類は味の悪い警告色をもつ種で，しばしば擬態のモデルとされており，大きな越冬集団を作

ることでも知られている。しかし，フロリダ大学のリンカン・ブラウアー（Lincoln P. Brower 1969）によると，実際に味の悪い個体は25〜50％くらいで，残りの個体は味が悪くないという。味の悪さは，幼虫時代に食べた食草の違いや，成虫になってから吸蜜する花蜜の違い，それに成虫の日齢の違いになどに負う。味の悪い個体でも，羽化後の日数が経つと次第にまずい味が抜けていくという。したがって，同種内の味の悪くない個体が味の悪い個体に擬態している種内擬態，というように表現されている。この場合，擬態型はモデルと混生することで鳥の捕食から逃れている。ベイツ型擬態と同じメカニズムである。モデルなき擬態はありえない一例である。

　隠蔽型の擬態も，酷似したモデルの存在なしには存在できない。隠蔽型の擬態のモデルは，小枝や，葉や，石のような，周囲の物体である。認知モデルは，擬態種は酷似したモデルとの比率において，モデルの比率が増加したときに擬態の効果が発揮される。捕食者が，食べられる擬態種か，食べられないモデルかを識別するのにたった3秒しかかからなくとも，モデルの比率が多ければ，無駄に終わるかもしれないチェックを厭うて擬態種の探索を放棄する。

　ベイツ型擬態種にしろ，隠蔽型の擬態種にしろ，擬態種はモデルがいなければ捕食者に優先的に捕食される，より価値のある餌なのである。より価値がある餌だからこそ，捕食者に優先的に狙われ，高い捕食圧がかかった。だから対抗適応としての擬態が進化した。餌の価値はカロリー量を処理時間で割った単位処理時間当たりのカロリー量で評価される。本来，餌として，より価値のある擬態種は，モデルがいて初めて処理時間に認知時間や回避時間が加算され，価値の劣る餌になり，捕食者に見過ごされるのである。

擬態はどのようにして進化したか

　複雑で巧妙な擬態は瞬時に進化したわけではない。本来は，より価値のある餌であるがゆえに，捕食圧が高い種が獲得した対抗適応として擬態は進化した。したがって，捕食者の適応である探索像に対して，大変に粗雑な擬態という対抗適応でも，適応上の有利さをわずかでももっていたならば，その対抗適応は有利に作用し，次第に，より優れた対抗適応を進化させたものと思われる。

擬態はどのようにして進化したか 241

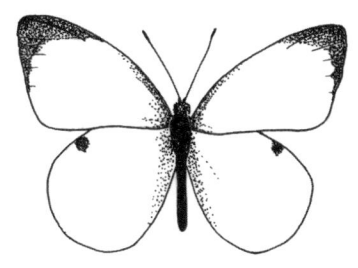

図 12-1 オオモンシロチョウ。モンシロチョウとそっくりだが，蛹の重さはモンシロチョウの 3 〜 4 倍ある。

　第 4 章で，2007 年に *Nature* に掲載されたロウランドらの論文は，相互に酷似するミューラー型擬態は，たとえ味のまずさに差があっても，捕食を避けるうえで互恵効果があることを示していると紹介した（101 ページ，図 4-7 参照）。その際に私は言及しなかったが，彼らの実験には，完全擬態型と不完全擬態型の効果の比較もあった。不完全擬態型の互恵効果は完全擬態型ほど大きくはなかったが，それでも確実に互恵効果を示していた。つまり，餌動物にとって粗雑な擬態でも捕食を減らすことができれば，その擬態は，より完璧な擬態に進化するための出発点になるのだ。
　進化の途上にあると思われる生物を見つけるのは難しい。キリンの首が長いように，驚くべき完璧な擬態は存在しても，長い首になる途上のキリンの化石や，不完全な擬態の生物はなかなか発見されない。なぜなのか，という疑問がある。これをミッシングリンク（missing-link）の謎という。それに対する解答は，適応上の有利な形質が突然変異で獲得されたなら，その形質は速やかにより優れた形質を進化させるため，進化途上の形質はなかなか発見できない，としか言いようがない。
　たとえば，1994 年ころに，シベリアから北海道西岸の岩内町周辺にオオモンシロチョウ *Pieris brassicae*（図 12-1）というチョウが侵入し，5 年後の 1999 年ころには全道に分布を広げた。その分布拡大の経緯は，昆虫研究家の上野雅史（2001）によって克明に記録されている。全道に広がったオオモンシロチョウは，オオモンシロチョウを受け入れた同じ生態系を構成する関連種の行動形質に，短期間に目覚ましい影響を与えた。それを京都大学大学院の学生だっ

図 12-2 アオムシコマユバチ。モンシロチョウの幼虫に約 30 個の卵を産み込む。

た田中晋吾が，これも克明に記録を残し，2007 年に *Evolution* に発表している。オオモンシロチョウは，成虫の見かけは日本在来のモンシロチョウとそっくりだが，蛹の体重がモンシロチョウの蛹の 3 ～ 4 倍もある大きなチョウである。もともとはロシアのウラル山脈の西のヨーロッパに分布していたが，近年急激に分布を東方に延ばし，北海道にまで到達した。

　北海道には，オオモンシロチョウの近縁種であるモンシロチョウが生息していた。モンシロチョウの幼虫には，アオムシコマユバチ *Cotesia glomerata* という寄生蜂（図 12-2）がいた。ヨーロッパでは，アオムシコマユバチはオオモンシロチョウの幼虫の寄生蜂であり，モンシロチョウの幼虫にも寄生することがある，と言われていた。しかし，日本にはオオモンシロチョウはいなかったので，アオムシコマユバチはモンシロチョウの最大の天敵で，モンシロチョウの幼虫の 90 ％以上が寄生され，殺されていた。モンシロチョウやオオモンシロチョウの幼虫は四度の脱皮を経て 5 齢幼虫から蛹になる。アオムシコマユバチはモンシロチョウの 1 齢期から 3 齢期の幼虫に約 30 個の卵を産み，チョウが蛹になる直前の 5 齢期の幼虫のときに，寄主体内から幼虫が脱出して黄色い繭の塊を形成し，繭の中で蛹になる（図 12-3）。

　オオモンシロチョウが北海道に侵入した直後に，日本在来のアオムシコマユバチはオオモンシロチョウに寄生せず，モンシロチョウだけを利用していた。

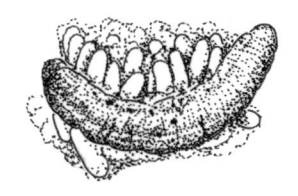

図12-3 アオムシコマユバチの繭。モンシロチョウの幼虫から脱出した幼虫が黄色い繭塊を作り内部で蛹化する。

京都医療科学大学の佐藤芳文と私の共同研究によると，1999年の段階では，アオムシコマユバチはオオモンシロチョウの幼虫に産卵管を射し込むことはした。しかし産卵はしなかった。その後の田中晋吾の追跡調査によると，まず，モンシロチョウとオオモンシロチョウの両方に産卵する個体が現れた。次にオオモンシロチョウには産卵するがモンシロチョウには産卵しない個体が現れた。2006年の段階では，モンシロチョウに対するよりもオオモンシロチョウに対して産卵する個体のほうが多くなっていた。オオモンシロチョウに産卵する個体が出現した原因はわからない。産卵する個体が突然変異で現れたのか，もともと産卵できる個体がわずかながら存在していたのか，産卵能力のある個体がヨーロッパから渡来したのか，そのいずれかであろう。しかし，北海道のアオムシコマユバチの産卵行動は10年もしない短期間に，モンシロチョウよりもオオモンシロチョウをより選択するように進化した。その要因は，大型のオオモンシロチョウのほうがより価値のある餌だからである。

　アオムシコマユバチのオオモンシロチョウ選択に伴って，アオムシコマユバチに寄生する二次寄生蜂の産卵選択にも目覚ましい進化が起こった。二次寄生蜂は2種類いた。1種はモンシロチョウの幼虫の体内に寄生しているアオムシコマユバチの幼虫に寄生する幼虫寄生蜂である。もう1種はモンシロチョウの幼虫体内から脱出したアオムシコマユバチの蛹に寄生する蛹寄生蜂である。アオムシコマユバチの幼虫はモンシロチョウの幼虫の体外に脱出すると繭を紡ぎ繭の内部で蛹になる。その蛹に蛹寄生蜂が寄生する。前者の幼虫寄生蜂は，オオモンシロチョウの侵入後も引き続きモンシロチョウの幼虫に寄生したアオムシコマユバチの幼虫に寄生した。一方，蛹寄生蜂は，モンシロチョウを離れ，オオモンシロチョウから脱出したアオムシコマユバチに寄生するように

なった。

　二次寄生蜂は非常に小さい。したがって，チョウの幼虫の体内にいるアオムシコマユバチの幼虫に寄生するためには，チョウの幼虫にとまって，幼虫体内の一次寄生蜂を探す必要がある。その際に，チョウの幼虫は暴れて抵抗するが，オオモンシロチョウの幼虫はモンシロチョウの幼虫よりも激しく抵抗する。したがって，幼虫寄生蜂にとって，オオモンシロチョウ幼虫の体内にいるアオムシコマユバチは産卵の際の処理時間のかかる餌である。だから，オオモンシロチョウの体内のアオムシコマユバチは無視すべき価値の劣る餌なのである。

　一方，蛹寄生蜂にとってみると，オオモンシロチョウの幼虫から脱出したアオムシコマユバチの蛹も，モンシロチョウの幼虫から脱出したアオムシコマユバチの蛹も，動かないので，産卵の際の処理時間に差はない。しかし，モンシロチョウの幼虫から脱出したアオムシコマユバチの蛹はすでに幼虫寄生蜂に寄生されている可能性の高い価値の劣る餌だが，オオモンシロチョウの幼虫から脱出したアオムシコマユバチの蛹は，幼虫寄生蜂に寄生されてないより価値のある餌の可能性が高いのである。したがって，蛹寄生蜂はオオモンシロチョウの幼虫から脱出したアオムシコマユバチの蛹を選択した。

　この幼虫寄生蜂と蛹寄生蜂の産卵選択は，すでに遺伝的に固定されていて，個々の個体の試行錯誤の結果に得られる行動ではなかった。このような，アオムシコマユバチや二次寄生蜂の行動の進化は，オオモンシロチョウが北海道に侵入後の6～7年後には確認されているのだ。北海道におけるモンシロチョウの年間世代数は2～3世代である。したがって，20世代にも満たない世代時間で行動の適応進化はこのように速やかに進行し，その途上を歴史としてなかなか残さないのである。擬態のような形態の進化はもっと時間がかかるかもしれない。しかし，いずれにしても，進化は速やかに進行する。

　伊丹市昆虫館での捕食者のいない世界でのシロオビアゲハの累代飼育は，自然界ではなかなか目に触れることのできないさまざまな赤い斑紋型のシロオビアゲハを出現させた。なぜ，自然界では目に触れることができないのか。そのような変異個体は寿命が短くて，なかなか目に触れる機会が少ないのかもしれない。しかし，ベニモンアゲハやヘクトールベニモンアゲハのような，モデルとなるチョウが存在する場所では，モデルに酷似した擬態型のシロオビアゲハ

だけが存在する。このことは，捕食者という自然淘汰が常に働き，モデルに最も似ている適応度の高い個体だけを残していることを示唆している。

餌動物にとって粗雑な擬態でも捕食を減らすことができるなら，その擬態は，より完璧な擬態に進化するための出発点になる。そして，その途中経過の痕跡を歴史に残すよりも速い速度で，より適応度の高い完璧な擬態が完成する。

擬態を見破る捕食者の進化はないのか

どんなに精巧な擬態でも，結局は人間の目に見破られる。まして，餌の捕食に生死がかかっている捕食者の目をごまかすのは容易ではない。したがって，擬態を見破る捕食者の進化がないのをいぶかしく思う人がいる。解答は微妙である。粗雑な擬態がより完璧な擬態に進化する過程では，捕食者の役割は絶大だった。捕食者は擬態を見破り，捕食圧をかけたから，擬態はより精巧に進化したのだ。それに伴って，捕食者にも，視覚の鋭さの改善などの適応が進化した可能性がある。だから，擬態はますます精巧緻密になった。

精巧緻密になった擬態種は捕食者から完全に逃れているのか，というと，答は否である。表6-1（127ページ）が示すように，擬態型にもビーク・マークはあり，常に捕食の脅威にさらされている。ベイツ型擬態種のなかで，メスの一部しか擬態しないような種では，擬態型が原型よりも有利だということはない。擬態型は確かに原型よりも捕食者の襲撃を避けることでは有利ではあるが，擬態のコストを払っており，生理的寿命は短い。そのように，捕食者の攻撃を避ける以外のことを考慮した適応度の差引勘定では原型と等価であり，等価になるような平衡点で擬態率は決定している。

ならば，擬態の有利さはどのように発揮されているのだろうか。擬態種は，本来は捕食者にとってより価値のある餌種である。だから強い捕食圧がかかる。しかし，擬態することで，捕食者にとって周囲の餌種と比べて，認知時間のかかる価値の劣る餌になる。その結果，捕食圧が低下することにより，擬態の進化は止まる。したがって，基本的には捕食者にとって，餌としての価値が劣り，探索の対象とならなくなったのが擬態種なのである。

捕食者は生きて子供を育てるためには必要なカロリー量が決まっている。捕

食者はそのカロリー量を得るために，最も効率的な採餌を行っている。その効率的な餌の探索の標的から外れたのが擬態種である。そのような価値の劣る餌を専食するような捕食者の進化はありえない。

しかし，とても重要なことなので，何度も繰り返すが，擬態率が平衡点に達しているベイツ型擬態種の擬態型は，原型と比べて擬態型の有利性は失われている。鳥からの襲撃率は原型に比べるとモデル並みに低い。しかし，擬態のコストを払っているので，適応度は原型と等価である。

なぜ多くの種が擬態しないのか

擬態がそれほどまでに有効なら，なぜ多くの種が擬態しないのだろうか。擬態が進化するためには，擬態的な形質が突然変異で現れなければ進化のしようがない。突然変異はランダムに起こるから，擬態型の突然変異がすべての種に起こるとは限らない。

擬態型の突然変異が起こったとしても，捕食を逃れるうえでの優位性があって，捕食圧という自然淘汰がなければ擬態型は進化しない。捕食者は採餌効率を上げるために，より価値のある餌を探索の標的にする。したがって，そのような餌種に擬態型の突然変異が起こったなら，擬態は進化するだろう。しかし，価値の劣る餌種には高い捕食圧はかからず，擬態型は進化のしようがない。

ここで，誤解をしていただきたくないのは，捕食圧が低くて擬態していない種の生存率は高い，というわけではないことだ。生物にはさまざまな天敵がいる。佐藤芳文と私の共同研究の結果を示すと，モンシロチョウには幼虫期にアオムシコマユバチという寄生性の天敵がいる。モンシロチョウのメス成虫は旺盛な移動分散を行い，できて間もない生息場所を見つけ，そこで卵を産む。そのような場所にはアオムシコマユバチの影は薄く，モンシロチョウの幼虫はアオムシコマユバチから逃れられる確率が高い。モンシロチョウのメスの羽化後の旺盛な移動分散は，アオムシコマユバチの寄生を回避するために進化した対抗適応と考えられる。

モンシロチョウの近縁種に，スジグロシロチョウとエゾスジグロシロチョウがいる。この2種のチョウの幼虫に対してもアオムシコマユバチは産卵する。

しかし，この2種のチョウのメスは，モンシロチョウのような顕著な移動分散を行わない。それは，チョウによってアオムシコマユバチに対する寄生防衛法が異なるからである。スジグロシロチョウの幼虫は，その体内でアオムシコマユバチの卵を血球包囲作用で殺すことができる。エゾスジグロシロチョウは幼虫の食草が他の植物で覆われたようなアブラナ科のハタザオ属の植物を利用して産卵する。アオムシコマユバチの寄主探索法は，幼虫の食草の傷口から出る揮発性の高い匂いに引かれて植物上に降りることから始まる。その後，触角でもって，傷口が自種の寄主の食痕かどうかをチェックする。その際に重要なのは，寄主幼虫の唾液と植物の液から生合成される揮発性の乏しい新たな物質である。もし，寄主幼虫以外の食痕なら，それ以上の探索をせずにアオムシコマユバチは飛び去る。もし，寄主の食痕ならば丹念な探索が始まる。したがって，エゾスジグロシロチョウが他の植物に覆われるような食草を選ぶという行動は，傷口の匂いが他の植物の匂いで撹乱され，アオムシコマユバチの採餌効率を下げることになる。その一方で，アオムシコマユバチには，キャベツのようなむき出しの食草を利用するモンシロチョウという探し出しやすい代替寄主がいる。そのためにエゾスジグロシロチョウの幼虫はより価値の劣る餌になり，アオムシコマユバチの採餌の対象から外れるのである。羽化後に交尾したモンシロチョウのメスの移動分散は，多くのむき出しの食痕が残り，アオムシコマユバチが群がっている古い生息場所からの逃避である。

　このように，生物はその生存を最も脅かす天敵に対して対抗適応を獲得している。そして，同じ天敵に対しても，その対抗適応は種によって異なる。鳥のような視覚の鋭い捕食者が主要な天敵として生存を脅かされている種のなかに，擬態が対抗適応として進化した。しかし，主要な天敵が鳥だとしても，その対抗適応はさまざまである。味の悪い種になる，というのも擬態とは異なる対抗適応である。進化の原動力は突然変異であり，突然変異には方向性はなくランダムに起こる。そして自然淘汰により，その生物の住む環境に対し，より適応した形質をもつ個体の子孫が生き残る。

ツマグロヒョウモンはベイツ型擬態種か

　この章の冒頭で「モデルなき擬態はありえない」と書いた。しかし，その一

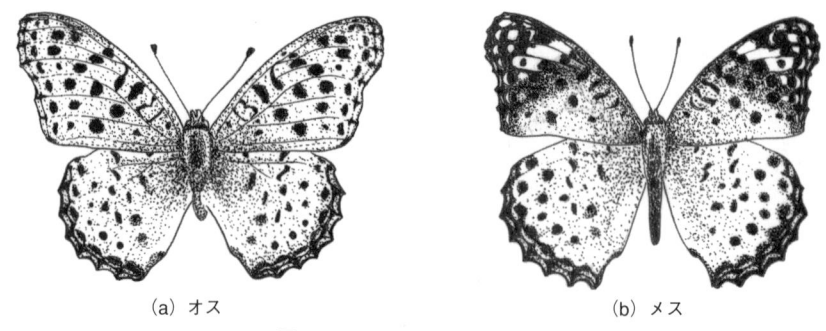

(a) オス　　　　　　　　　　　　　(b) メス
図 12-4　ツマグロヒョウモン。

図 12-5　カバマダラ。

方で，ツマグロヒョウモンを「モデルなきベイツ型擬態種だ」と考える昆虫学者がいる。なぜそう考えるのかというと，ツマグロヒョウモンは典型的な性的二型を示すからだ。オスは翅全体がヒョウモンチョウ特有の黄色に黒の豹柄模様を示すので，オスが原型と考えられる。しかし，メスの前翅の縁から半分は黒くなっているので他のヒョウモンチョウと容易に区別ができる（図 12-4）。したがって，メスに変異型が現れたと考えられる。そのメスの翅型模様は，沖縄に住むマダラチョウ科のカバマダラによく似ている（図 12-5）。また，ツマグロヒョウモンも沖縄に生息している。したがって，ツマグロヒョウモンのメスは，カバマダラのベイツ型擬態種だと言われている。

第 3 章と第 8 章で触れたが，性的二型には 2 つのタイプがある。1 つは性淘汰の結果と考えられており，これは主にオスだけに変異型が現れる。もうひとつは，本書で解説したようにベイツ型擬態である。これは主にメスに出現する

変異型で，オスだけに出現することは，まず，ありえない。その点でも，ツマグロヒョウモンは立派にベイツ型擬態の要件を兼ね揃えている。問題は，このツマグロヒョウモンが，モデルのいる沖縄だけでなく，モデルのいない西日本一帯から関東地方にまで分布していることだ。

このツマグロヒョウモンは地球温暖化の影響で北上著しい種と言われている。一方のモデルのカバマダラは，近年，九州本土に分布を広げたばかりだという。したがって，本州に生息するツマグロヒョウモンは，モデルのいないベイツ型擬態種だと言われている。はたしてそうなのだろうか。

そこで，ツマグロヒョウモンに対して，ここまで紹介してきた擬態と進化生態学の論理を当てはめて，ツマグロヒョウモンは，はたして「モデルなきベイツ型擬態種」なのかどうかを検討してみよう。なお，私のツマグロヒョウモンに対する知識は，上にあげたことがすべてである。したがって，以下の話のなかで，ツマグロヒョウモンに関する新たな知見が書き込まれていたならば，それはすべて仮説の類で，真偽については改めて検証を必要としている。

帰無仮説

ある課題を問題にするときに，研究の出発点として帰無仮説（null hypothesis）を考えてみる。帰無仮説とは，本来は統計用語で，統計的検定を行うときに初めに立てられる仮説で，「AとBに差はない」と仮定される。そして，統計的検定によりこの帰無仮説が棄却されることにより「AとBに差がある」ことがわかる。検定仮説を無に帰るという意味で，検定仮説のことを帰無仮説と呼ぶ。

同じことが生態学の研究の場でも行われる。たとえば，第8章で紹介した擬態のコストを調べたときに，伊丹市昆虫館でシロオビアゲハの累代飼育をした。このときに，「擬態型と原型に死亡率の差がなく，交尾率にも産卵数にも差がないとして，メスとオスの性比が1：1とした場合に，ハーディー-ワインベルグ法則が示すように，最初に持ち込まれた擬態率はそのまま維持されるはずである」とした。これが帰無仮説である。この帰無仮説が棄却され，擬態率は減少した。したがって，擬態率が減少したことを説明する作業仮説が必要となった。その作業仮説の1つとして，擬態のコストが浮かび上がったのである。

佐藤芳文と私が，モンシロチョウ属のチョウの食草選択は，寄生性天敵のアオムシコマユバチを避けるメカニズムとして進化したのではないか，という研究を行ったときに，2つの帰無仮説を立てている。1つは「寄生性天敵のアオムシコマユバチはモンシロチョウ属の共通の天敵である」という帰無仮説である。ヨーロッパでは，アオムシコマユバチはモンシロチョウ属の複数の種に寄生していることがわかっていたからだ。しかし，野外で採集したモンシロチョウ属の3種の幼虫のうち，実際に寄生されていたのは，ほとんどがモンシロチョウの幼虫だった。したがって，帰無仮説は棄却された。そのために，では，なぜモンシロチョウだけが主に寄生されているのかを説明する作業仮説が必要となった。

　もうひとつの帰無仮説は，「チョウが利用している食草は，幼虫の発育にとって質的に最も良い食草だ」という帰無仮説だった。幼虫にとって最も良い食草は，生存率が高く，成長速度が速く，蛹体重が重くなる，などから評価される。しかし，実際には，周囲にもっと良い植物があるにもかかわらず，そのような良い食草を必ずしも利用しているわけでないことがわかった。帰無仮説は棄却されたのである。そこで，なぜ良い食草を利用していないかを説明する作業仮説が必要となった。

　帰無仮説は，最終的に棄却されるべき仮説で，誰でも当然と考える仮説が否定されたので，では何故という作業仮説が生まれる。つまり，帰無仮説が棄却されることにより新たな研究が始まるのである。多くの人は，この帰無仮説を無意識に立てて研究を始めており，取り立てて帰無仮説という言葉を使っていない。しかし，研究は帰無仮説を立てることから始まっているのである。

　帰無仮説は，もし検証されなかったなら，そのまま定説として通ずる可能性のある，妥当性の高い仮説である。したがって，検証したときに，必ずしも帰無仮説は棄却されない場合がありうる。その場合には，擬似相関（quasi-correlation）に陥る危険性がある。擬似相関とは，2つの事象に因果関係がないのに，見えない要因（潜伏変数）によって因果関係があるかのように見えることである。したがって，再度，帰無仮説を設定しなお直す必要がある。

　帰無仮説が棄却されたときに，帰無仮説に対立する仮説，対立仮説が検証されるべき作業仮説となる。作業仮説は1つだけではいけない。考えられる複

数の仮説を常に考えなければならない。これを代替仮説（alternative hypotheses）という。作業仮説が1つだと，擬似相関ということがありうるからだ。

たとえば，性淘汰は性的二型を引き起こす。擬態種は性的二型がある。したがって，擬態種に性的二型があるのは性淘汰の結果である，のようなことである。実際に擬態種に性的二型があるのは，性によって捕食圧が異なり，擬態には生理的コストがかかるので，捕食圧の高い性だけが擬態型になったからである。

なお，帰無仮説など立てずに，初めから代替仮説を並び立てれば良いのではないか，と主張する人もいる。私も，それができるならそれで良いと考える。しかし，問題点を設定する場合に，まず帰無仮説を立ててみると，その後に代替仮説をスムーズに考えだすことが容易にできるようである。

代替仮説

ツマグロヒョウモンはモデルなきベイツ型擬態種なのだろうか。この問題を明らかにするためには，帰無仮説を「ツマグロヒョウモンがベイツ型擬態種ならモデルがいる」とする。私が本書でも強調したいのは，モデルがいなければ擬態そのものが存在しえない，ということである。したがって，帰無仮説はこうなる。

九州以外に分布するツマグロヒョウモンの場合は，モデルはいなかった。したがって，「ツマグロヒョウモンがベイツ型擬態種ならモデルがいる」という帰無仮説は棄却された。そうならば，九州以外でツマグロヒョウモンはなぜモデルがいないのに，ベイツ型擬態種のような警告色の翅型模様をもっているのか。あるいは，そのようなチョウが，モデルがいない地域でなぜ生存できているのか，その理由を説明する必要が出てくる。その際の帰無仮説と対立する仮説，対立仮説が検証されるべき作業仮説となる。重要なので繰り返すが，作業仮説は1つだけではいけない。考えられる複数の仮説を常に考えなければならない。これを代替仮説という。作業仮説が1つだと，擬似相関ということがありうるからだ。つまり，ベイツ型擬態には性的二型がある。ツマグロヒョウモンにも性的二型がある。したがって，ツマグロヒョウモンはベイツ型擬態である，という現象自体が擬似相関の可能性があるからだ。

しかし，沖縄にはツマグロヒョウモンのモデルと考えられるカバマダラがいる。したがって，沖縄ではツマグロヒョウモンはベイツ型擬態種として効果を発揮している可能性がある。この，沖縄ではモデルのいる擬態種で，本州ではモデルがいないにもかかわらず生息している，という2つの現象を同時に説明する代替仮説を考えてみよう。以下にあげる5つの仮説はすべてそれぞれが代替仮説の1つである。

仮説Ⅰ：「ツマグロヒョウモンの分布拡大が急速で，モデルの分布拡大が追いついていない。」

地球温暖化に伴って南方のチョウが急速に分布を北方に拡大しているのではないか，ということが前提になっている仮説である。そうならば，もしツマグロヒョウモンがベイツ型擬態種ならば，そのうちに，モデルのいない地域のツマグロヒョウモンは絶滅するだろう。擬態型は捕食者にとってより価値のある餌だから対抗適応として擬態を獲得した。餌の価値はカロリー量を処理時間で割って評価される。擬態するということは，処理時間にモデルに対する認知時間や回避時間が加算されることで，より価値の劣る餌になることである。したがって，擬態型はモデルがいなければ，より価値のある餌として目立つ分だけ鳥に集中的に襲われる。ツマグロヒョウモンのメスはすべてが擬態型である。したがって，ツマグロヒョウモンが絶滅することで，この仮説は検証される。

仮説Ⅱ：「ツマグロヒョウモンは味が悪い。したがって，沖縄ではカバマダラのミューラー型擬態種として振る舞っているが，カバマダラのいない地域では単独で味の悪い警告色をもつチョウとして振る舞っている。」

ミューラー型擬態種は，警告色をもつ味の悪い種同士が相互に似ることで犠牲となる確率を減らしている。だが，相方のいない場所では，単独で，警告色をもつ味の悪い種として振る舞うことができる。しかし，ミューラー型擬態種なら，両性が似ており性的二型はないはずである。ツマグロヒョウモンは性的二型がある。なぜメスだけしか似てないのだろうか。この点が，この仮説の弱点である。

しかし，第4章で触れたが，ミューラー型擬態種だからといって，両種の味が同じ程度にまずいとは限らない。むしろ異なっているほうが自然だろう。その際に，より味のまずくない種がより味のまずい種に擬態していると考えられ

る。この場合，より味のまずくないミューラー型擬態種がツマグロヒョウモンであると考える。そして，たとえミューラー型の味のまずいチョウといえども，擬態にはコストがかかると考える。したがって，捕食圧の高いメスだけがカバマダラに擬態した。つまり，ツマグロヒョウモンは，本州ではモデルなきベイツ型擬態種ではなく，相方なきミューラー型擬態種である，という仮説である。

　ヒョウモンチョウというチョウのグループは，ヘリコニウス（ドクチョウ）亜科 Heliconiinae のヒョウモンチョウ族 Argynnini のチョウの総称である。南米に生息するヘリコニウス（ドクチョウ）亜科のチョウはヘリコニウス（ドクチョウ）族 Heliconini のヘリコニウス（ドクチョウ）属 *Heliconius* のチョウであり，ミューラー型擬態を輩出している。そして単独で味の悪い種である。日本に分布するヒョウモンチョウのグループは，相互に酷似して種名を同定するのが難しいチョウである。このことは，ヒョウモンチョウのグループ自体が相互にミューラー型擬態の味のまずい種である可能性を示唆している。

　ツマグロヒョウモンの味や捕食率を，周囲に生息するチョウと比較し，より味が悪いかどうかとか，捕食率が低いかどうかとかがわかれば，この仮説の是非もわかるだろう。

　仮説Ⅲ：「警告色をもつ種や擬態型はゆっくりと飛ぶと言われているが，モデルのいない地域に進出した擬態種ツマグロヒョウモンは速く飛ぶ形質が淘汰され，捕食を逃れている。だからモデルがいなくとも生息できている。」

　つまり，速く飛ぶ，という新たな対抗適応を獲得して，捕食を逃れている，という仮説である。しかし，捕食者はチョウの寝込みを襲う。カカメガの森では，速く飛ぶ種ほど鳥に襲われていた。したがって，この仮説が正しい可能性は低い。さらに，この仮説を敷衍すれば，モデルのいない地域に，新たな対抗適応を獲得した「モデルなき擬態種」が満ちあふれていてもよいはずになる。しかし，そのような例はない。擬態理論を根底から覆す興味深い仮説だが，可能性は低いだろう。

　仮説Ⅳ：「ツマグロヒョウモンのメスがカバマダラに似ているのはたまたまで，性的二型があるのは，性淘汰の結果である。」

性淘汰は2通りある。異性間性淘汰と同性内性淘汰である。前者なら，メスの特徴ある翅型模様は，交尾活動でオスにメスと認識されるリリーサーとして進化した，という仮説である。後者なら，タカ-ハト-ブルジョア戦略に見られる縄張り行動の結果かもしれない，という仮説である。しかし，翅型模様はリリーサーとして進化したのか，固有の翅型模様をリリーサーとして利用しているのか，リリーサー説は因果関係の検証が難しいだろう。そして，ツマグロヒョウモンを含めて，メスのチョウが縄張りを形成する例を，私は知らない。

　仮説Ⅴ：「南方から本州に移動してきた渡り鳥にとって，モデルのカバマダラの記憶が強烈に残っている。」

つまり，モデルは遠方に存在し，鳥はそのモデルのトラウマから，ツマグロヒョウモンを避けている，という仮説である。この仮説は，カバマダラが，依然としてツマグロヒョウモンのモデルであることを前提にしている。したがって，「モデルなきベイツ型擬態」の議論とは本来自家撞着になる。しかし，この仮説が本州にツマグロヒョウモンがベイツ型擬態種として生息していることを説明している可能性は低いと思う。上杉兼司が検証した負の頻度依存淘汰が示しているように，同所的に生息している鳥でさえも，記憶は薄れ，モデルが減れば，擬態種を捕食するのだ。したがって，たとえ定期的に渡りをする鳥といっても，遠隔地の遠い記憶がいつまでも有効とは考え難い。

　いずれにしても，この仮説の是非を検証する場合には，鳥の渡りの実態をまず知る必要がある。別の種で，この仮説を主張している例はある。しかし上にあげた理由で，私は懐疑的である。

　以上5つの代替仮説をあげてみた。そのほか，どのような代替仮説が考えられるだろうか。どの代替仮説が正解かは今後の検証研究に委ねるが，私は仮説Ⅱのミューラー型擬態説が最も妥当だと考えている。

擬似相関

　ところで，地球温暖化は事実であり，南方の種が分布を北に広げているのも事実であると思う。しかし，上に掲げた代替仮説の前提となる，ツマグロヒョウモンの分布拡大を，地球温暖化と重ね合わせて即断することに，私はためらいを感じる。モデル種と言われるカバマダラと擬態種ではないかと言われるツ

マグロヒョウモンが，以前は南国で安定した系を作っていたとしよう。その系が壊れ，ツマグロヒョウモンだけが雪が降り氷の張る北方にまで分布を急激に広げたことを，単純に，地球温暖化だけで説明することは可能なのだろうか。モデル種と擬態種の系から，擬態種だけが離脱して分布を北に拡大した要因を，地球温暖化以外に求める必要があるように思える。

　たとえば，地球温暖化が問題となっている現在，それに呼応するように，オオモンシロチョウはシベリアから北海道の西海岸に侵入した。そして，3～4年かけて東海岸に東進するとともに，本州北端の青森県から岩手県北部にかけて徐々に南下している。日本の在来種と思われているモンシロチョウも，江戸時代に日本に侵入したのではないか，と考えられている。現在は，日本全土に分布し台湾にも生息している。しかし，1920年代の中ごろまでは九州本土が南限の北方のチョウだった。奄美大島で初めて発見されたのは1927年で，沖縄では1925年に迷蝶としての採集記録があるが，明らかな土着の記録は1966年ころからである。台湾では1961年に初めて採集された記録があり，現在は普通に生息している。オオモンシロチョウもモンシロチョウも，地球の寒冷化に伴って分布を南に広げたわけではない。南北に長い日本に侵入したチョウは，分布を広げようとしたならば，南に行くか，北に行くしかできないのである。そして，チョウの種類は南方のほうがより多い。したがって，南下するチョウより北上するチョウのほうが圧倒的に多いのである。

　ツマグロヒョウモンの分布拡大を，地球温暖化と即座には結び付けられない別の理由として，私は雪が40～50cmの規模で降る琵琶湖の畔に1992年から住んでいるが，引っ越した当初から，庭にやってくるチョウのなかで，モンシロチョウに次いで個体数の多いのがツマグロヒョウモンだからである。地球温暖化だけで，この過酷な降雪地帯の冬を，南国のチョウが生き抜いているのだろうか。ツマグロヒョウモンの幼虫は本来，タチツボスミレ *Viola grypoceras* などの野生のスミレの葉を食べて育つが，ビオラなどのスミレの園芸品種でも十分に育つ。西日本にツマグロヒョウモンの個体数が増加した背景として，このようなスミレの園芸品種の栽培が盛んになったことに原因があるという人もいる。モンシロチョウの分布拡大は，キャベツの栽培の拡大と，時間をずらしながらも軌跡を重ねている。

ツマグロヒョウモンに限らず，昆虫の北上を地球温暖化で説明するためには，考えられる代替仮説を幾つか立てて，地球温暖化以外の仮説を棄却できて初めて地球温暖化をその要因として掲げることができる。そうでないと，単なる擬似相関の可能性が疑われる。多くの昆虫の北への分布拡大が地球温暖化と結び付けて説明されるときに，他の代替仮説が検討された形跡がないことに，私は危うさを感ずる。

　現在，一流と言われる生態学の国際誌に掲載される論文は，仮説検証型の研究が主流になっている。その際に，作業仮説が1つで代替仮説がないと，代替仮説がないという理由だけで，論文の受理を拒否される。地球温暖化と関係ないことでも，世間に流布している生態学上の解説で，擬似相関だと思われるケースはしばしば見られる。それは代替仮説の検討が不十分だからである。

13章
仮説の提言と検証

至近要因と究極要因

　私は前章の第 12 章を書き始めたときには，第 12 章で筆をおくつもりだった。しかし，最終章として，さらにこの章を付け加えることにした。なぜかというと，帰無仮説，代替仮説，擬似相関と筆を任せているうちに，世の中の生態現象が，擬似相関で解説されている例が，予想外に多いのではないかと思ったからである。それは生態学的研究を行う際に，仮説検証型の研究を行っていない人が意外と多いからである。その点について，改めて言及したい。

　仮説検証型の研究を行っていない人が多い，というと，怪訝に思う人がいるかもしれない。研究を計画し，実験を行うときに，誰でも，意識的にしろ，無意識的にしろ，常に仮説を立てている。そして，それを検証した結果を論文にして書いているはずである。しかし，その一方で，仮説検証型の研究を軽薄だと非難する人々がいるのも事実である。彼ら自身の研究も，程度の差こそあれ，仮説検証で成り立っているのだが，それでも，仮説検証型の研究を軽薄だと非難する。したがって，逆説的だが，仮説検証型の研究をしてない人がいるのである。それには理由がある。

　人の興味は多様で，同じ現象に対しても，人は異なった角度から，その現象を引き起こした要因を解析しようとする。したがって，仮説の立て方も異なり，仮説検証の意味も異なってくる。生物学上の現象を引き起こしている要因は，大きく 2 つに分けられる。至近要因 (approximate factor) と究極要因 (ultimate factor) である。至近要因は生理的要因とも言われ，究極要因は生態的要

因とも進化的要因とも言われる。

　たとえば，モンシロチョウはキャベツを好んで産卵する。なぜキャベツを好むのか，その要因を明らかにする際に，至近要因に興味がある研究者だと，キャベツにはモンシロチョウが自種の幼虫の食草だと識別できる化学物質があるはずだと考える。そして，モンシロチョウはその化学物質を目印に食草を探し出し，産卵活動を行っているとして，その化学物質を特定し，構造式を決定する。その結果は，結果に対し懐疑的な人にもグーの根も言わせぬ確実な物証を突きつけることができる。その際に，生理学者はやみくもに化学物質を調べるわけではない。ある程度の当たりをつけて研究を進める。これが仮説を立てることになる。その結果，割り出された化学物質は，モンシロチョウがキャベツに産卵する至近要因となる。

　しかし，目下のところ，モンシロチョウをキャベツに誘引する正確な至近要因はまだわかっていない。アブラナ科のすべての植物に含まれているカラシ油配糖体という化学物質を認識しているのはわかっているが，他のアブラナ科の植物と区別できる化学物質が何なのかは，まだ正確にはわかっていないのである。それにしても，至近要因は確実な物証を求める学問である。

　一方，モンシロチョウのキャベツを認識するカギが至近要因にあるにしても，進化の過程でなぜキャベツを選択するようになったかには別の理由がある。そのような，モンシロチョウにキャベツを選択するような進化を促した要因が究極要因である。

代替仮説再考

　モンシロチョウが，主にキャベツを食草として利用して，他のアブラナ科植物，特に野生のアブラナ科植物を利用していない究極要因を求める第一歩として，佐藤芳文と私は「モンシロチョウは栄養的に最も優れた植物を選んでいる」という帰無仮説を立てた。もし，この仮説が検証されていたなら，この仮説をもって究極要因だと結論づけていたかもしれない。しかし，そのときには，擬似相関に陥る危険性がある。帰無仮説は常に棄却される仮説でなければならない。

　私たちの立てた帰無仮説は，幸い，幼虫の飼育実験により棄却された。し

たがって，この仮説を帰無仮説として，対立仮説を7つあげ，これらを代替仮説として，そのひとつ一つを検討した。代替仮説は以下の7つである。系統的限界仮説，空間分布仮説，時間分布仮説，歴史仮説，植物の大きさ頻度仮説，種間競争仮説，天敵回避仮説（詳細は『昆虫個体群生態学の展開（久野英二編著，1996)』を参照)。その結果，つぶすことができなかったのは天敵回避仮説だけだった。そこで天敵回避を究極要因とした。このように，究極要因の割り出しのために傍証は固めているが，至近要因のような確実な物証はない。代替仮説のなかで最も整合性の高い仮説を究極要因としている。

ダーウィンも進化論を説明する際に物証がなく傍証を固めた。それでも疑惑をもつ人々はなかなか信じようとはせず，単なるお話と揶揄した。ベイツが，モデルとなるヘリコニウス科のチョウの変異を示し，その変異に対応した擬態種を示すことで，ようやくダーウィンの進化論を信ずるようになる人が増えた。しかし，ベイツの提示した例も，傍証である。

究極要因でも因果関係のはっきりとした研究対象はある。その一方で，傍証を固めて論証せざるをえない研究対象もあるのだ。その場合の究極要因の割り出しは，幾つかの合理的な代替仮説を立てて，擬似相関を排除し，排除できなかった要因を，進化を促した究極要因として受け入れている。

しかし，物証がない傍証だけの仮説検証は，実証主義を重んずる考えの人から見ると，科学的対応とは映らずに，単なるお話に聞こえるようである。特に，斬新な発想による代替仮説になると，真面目な科学的対応とはみなされない傾向がある。たとえば，第3章で紹介した，ザハヴィのハンディキャップ学説を思い起こしてもらいたい。クジャクのオスは，役にも立たない豪華で長い尾羽の飾り羽のような派手なハンディキャップを自分に課すことで，自分がいかに健康で優秀な遺伝子の持ち主であるかをメスにアピールしている，という学説である。その学説を初めて仮説として聞いた人なら，これが真面目な科学かと，耳を疑う人が出てきても，何ら不思議はないだろう。

生態学以外の分野の人々が，そのような傍証で固めた仮説検証になじめず，確実な物証を求めて至近要因を明らかにする研究を行うことは，その人の興味の持ちようであるからもっともなことだと思う。しかし，生態学という学問のなかには，進化論に代表されるような，なかなか物証は得られないため傍証で

固めざるをえないが，生物の世界の原理原則を説明する学問分野があるのである．そのような一見不確かに見える究極要因を求める研究を厭う研究者は生態学の研究者のなかにもおり，代替仮説を並べたてて究極要因を割り出す研究を，仮説検証型の研究と規定して，そのような究極要因を求めることを軽薄だと非難する．

　ここでお断りしておきたいのは，代替仮説の位置づけである．誰でも研究を続ける際には1つの仮説だけではなく，幾つかの仮説を念頭におき，取捨選択し，検証を繰り返して妥当な結論を得ていると思う．したがって，特別に代替仮説をあげていなくとも，常に代替仮説を検討している，という反論もあるだろう．しかし，私が強調しておきたいのは，代替仮説は形に表さなくてはならない，ということである．現象を説明する際に合理的に考えられる代替仮説を列挙し，そのすべてを検討した結果，否定できずに残った仮説を究極要因として規定した，ということを明示しなければならない．この代替仮説の提示が不徹底な場合に，擬似相関に陥っているケースが見られるのである．

擬似相関再録

　モンシロチョウの産卵植物選択の究極要因を明らかにするための代替仮説の1つに，系統的限界仮説をあげた．植物と昆虫の現在の関係は，相互に進化の袋小路に行きついた結果であるとする仮説である．一見，説明のつかない食性でも，植物と昆虫それぞれの系統樹を押さえて相互の関係を調べれば，関係の必然性がわかるという，目下の時流の仮説である．しかし，佐藤芳文と私の研究で，モンシロチョウ属のチョウには，この仮説が当てはまらないことがわかった．論拠の1つは，北海道にキレハイヌガラシ *Rorippa sylvestris* という植物があったからだ．

　キレハイヌガラシは大正末期の1920年ころに，北海道大学の館脇操によって北大農場で初めて発見された帰化植物である．カナダから牧草の種子に混ざって侵入したと考えられているが，原産はヨーロッパである．北海道に侵入後は，種子が牛糞や鶏糞などの有機肥料に混ざって全道に広がり1960年ころには北海道では害草として認識されるようになっていた．

　モンシロチョウ属のチョウのなかにエゾスジグロシロチョウというチョウが

いる．このチョウの幼虫時代の食草は，主に，西日本ではスズシロソウ *Arabis flagellosa*，近畿ではハクサンハタザオ *Arabis gemmifera*，東日本ではヤマハタザオ *Arabis hirsuta*，北海道ではエゾハタザオ *Arabis pendura* であった．いずれもがアブラナ科ハタザオ属の植物である．このハタザオ属の植物は質的条件が大変に悪く，エゾスジグロシロチョウでさえ，他のアブラナ科の植物を飼育条件下で与えると，ハタザオ属の植物を与えた場合よりも速く成長し，大きな蛹になり，生存率も高かった．それなのにエゾスジグロシロチョウは野外ではハタザオ属の植物だけを利用していたので，系統的限界説が有力な代替仮説の1つだった．

1990年ころに私たちが札幌近郊でエゾスジグロシロチョウの食草を調べたところ，最初は，ハタザオ属のエゾハタザオとキレハイヌガラシの両方にエゾスジグロシロチョウの幼虫はいた．しかし，そのうちに，エゾスジグロシロチョウは全面的にキレハイヌガラシからだけ見つかるようになっていた．第12章で述べたように，本州ではエゾスジグロシロチョウは他の植物に覆われるようなアブラナ科のハタザオ属の植物を利用している．その結果，幼虫に寄生するアオムシコマユバチの寄生を逃れていた．しかし，北海道のハタザオ属からエゾスジグロシロチョウは発見できなくなり，おびただしい数の幼虫がキレハイヌガラシからだけ発見されるようになったのだ．

ハタザオ属の植物は，利用しているエゾスジグロシロチョウにとってさえ栄養的にはすこぶる劣悪な植物だったが，利用することで寄生蜂から逃れることができていた．しかし，キレハイヌガラシは自身が群生することで，キレハイヌガラシ群落の内部で生活するエゾスジグロシロチョウ幼虫を寄生蜂から守っていた．それだけでなく，栄養条件が非常に良い食草だった．したがって，キレハイヌガラシを利用したエゾスジグロシロチョウは適応度を飛躍的に改善できたのである．エゾスジグロシロチョウは，系統的な関係に束縛されずに適応度の改善される植物を選択していたのだ．系統的限界仮説は否定された．しかし，もしキレハイヌガラシが北海道に侵入してなく，もし，私たちが天敵回避仮説を考えだすことができなかったなら，系統的限界仮説を究極要因とする擬似相関に陥っていたかもしれない．

第12章で紹介したように，北海道にオオモンシロチョウが侵入したことに

伴い、モンシロチョウの幼虫に寄生していたアオムシコマユバチが、オオモンシロチョウに寄主選好性を変えた。その結果、アオムシコマユバチの幼虫に寄生する二次寄生蜂はモンシロチョウに寄生しているアオムシコマユバチの幼虫に寄主選好を継続したが、アオムシマユバチの蛹に寄生する二次寄生蜂はオオモンシロチョウに寄生しているアオムシコマユバチの蛹に寄主選好を変えた。そのほうが、適応度が高くなるからである。エゾスジグロシロチョウがハタザオ属からキレハイヌガラシに寄主転換を示したのも、適応度が高くなるからである。種の形質は不変ではない。ダーウィンの唱えた生存競争と自然淘汰に従い、より適応度を上げることができるなら、形質は速やかに進化するのである。

なお、北海道でもキレハイヌガラシが侵入してない地域、たとえば大雪山の山奥では、エゾスジグロシロチョウは、樹林地帯のタネツケバナ属のコンロンソウ *Cardamine luecantha* をスジグロシロチョウとともに利用している。その理由は、また別の機会に譲りたい。

私たちが北海道でモンシロチョウ属の食性の研究を開始した1990年代には、キレハイヌガラシは、日本では北海道にしか分布していないと聞いていた。しかし、キレハイヌガラシはいつのまにか、東北地方に侵入し、本州を南下して現在は長野県まで分布を広げている。このように、地球温暖化の陰で南下し続けているのは、モンシロチョウやオオモンシロチョウだけでなく、植物にも存在している。私が調査対象とした種だけでも、南下を続けている種はこれだけある。他は推して知るべしで、多くの生物は分布を広げている。序章で触れたが、ダーウィンやウォレスの説いた種分化のメカニズムの第一歩は、生物は移動を通して分布を拡大することにある。南北に長い日本では、南から北に分布を広げている種もあれば、北から南に広げている種もいるだろう。このことは、代替仮説を十分に立てずに要因を時流で解説すると、ここでも擬似相関に陥る危険性があることを示している。

良い研究とは

私が名古屋大学の大学院に入学したとき、指導教官の巖俊一先生（当時は助教授で、2年後に京都大学教授として転出された）に、2つのことを助言された。「好きなことを研究しなさい。好きこそものの上手なれだ」。「ただし、

良い研究をすることを心がけなさい。良い研究とはストーリー性のある研究で，聞いていて面白いと感じる研究だ」。

　良い研究とは何か。それは重い課題だった。昆虫は100万種いるとも200万種いるともいう。その種数を考えたときに，未知のことは無限にあるように思われた。そのなかで，何を研究したなら良い研究になるのか。よく誤解されるのだが，昆虫学は理学部の生物学科に開講されているのではなく農学部に開講されている。日本に初めて大学が設置された明治時代に，農学は日本の基幹学問で，昆虫学は害虫防除を念頭において農学部に開講された。このことを今では農学部に在籍している学生でさえ知らないことがある。実は私もそうだった。子供のころからチョウを採集していたが，昆虫学という学問があり，農学部でそれを学ぶことができるとは，農学部に入った後にもしばらくは知らなかった。

　昆虫生態学において何が良い研究かを考えたときに，害虫防除に直接役立つ研究を考えた。当時，2つの有名な研究があった。1つは高知県農林技術研究所の桐谷圭治（後に農林水産省農業技術研究所の昆虫科長）のプロジェクトチームが行った，稲の大害虫であるウンカの総合的防除研究だった。化学的防除万能の時代に，ウンカを取り巻く生態系の研究を通して，クモや寄生蜂などの天敵類が効果的に働く時期を避けて農薬を散布することを提言しており，水稲栽培における農薬散布量の劇的な減少を引き起こしていた。

　もうひとつは，沖縄農業試験場の伊藤嘉昭（現名古屋大学名誉教授）のプロジェクトチームのミバエ類の絶滅研究だった。アメリカの統治を受けていた沖縄が日本に復帰したことを記念して始まった研究で，当時，沖縄名産のゴーヤなどのウリ類にはウリミバエ *Dacus cucurbitae* が，マンゴーなどの果実類にはミカンコミバエ *Dacus dorsalis* という大害虫がいて，ウリ類や果実類を沖縄から本土に移出することが禁じられていた。そこで，ウリミバエを大量飼育してコバルト60を照射して不妊化し，野外に放すことで野生のウリミバエと自然に交配させ，新たに生まれる野生のウリミバエを減少させ，最終的に絶滅に至らせる，という研究だった。ミカンコミバエの場合は，ミカンコミバエのオス成虫を誘引する香料の一種であるメチルユージノールと殺虫剤を混ぜた誘殺剤を野外にばらまき，これでオスを大量に誘殺した。現在，沖縄のウリ類や果

実類は，日本の各地で賞味されている。

　このような研究は経済活動に直結するので世の中に大きく貢献していることが即座にわかる良い研究である。農学部で昆虫学を修めた学生ならば，一度は夢見る研究だと思う。私もそのような研究をすることを夢見た。しかし，大学院の学生の身では，そのような構想の大きな応用研究はできない。桐谷圭治と伊藤嘉昭は『動物の数は何で決まるか』(NHKブックス) という共著の本を書いていた。その本で彼らが最も強調していた結論は「最も基礎的なことが，最も応用的である」ということだった。応用研究は基礎研究の成果を融通無碍に活用する大変にユニークな研究であり，基礎研究の土台なしに応用研究は成り立たない。したがって，彼らの優れた応用研究は，その途上で，徹底的な基礎研究を並行して行っていた。

　基礎研究を行う，というのは，防除を対象とした昆虫の基礎的情報を徹底的に明らかにする，という意味ではない。大切なのは，害虫防除の発想の基となる，昆虫の生理や生態の原理原則を明らかにする，ということである。たとえば，現代遺伝学はショウジョウバエを用いて大発展した。遺伝子工学はゼニゴケのゲノム解析を通して大発展した。一見，応用には無縁と思われる材料を用いても，それまで人類が知らなかった原理原則を明らかにすることが，応用学に結び付く基礎学の役割である。私が農学部に在籍しながら，チョウの擬態研究という，一見応用学とは無縁の基礎研究を行っているのも，昆虫生態学の未知の基礎理論を明らかにしたいからである。

仮説の提言と検証

　良い研究とは何か。それをもう少し具体的に説明されたのは，私が文部省在外研究員として，そして引き続き客員助教授としてアメリカ・ノースカロライナ州のデューク大学に滞在したときだ。受け入れ先のマーク・ラウシャー教授が，私が日本で行った研究を論文として書き上げ，彼にコメントを求めたときに，その論文を一瞥して，彼は研究論を熱っぽく語り出した。「良い研究とは，まだ誰も考えたことのない仮説を新たに提言することだ。たとえば，ダーウィンの進化論は，あれは仮説だ。大仮説だ。あれほどの大仮説はともかく，プロの研究者なら，生物社会の仕組みを説明する新たな仮説を提言しなければなら

ない」。「次に良い研究は、まだ誰も検証してない仮説を検証することだ。たとえ、それが反証となり仮説を否定する結果になるにしても、重要な仮説を反証する研究は優れた研究だ」。

ラウシャーは、コーネル大学の大学院生時代に、鳥にあるとされていた探索像はチョウにもあるという仮説を立て、それを検証した。さらに、チョウの探索像に対して、産卵植物は多型という形で探索像を撹乱している、という仮説を立てて、それを検証した。私が留学していた当時、ラウシャーが手がけていた研究は、植物の誘導抵抗性の検証だった。植物は昆虫による食害を避けるために、本来は成長や繁殖に振り向けたいエネルギーを割いて、防衛化学物質を生成している。従来考えられていた防衛化学物質は実際の食害の有無にかかわらず常に保険的に生成している構成防衛物質だった。それに対して、普段はエネルギーをかけてまで防衛物質を生成してないが、実際に食害が始まったときに急遽防衛物質を生成する誘導防衛物質というものがあるはずだ、という新たな仮説を提言し、その誘導防衛物質の存在を検証しようというのが彼の研究だった。新たな仮説の提言と、まだ検証されてない仮説の検証こそが、研究者の目ざすべき研究だ、というのが彼の主張だった。なお、植物の誘導防衛を検証したとする論文は、マルバアサガオ *Ipomea purpurea* とヨトウガ *Spodoptera eridania* を用いて、私も共同研究者の 1 人という形で、1993 年に *Ecology* に掲載された。

ラウシャーから見て、許容できる研究の範疇は、たとえば鳥の研究でわかったことが、はたして昆虫でも通用するのか、という系統上の遠い種での検証研究までだった。同じ昆虫の、たとえばトンボでわかったことが、チョウでも当てはまるか、というような研究は、すでに原理がわかっている研究だった。したがって、ある昆虫でわかった現象が、別の近縁の種にもあるのか、とか、あるにしてもどのように類似しているのか、あるいは相違するのか、という反復的な研究をテーマにすると、「それは原理がすでに明らかにされているから、プロの研究者がやるべき研究ではないよ」というのが常だった。

しかし、ここで指摘しておきたいのは、あるグループの昆虫を、ある観点から体系的に調べることで、生物社会の法則を明らかにした優れた研究も少なからずある、ということである。たとえば、弘前大学にいた正木進三のコオロギ

の光周性を基にした昆虫の生活史進化の研究，北海道大学にいた坂上昭一のハチの社会性進化の研究，九州大学にいた湯川淳一のタマバエのゴール形成と生活史の比較研究などは，ラウシャーの仮説検証型の研究に勝るとも劣らない優れたプロの研究である．私はこれらの研究を知ることで，昆虫生態学の世界に魅せられて研究者になることを目ざした．

要は，良い研究とは，これまで人類が知らなかった原理を明らかにすることで，新しい世界を開いた研究だと思う．月並みだが，新たなパラダイムを提示するような研究である．言葉を変えれば，巌先生のおっしゃったように，なるほど，と思わせるストーリー性のある面白い研究である．

研究者にはそれぞれ独自の信念と研究スタイルがある．私は，新たな仮説を提言するような，仮説検証型の研究スタイルが気に入り，そのスタイルを自分にも取り込みたいと思った．しかし，そのような研究スタイルを日本で貫くには，なかなか厳しい現実がある．

アメリカの大学と日本の大学で最も異なるのは，研究室の仕組みである．アメリカの大学は，教員はおのおのが独自に経営する研究室をもち，自分の研究スタイルと学生の指導方針は自分で決めることができる．しかし，日本の大学の研究室は講座制といって，教授，准教授（旧・助教授），講師，助教（旧・助手），という地位と権限の異なった教員で構成され組織されている．したがって，同じ講座にどのような考えの人がいるかで研究者の研究スタイルも大きく制約される場合がある．

発　想

仮説検証型の研究を批判する人は，研究対象を観察する際に，予断をもたずに虚心坦懐に観察し，克明なデータをとるべきだという．私はその主張に全く賛成である．仮説を立てるということは，予断をもつ，ということとは異なる．仮説は，具体的な研究対象をもたずに立てることもある．たとえばラウシャーのように，まず仮説があって，その仮説を検証しやすい材料を選ぶような場合もある．しかし，多くは，慣れ親しんでいる研究対象を観察することによって思いつくのである．ある現象を観察し，あるいはデータを検討したときに，何故だろうという疑問が湧き，仮説が生まれる．そして，その仮説を検証

する実験を行うのである。

　巌俊一先生は，大学院の講義の冒頭に，川喜田二郎の『発想法』と『続発想法』という本を示して，「発想」の重要さを説かれた。何故だろう，という疑問を常にもて，とおっしゃった。そして，その疑問の解答を常に考えるようにと主張された。そのときに，発想が重要になる。発想は，いつどのような形で浮かび上がるかわからない。道を歩いているときに思いつくかもしれない。あるいは夜中に目覚めたときに思いつくかもしれない。そして，次の瞬間に消え去って，二度と思い出すことができないかもしれない。したがって，常にメモ帳を身近におき，湧き出た発想をすぐに記録しなければならない，というのが大学院における先生の最初の講義の内容だった。

　さらに，発想は，ただ考えるだけでは浮かばない。音楽とか美術とかの芸術に触れて，感覚を鋭くしておかなければならない，とも言われた。巌先生はオペラが好きで，コンパの折など興が乗るとオペラの名曲を歌われた。学問的センスを磨くということは，芸術活動なのだという。少し話はずれるが，ラウシャーも，論文はわかればよいというものではなく，美しい論理を美しい言葉で書かなければならない芸術作品の1つだ，と述べていた。この主張には反論のある方がいるかもしれない。科学論文とは，わかりやすく簡潔に書けば十分だ，という主張もあるだろう。

　仮説検証型の研究では，どのような仮説を立てられるか，というのが研究の分かれ目で，仮説のいかんで良い研究にもなり，平凡な研究にもなる。その際に重要なのは発想である。

序論の構造

　ラウシャーは，*American Naturalist* や *Evolution* というアメリカの代表的な生態学や進化学の科学誌の編集長を歴任している。彼は，論文の書き方についても，いろいろと説明してくれた。論文は，「序論」，「材料と方法」，「結果」，「考察」から構成されている。ラウシャーが最も熱っぽく解説したのは，序論の書き方だった。彼は，序論は4部構成にすべきだと主張した。第1部は問題提起である。何が問題になっており，何を明らかにするかの論文の位置づけをまずしなければならない，と強調した。第2部は問題点に対する研究の

現状の説明である。ここで，何がどこまでわかっているかを明らかにする必要があった。第3部は研究対象となる材料の特性を，明らかにする問題点の立場から説明することだった。そして，第4部は仮説の提言であり，何をどこまで明らかにするか，論文で扱うゴールを示すことだった。

　論文の書き方も，ラウシャーの主張に大きな影響を受けた。そのほうが，国際的な研究の流れのなかで，自分の研究の位置を認識でき，その後の方向性を検討できるからだった。序論における問題提起や研究の位置づけ，研究の現状の解説は，勉強の成果であり，研究を論文という形で完成させる過程でかなりエネルギーを傾ける部分である。学生は，論文だけでなく，セミナーでの自分の研究発表の際にも，そのような序論を書くことにより，自分の研究が国際的にどのような位置にあるかを認識できるようになり，その後の研究の方向性を考える機会をもつ。そして，世界の第一線で研究を行っている，という自覚をもつようになるのである。おそらく，国際競争の激しい学問分野では，そのようなことは常識であり，取り立てて指摘すべきことではないのかもしれない。しかし，人によっては，ラウシャー説のような労力を傾けた序論を批判し，序論は簡潔にして，場合によっては，材料の紹介と研究の方針にとどめるべきだという。

　学会誌のなかには，特定の生物だけを扱った専門誌的なものもあるので，そういう場合は，序論に重きをおく必要はないのかもしれない。しかし，欧米の国際誌に投稿する場合には，研究の位置づけや現状を紹介した重厚な序論がないと掲載を拒否される場合もある。少なくとも，大幅な修正を求められる。

そんなはずはない

　自然界は複雑だという人がいる。しかし，本書で説いてきたように，明らかにしてみると，意外なほど単純な法則で自然界は支配されている。自然淘汰しかり，性淘汰しかり，頻度依存淘汰しかり，血縁淘汰しかりである。

　擬態種の性的二型は，1874年にベルトによって異性間性淘汰で説明された。その110年後の1984年に，シルバーグリードによって，異性間性淘汰は否定され同性内性淘汰が提唱された。しかし，多くの研究者は，異性間性淘汰説を捨てたわけではなく，異性間性淘汰と同性内性淘汰を並列に扱った。さら

に，1995年に私が，雌雄における捕食圧の差が原因だ，と指摘すると，3つの説が併記された。

　自然界は複雑だと考える研究者は画一的な説明を避ける。慎重に，種によって要因の寄与は異なり，性淘汰の場合もあるだろうし，捕食圧の差が原因の場合もあるだろうと考える。場合によっては幾つかの要因の複合効果ではないか，とも考えるだろう。しかし，代替仮説を掲げて究極要因を絞り込むと，多くの場合，主要な究極要因は1つで，複雑に見える生物社会も単純な法則で成り立っていることがわかる。

　2005年に私が明らかにしたことは，メスのチョウは餌として，より価値のある性であるがゆえに高い捕食圧がかかり，擬態のコストを払ってでも擬態するほうが有利なことだった。オスのチョウは餌として価値の劣る性であるがゆえに捕食圧が低く，擬態のコストを払ってまで擬態は進化しないと考えられた。メスのチョウだけが擬態するにしても両性とも擬態するにしても，擬態を促す淘汰圧は捕食圧だけで説明できる。すこぶる単純な法則のゆえに，私はこれが真実だと思っている。

　要は切り口の問題であり，どのような代替仮説を立てることができるかである。擬似相関を排除できるのも，新たな原理を発見できるのも，どのような代替仮説を立てられるかに負っている。一見複雑に絡んだ糸も，どのような代替仮説を立てるかで，鮮やかにほどけるのである。あなたが何かに思い至る。それを誰かに話したときに，「そんなはずはない」という答えが返ってくることがあると思う。しかし，そう言われたときが，新たなパラダイムを切り開いた瞬間かもしれない。

ベイツ型擬態研究の帰結

　ベイツ型擬態研究は，私が当初は予測しなかったさまざまな進化生態学の問題に私を直面させた。自然淘汰，性淘汰，頻度依存淘汰，血縁淘汰，緑ひげ効果，最適採餌戦略，等々。そのおかげで，私は進化生態学の世界にたっぷりと浸るとともに，遠い伝説の世界に存在していた研究者たちを，私と同じ目線で接する喜びを経験した。ダーウィン，ベイツ，ウォレス，ベルト，ミューラー。ベイツ型擬態研究を始めたときは，彼らのたどった研究生活と同じ軸上

に私がいる，という意識はなかった．彼らは伝説上の人物で，遠い過去の偉大な博物学者だった．しかし，擬態研究を通して，彼らの肉声が聞こえ，彼らの限界も知りえたと思った．

最も印象的だったことは，ミューラーの示した頻度依存淘汰仮説に対するダーウィンの反応だった．頻度依存淘汰仮説は，鳥はまずい味のチョウを何匹かついばんでみてまずい味を学習し，その後，そのようなチョウを忌避することを前提にしている．つまり，鳥が学習の成果をあげてまずい味のチョウを記憶し回避するまでに，犠牲となるチョウが必要なわけである．このことは，ダーウィンの進化論の基本とは矛盾した内容である．ダーウィンは，個体は生存競争を行い，より強い個体が勝ち残り，自分の子供をより多く残すように進化してきたとしている．その際に，各個体はいかに自分の子孫を残すか利己的に振る舞っているのであり，同種の他個体のために利他的に振る舞うことはありえない．しかし，ダーウィンでさえ，一部の犠牲者を必要とする進化も，犠牲者の存在は種全体にとっては良いことなので適応的と受けとった．ダーウィンの主張した進化の基本原理と矛盾した内容を，ダーウィンは疑問なしに受け入れているのだ．この事実は，私にダーウィンをぐっと身近に感じさせた．

私の出した結論も，今後，新たな仮説のもとに塗り替えられる可能性が全くないわけではない．しかし，私の出した結論が，どういう形になるにしろ，今後に研究者の意識の対象になりうるなら，それは研究者冥利に尽きるというものである．

あとがき

　元日に手にした新聞の特集に，気持ちの良い人間関係を築くうえで重要なことは，「疑問をもたない」，「その場の空気に合わせる」ことだ，と太字で書いてあった。日本の国是は古来より，「和をもって尊しとなす」である。しかし，研究者は，常に疑問をもつ存在である。優秀な研究者ほど，その場の空気を読めずに，自分の疑問を質す傾向がある。

　昨年（2008年）は，日本人のノーベル賞受賞者が輩出したことが大きな話題になった。医学分野のもうひとつのノーベル賞と言われるラスカー賞の受賞者も日本人だった。しかし，受賞者の多くが，依然として海外に流失した頭脳であることも話題になった。マスコミは，優秀な頭脳を日本に定着させ，花開かせるために，政府は科学研究費を増額し，特に若手の研究者を研究費の面で優遇する必要性があることを強く説いていた。

　確かに，そのようなハード面の改善は必要だろう。しかし，私は，もっと必要なのは，疑問をもち，その場の空気を読めない若者を，研究の場に受け入れる包容力というソフト面の改善だと思う。日本の伝統は，出る杭は打たれる，であり，研究の場もその例外ではない。若くはつらつとした頭脳は，不器用であり，長いものに巻かれる能力がなく，研究の場と一般社会の場をうまく使い分けることができない場合が多い。そのような頭脳が海外に流失する最大の要因は，彼らを受け入れる包容力が日本の研究の場に不足しているからだと思う。しかし，流失した頭脳は海外で大きな包容力に出会い研究の場を与えられ，才能を花開かせた幸運な人々である。その陰で，日本に残ったことで彼らを受け入れる包容力との出会いがなく，研究の場から消え去った多くの優秀な頭脳がいるのではないだろうかと思う。

本書を書いてみると，私の生き方も，気持ちのよい人間関係を築く要諦（ようてい）とは逆行していたと思う。「何故だろうか」と常に疑問をもち，その場の空気を読めずに言葉としても表していた。だからといって，私が優秀なのだと言っているわけではない。第12章と最終章でも説いたように，単に擬似相関ということもある。しかし，社会的な場では不適応な私だが，私は，京都大学大学院農学研究科昆虫学研究室の教授だった巌俊一先生という大きな包容力に出会うことができ，日本に研究の場を与えられた。先生は，その2年後に51歳の若さで急逝された。もっと長生きしてほしかったとつくづくと思う。この場で巌俊一先生に，私の心からの感謝の意を記しておきたい。

本書を書くにあたり多くの方々に本当にお世話になったと思う。特に，以下に記す5人の方々の存在なくして，本書を書き上げることは不可能だっただろう。

彼が京都大学大学院理学研究科，私が名古屋大学大学院農学研究科の大学院生の時代から，さまざまな意見を交換してきた動物行動学者，京都医療科学大学の佐藤芳文さんには，本書全体の内容を，草稿の段階から二度三度と読んでいただいた。その結果，これまで彼と書いてきた共著論文を作成していく過程と変わらぬ，彼の深い洞察力に基づく議論が私との間に展開され，本書の草稿に存在したさまざまな問題点が浮かびあがり，解決したと思う。

10代からの友人である応用物理学者，京都大学大学院工学研究科の鈴木実さんには，私の理解の及ばない数理モデルなどの数学上の問題点を噛み砕くように解説していただくとともに，各章ごとの問題点を，明晰な科学者の立場から指摘していただいた。彼からの指摘は，E-メイルとして，東京，韓国，ロシア，オランダなど，彼が招待されて参加した数々の国際学会のさまざまな地から発信されていた。多忙な活動の合間の新幹線や空路のなかで私の原稿を読み，滞在先のホテルや，帰国直後の自宅から，そのコメントを発信していることがうかがわれた。

京都大学大学院農学研究科昆虫生態学研究室の同僚の西田隆義さんには，私と同じ専門分野の立場から，原稿を通読していただき，さまざまなコメントをいただいた。それ以上に，博覧強記の彼との日頃の議論から，本書を書くに至った私の研究に対して大きな影響を受け続けた。特に彼の著書『天敵なん

あとがき

てこわくない（八坂書房）』で述べられた，適応進化を引き起こした要因は表面から隠れている，という主張に同好の士を感じ，意を強くして本書の執筆を続けることができた。

妻の美貴子は，10代からの変わらぬ瑞々しい感性で，原稿を何度も読み，さまざまな感想をもたらした。それと同時に，本書全般にわたる挿絵を描き，表紙の絵も描いてくれた。本書は，その意味で，彼女との共著ともいうべき本である。

編集者の本間陽子さんは，本書を上梓する機会を下さるとともに，原稿を書き直すたびに，懇切丁寧な助言を繰り返された。彼女の粘り強い編集作業の結果，本書は完成した。以上の5人の方々には深甚なる謝意を表します。

なお，私はこれらの方々の助言を必ずしも全面的に取り入れたわけではない。意見の対立を残したまま，自説を主張した箇所もある。したがって，何か問題点があるとしたなら，それは一重に私に責任があることを付け加えておきたい。

本書を書くうえで浮かび上がったさまざまな問題を，多くの方々に相談した。ロンドン大学ロンドン校のジェイムズ・マレットさん。北海道大学大学院農学研究院の斎藤裕さん。名古屋大学大学院理学研究科の堀寛さん。京都大学大学院農学研究科の木下政人さんと那須田周平さん。信州大学理学部の市野隆雄さん。京都大学大学院農学研究科の卒業生でかつての共同研究者だった，近畿大学農学部の香取郁夫さん，北海道大学農学部の田中晋吾さん。これらの方々である。

さらに，一般読者の立場からの感想を求めた。チョウの愛好家の福島県立図書館の山下喜光さん，ならびに，弟の大崎次郎からである。

私の擬態研究は，ボルネオのビンコールの森とケニアのカカメガの森の調査と，伊丹市昆虫館での実験が基になっている。ボルネオには京都大学名誉教授の日高敏隆先生に連れていっていただいた。その際に，当時，日高研究室の院生だった大阪府立大学農学部の石井実さんにはさまざまな協力援助を受けた。ケニアへの派遣は，国際昆虫生理生態学センター（ICIPE）の理事である九州大学名誉教授の湯川淳一先生と，日本ICIPE協会事務局長の奈良女子大学理学部の佐藤宏明さんの尽力の賜物である。さらに，伊丹市昆虫館の職員の

皆様には大変にお世話になった。なかでも，当時の副館長の坂根隆治さんと，学芸員の奥山清市さんには，最大限の便宜を図っていただいた。

　私の研究生活の大半は，巖俊一先生を継いで昆虫学研究室の教授となられた久野英二名誉教授のもとでのものである。アカデミックな雰囲気のなかで放任ともいえる自由を得て，気ままな研究者の生活を送ることができた。至福の時である。本書に納めた成果も，その生活のなかから生まれた。これらの方々にも，心からの感謝の意を表したい。

　今年 (2009) は，ダーウィンが種の起源を出版した 1859 年より数えて 150 年目に当たる。ベイツにより，ベイツ型擬態が発表されたのが 1862 年で，ウォレスにより，チョウのベイツ型擬態はメスだけが擬態し，しかも一部のメスだけが擬態することを指摘されたのは 1865 年のことである。私がメスだけが擬態する理由を鳥の最適採餌戦略とチョウの体温調節機構に原因がある，と発表したのは 2005 年である。その際に，私は一部のメスだけしか擬態しない理由を，擬態すること自体にかかる擬態のコストと頻度依存淘汰の組み合わせで説明した。ダーウィンの種の起源より数えて 146 年後，ベイツの発表の 143 年後，ウォレスの発表から 140 年後のことである。本書のサブタイトルを「ダーウィンも誤解した 150 年の謎を解く」としたが，150 年は正しくは 140 年である。しかし，種の起源の出版 150 年目に当たる今年の出版を記念して，切りの良い 150 年の謎を解く，とした。

2009 年 2 月

大崎直太

参考文献

Andersson, M. 1982. Female choice selects for extreme tail length in a windowbird. *Nature* 299: 818-820.

Bates, H. W. 1843. Notes on Coleopterous insects frequenting damp places. *The Zoologist* 1: 114-115.

Bates, H. W. 1962. Contributions to an insect fauna of the Amazon valley. Lepidoptera: Heliconidae. *Transactions of the Linnean Society* 23: 495-566.

Bates, H. W. 1863. *The Naturalist on the River Amazon.* 2 vols, John Murray, London. ［長澤純夫・大曾根静香訳, 『アマゾン河の博物学者』, 平凡社 (1996)］

Belt, T. 1874. *The Naturalist in Nicaragua: A Narrative of a Residence at the Gold Mines of Chontales; Journeys in the Savannahs and Forests. With Observations on Animals and Plants in Reference to the Theory of Evolution of Living Forms.* John Murray, London. ［長澤純夫・大曾根静香訳, 『ニカラグアの博物学者』, 平凡社 (1993)］

Blount, J. D., N. B. Metcalfe, T. R. Birkhead and P. F. Surai 2003. Carotenoid modulation of immune function and sexual attractiveness in zebra finches. *Science* 300: 125-127.

Boggs C. L. and L. E. Gilbert 1979. Male contribution to egg production in butterflies: evidence for transfer of nutrients at mating. *Science* 206: 83-84.

Boggs, C. L. 1981. Selection pressures affecting male nutrient investment at mating in heliconiine butterflies. *Evolution* 35: 931-940.

Brower, L. P. 1969. Ecological chemistry. *Scientific American* 220: 22-29.

Burns, J. M. 1966. Preferential mating versus mimicry: Disruptive selection and sex-limited dimorphism in *Papilio glaucus*. *Science* 153: 551-553.

Chambers, R. 1844. *Vestiges of the Natural History of Creation.* John Churchill, London.

Clark, C. A. and P. M. Sheppard 1972. The genetics of the mimetic butterfly *Papilio polytes* L. *Philosophical Transactions of the Royal Society of London. Series B, Biological Sciences* 263: 431-458.

Coleridge, S. T. 1848. *Hints Towards the Formation of a More Comprehensive Theory of life.* John Churchill, London.

Cook, S. E., J. G. Vernon, M. Bateson and T. Guilford 1994. Mate choice in the polymorphic African seallowtail butterfly, *Papilio dardanus*: male-like females may avoid sexual harassment. *Animal Behaviour* 47: 389-397.

Darwin, C. 1839. *Voyages of the Adventure and Beagle, Volume III.* Henry Colburn, London. ［島地威雄訳, 『ビーグル号航海記』, 岩波書店 (1959)］

Darwin, C. and A. Wallace 1858. On the perpetuation of varieties and space species by natural means of selection. *Journal of the Proceedings of the Linnean Society of London. Zoology* 3: 46-50.

Darwin, C. 1859. *On The Origin of Species by Means of Natural Selection, or The Preservation of Favoured Raoes in the Struggle for Life.* John Murray, London. ［八杉龍一訳, 『種の起源』, 岩波書店 (1990)］

Darwin, C. 1871. *The Descent of Man and Relation to Sex.* 2 vols, Jhon Murray, London.

Darwin, E. 1792, 1796. *Zoonomia; Or The Law of Organic Life.* Joseph Johnson, London.

Darwin, E. 1806, 1807. *The Temple of Nature: Or, The Origin of Society: A Poem, with Philosophical Notes.* Joseph Johnson, London.

Dawkins, R. 1976. *The Selfish Gene.* Oxford University Press, Oxford. ［日高敏隆・岸由二・羽田節子・垂水雄二訳, 『利己的な遺伝子』, 紀伊國屋書店 (1991)］

Doyle, A. C. 1912. *The Lost World and Other Thrilling Tales.* Penguin Classics, London.

Edmunds, M. 1974. *Defence in Animals: a Survey of Anti-predator Defences.* Longman, Harlow. ［小原嘉明・加藤義臣訳, 『動物の防衛戦略 (上下)』, 培風館 (1980)］

Edmunds, M. 1974. Significance of beak marks on butterfly wings. *Oikos* 25: 117-118.

Edwards, W. H. 1847. *A Voyage Up the River Amazon, with a Residency at Para.* John Murray, London.

Ericksen, J. T., J. R. Krebs and A. I. Houston 1980. Optimal foraging and cryptic prey. *Journal of Animal Ecology* 49: 271-276.

Fisher, R. A. 1930. *The Genetical Theory of Natural Selection.* Clarendon Press, Oxford.

Gittleman, J. L. and P. H. Harvey 1980. Why are distasteful prey not cryptic? *Nature* 286: 149-150.

Grafen, A. 1990. Biological signals as handicap. *Journal of Theoretical Biology* 144: 517-546.

Hamilton, W. D. 1964. The genetical evolution of social behavior. I, II. *Journal of Theoretical Biology* 7: 1-52.

Hardy, G. H. 1908. Mendelian proportions in a mixed population. *Science* 28: 49-50.

Harvey, P. H., J. J. Bull and R. J. Paxton 1983. Looks pretty nasty. *New Scientist* 97: 26-27.

長谷川眞理子 2005. 『クジャクの雄はなぜ美しい』, 紀伊國屋書店.

Hidaka, T. and K. Yamashita 1975. Wing color pattern as the releaser of mating behavior in the swallowtail butterfly, *Papilio xuthus* L. (Lepidoptera: Papilionidae). *Applied Entomology and Zoology* 10: 263-267.

Honma, A., K. Takakura and T. Nishida 2008. Optimal-foraging predator favours commemsalistic Batesian mimicry. PloS ONE.

Houde, A. E. 1987. Mate choice based upon naturally occurring color-pattern variation in a guppy population. *Evolution* 41: 1-10.

Humboldt, F. H. A. et A. Bonpland 1807. *Le Voyage aux Regions Equinoxiales du Nouveau Continent fait en 1799-1804.* Frei Shoell, Paris.

Humboldt, A. von 1807. *Personal Narrative of Travels to the Equinoctial Regions of the New Continent during the Years 1799-1804.* Translated by H. M. Williams in 1814. John Murray, London.

Humboldt, A. von 1845-1862. *Kosmos: Entwurf Einer Physischen Weltbeschreibung.* Stuttgart Cotta.

Humboldt, A. von 1845-1862. *Cosmos: A Sketch of the Physical Description of the Universe.* Translated by Sabin, E. and E. J. Sabin in 1849. John Murray, London.

Huxley, T. H. 1863. *Evidence as to Man's place in Nature.* D. Appleton & Co., NY.

Ide, J. 2002. Seasonal changes in the territorial behaviour of the satyrine butterfly *Lethe diana* are mediated by temperature. *Journal of Ethology* 20: 71-78.

伊藤嘉昭・桐谷圭治 1971. 『動物の数は何できまるか』, 日本放送出版協会.

Kandori, I. and N. Ohsaki 1996a. The learning abilities of the white cabbage butterfly, *Pieris rapae*, foraging for flowers. *Researches on Population Ecology* 38: 111-117.

Kandori, I. and N. Ohsaki 1996b. Male mating behavior in relation to spermatophore transfer in the white cabbage butterfly. *Researches on Population Ecology* 38: 225-230.

Kandori, I. and N. Ohsaki 1998. Effect of experience on foraging behavior towards artificial nectar guide in the cabbage butterfly, *Pieris rapae crucivora* (Lepidoptera: Pieridae). *Applied Entomology and Zoology* 33: 35-42.

川喜田二郎 1967. 『発想法』, 中央公論社.

川喜田二郎 1970. 『続・発想法』, 中央公論社.

川道武夫 1978. 『原猿の森—サルになりそこねたツパイ』, 中央公論社.

Kingsolver, J. G. 1985. Thermal ecology of *Pieris* butterflies (Lepidoptera: Pieridae): a new mechanism of behavioral thermoregulation. *Oecologia* 66: 540-545.

Krebs, J. R., J. T. Erichsen, M. I. Webber and E. L. Charnov 1977. Optimal prey selection in the great tit (*Parus major*). *Animal Behaviour* 25: 30-38.

Krebs, J. R. and N. B. Davis 1987. *An Introduction to Behavioural Ecology* (2nd edition). Blackwell, Oxford.［山岸哲・巌佐庸訳,『行動生態学（原書第2版）』, 蒼樹書房 (1991)］

Lamarck, J. B. 1809. *Philosophie Zoologique on Exposition des Considérations Relatives à l'histooire Naturelle des Animaux.* Germer Baillere, Paris.

Lamarck, J. B. 1809. *Zoological Philosophy: Exposition with Regard to the Natural History of Animals.* Translated by H. Elliot in 1914. Macmillan & Co., London.

Lande, R., 1981. Models of speciation by sexual selection on polygenic traits. *Proceedings of the National Academy of Sciences of The United States of America* 78: 3721-3725.

Larsen, T. B. 1991. *The Butterflies of Kenya and Their Natural History.* Oxford University Press, Oxford.

Lederhouse, R. C. and J. M. Scriber 1996. Intrasexual selection constraints the evolution of the dorsal color pattern of male black swallowtail butterflies, *Papilio polytenes. Evolution* 50: 717-722.

Lyell, C. 1830-1833. *Principle of Geology.* John Murray, London.

MacArthur, R. H. 1972. *Geographical Ecology: Patterns in the Distribution of Species.*

Haper & Row, NY.［巌俊一・大崎直太監訳，『地理生態学：種の分布に見られるパターン』，蒼樹書房 (1982)］

Mallet, J. and N. Joron 1999. Evolution of diversity in warning color and mimicry: polymorphisms, shifting balance, and speciation. *Annual Review of Ecology and Systematics* 30: 201-233.

Malthus, T. R. 1798. *An Essay on the Principle of Population as It Affects the Future Improvement of Society.* Joseph Johnson, London.

Maynard-Smith, J. 1964. Group selection and kin selection. *Nature* 201: 1145-1147.

Maynard-Smith, J. 1976. Evolution and the theory of games. *American Scientist* 64: 41-45.

Müller, F. 1878. Über die vortheile der mimicry bei schmetterlingen. *Zoologischer Anzeiger* 1: 54-55.

Müller, F. 1879. *Ituna* and *Thyridia*, a remarkable case of mimicry in butterflies. (R. Meldola translation). *Proceedings of the Entomological society of London* 1879: 20-29.

長嶺結衣子 2004.『公衆衛生を政治する―戦後沖縄のマラリア，ハンセン病対策に学ぶ国際保健衛生の未来―』，一橋大学社会学部学士論文．

西田隆義 2008.『天敵なんてこわくない』，八坂書房．

Obara, Y. 1970. Studies on the mating behavior of the white cabbage butterfly, *Pieris rapae crucivora* Boisduval. III. Near-ultra-violet reflection as the signal of intraspecific communication. *Zeitschrift für Vergleichen de Physiologie* 69: 99-116.

Ohara, Y., K. Nagasaka and N. Ohsaki 1993. Warning coloration in sawfly *Athalia rosae* larva and concealing coloration in butterfly *Pieris rapae* larva feeding on similar plants evolved through individual selection. *Researches on Population Ecology* 35: 223-230.

Ohsaki, N. 1980. Comparative population studies of three *Pieris* butterflies, *P. rapae*, *P. melete* and *P. napi*, living in the same area. II. Utilization of parchy habitatas by adults through migratory and non-migratory movements. *Researches on Population Ecology* 22: 163-183.

大崎直太 1983. チョウの体温調節と生息場所の利用の仕方．日高敏隆編，『動物行動の意味』，pp. 63-100, 東海大学出版会．

Ohsaki, N. 1986. Body temperatures and behavioural thermoregulation strategies of three *Pieris* butterflies in relation to solar radiation. *Journal of Ethology* 4: 1-9.

Ohsaki, N. and Y. Sato 1990. Avoidance mechanisms of three *Pieris* butterfly species against the parasitoid wasp *Apanteles glomeratus*. *Ecological Entomology* 15: 169-176.

大崎直太 1991. カンポン・ブンシット，そしてチョウの体温調節．日高敏隆・石井実編著，『ボルネオの生きものたち』，pp. 7-58, 東京化学同人．

Ohsaki, N. and Y. Sato 1994. Food plant choice of *Pieris* butterflies as a trade-off between parasitoid avoidance and quality of plants. *Ecology* 76: 59-68.

Ohsaki, N. 1995. Preferential predation of female butterflies and the evolution of batesian mimicry. *Nature* 373: 173-175.

大崎直太 1996. モンシロチョウ属の食性幅を決めている要因．久野英二編著，『昆

虫個体群生態学の展開』, pp. 323-346, 京都大学学術出版会.

大崎直太 1997. メスのみに擬態型が現れるチョウのベイツ式擬態, 生物科学, 49: 3-9.

大崎直太 1999. チョウはなぜメスだけが擬態するのか. 上田恵介編著, 『擬態: だましあいの進化論』, 築地書館.

Ohsaki, N. 2005. A common mechanism explaining the evolution of female-limited and both-sex Batesian mimicry in butterflies. *Journal of Animal Ecology* 74: 728-734.

大崎直太 2007. カカメガの森にチョウのベイツ型擬態の謎を求めて. 日高敏隆監修, 『アフリカ昆虫学への招待』, pp. 13-31, 京都大学学術出版会.

大塚一壽 1988. 『ボルネオの蝶』(第1巻), 飛鳥建設株式会社.

Poulton, E. B. 1884. Notes upon, or suggested by, the colours, markings and protective attitudes of certain lepidopterous larvae and pupae, and of a phytophagous hymenopterous larva. *Transactions of the Entomological Society of London* 27-60.

Poulton, E. B. 1898. Natural selection: the cause of mimetic resemblance and common worning colour. *Linnean Society Journal of Zoology* 26: 558-612.

Rausher, M. D. 1978. Searching image for leaf shape in a butterfly. *Science* 200: 1071-1073.

Rothschild, M. and R. Mummery 1986. Carotenoids of butterfly models and their mimics (Lep: Papilionidae and Nymphalidae). *Biological Journal of the Linnean Society* 28: 359-372.

Rowland, H. M., E. Ihalainen, L. Lindstrom, J. Mappes and M. P. Speed 2007. Co-mimics have a mutualistic relationship despite unequal defences. *Nature* 448: 64-68.

Rutowski, R. L. 1978. The form and function of ascending flights in *Colias* butterflies. *Behavior Ecology and Sociobiology* 3: 163-172.

佐藤芳文 1988. 『寄生蜂の世界』, 東海大学出版会.

Sheppard, C. A. 2004. Benjamin Dann Walsh; Pioneer entomologist and proponent Darwinian theory. *Annual Review of Entomology* 49: 1-25.

Silberglied, R. E. 1984. Visual communication and sexual selection among butterflies, In: Vane-Wright, R. I. and P. R. Ackery eds., *The Biology of Butterflies*, pp. 207-223, Academic Press, London.

Southwood, T. R. E. 1977. Habitat, the templet for ecological strategies? *Journal of Animal Ecology* 46: 337-365.

Southwood, T. R. E. 1988. Tactics, strategies, and templates. *Oikos* 52: 337-365.

Speed, M. P. 1993. Müllerian mimicry and the psychology of predation. *Animal Behaviour* 45: 571-580.

Spence, A. M. 1974. *Market Signaling: Informational Transfer in Hiring and Related Screening Processes*. Harvard University Press, Cambridge.

Spencer, H. 1852. The developmental hypothesis. *Leader*. From Essays: Scientific, Political, & Speculative (1891). Vol 3: 1-7, Williams and Norgate, London.

Spencer, H. 1857. Progress: its law and cause. *The Westminster Review* 67: 445-447, 451, 454-456, 464-465.

Spencer, H. 1862-1893. *First Principles of a New System of Philosophy*. Daniel Appleton

& Co., NY.
Stern, V. M. and R. F. Smith 1960. Factors affecting egg production and oviposition in populations of *Colias philodice eurytheme* Boisduval (Lep., Pieridae). *Hilgardia* 29: 411-454.
Suzuki, Y. 1979. Mating frequency in females of the small cabbage white, *Pieris rapae crucivora* Boisduval (Lepdoptera: Pieridae). *Kontyu* 47: 335-339.
Tanaka, S., T. Nishida and N. Ohsaki 2007. Sequential rapid adaptation of indigenous parasitoid wasps to the invasive butterfly *Pieris brassicae*. *Evolution* 61: 1791-1802.
Thornhill, R. 1980. Sexual selection in the black-tipped hangringfly. *Scientific American* 242: 162-172.
Tinbergen, N., B. J. D. Meeuse, L. K. Boerema and W. W. Varossieau 1942. Die Balz des Samtfalters, *Eumenis* (=*Satyrus*) *semele* (L.). *Zeitschrift für Tierpsychologie* 5: 182-226.
Turner, J. R. G. 1978. Why male butterflies are non-mimetic: natural selection, sexual selection, group selection, modification and sieving. *Biological Journal of the Linnean Society* 10: 385-432.
上杉兼司　2000. 成虫はどうやって身を守っているのか．大崎直太編著,『蝶の自然史』, pp. 106-123, 北海道大学図書刊行会.
上野雅史　2001. オオモンシロチョウについての一考察（第5報）北海道全域に侵入したオオモンシロチョウについて．やどりが 14-19.
Wallace, A. 1853. *Palm Trees of the Amazon and Their Uses.* John Van Voorst, London.
Wallace, A. 1853. *A Narrative of Travels on the Amazon and Rio Negro, With an Account of the Native Tribes, and Observations on the Climate, Geology and Natural History of the Amazon Valley.* Reeve & Co., London.
Wallace, A. 1855. On the law which has regulated the introduction of new species. *Annuals and Magazine of Natural History* 16: 184-196.
Wallace, A. 1858. On the tendency of variences to depart indefinitely from the original type. *Journal of the Proceedings of the Linnean Society of London. Zoology* 3: 46-50.
Wallace, A. R. 1865. On the phenomena of variation and geographical distribution as illustrated by the Papilionidae of the Malayan region. *Transactions of the Linnean Society of London* 25: 1-71.
Wallace, A. R. 1869. *The Malay Archipelago; The Land of the Oranutan and the Bird of Paradise; A Narrative of Travel With Studies of Man and nature.* 2 vols, Macmillian & Co., London.
Wallace, A. R. 1876. *The Geographical Distribution of Animals. With a Study of the Relations of Living and Extinct Faunas as Elucidating the Past Changes of the Earth's Surface.* Harper & Brothers, NY.
Wallace, A. R. 1878. *Tropical Nature and Other Essays.* Macmillian & Co., London.
Wallace, A. R. 1880. *Island Life, or, The Phenomena and Causes of Insular Faunas and Floras: Including a Revision and Attempted Solution of the Problem of Geological Climates.* Macmillan & Co., London.
Wallace, A. R. 1889. *Darwinism: An Exposition of the Theory of Natural Selection with Some of Its Applications.* Macmillan & Co., London.

Walsh, B. D. 1863. Notes by Benjamin D. Walsh. *Proceedings of Entomological Society of Philadelphia* 2: 182-172.

Wassenthal, L. T. 1975. The role of butterfly wings in regulation of body temperature. *Journal of Insect Physiology* 21: 1921-1930.

Watanabe, M. and S. Ando 1993. Influence of mating frequency on lifetime fecundity in wild females of the small white *Pieris rapae* (Lepidoptera, Pieridae). *Japanese Journal of Entomology* 61: 691-696.

Weinberg W. 1908. Über den Nachweis der Vererburg beim Menschen. *Jahreshefte des Vereins für vaterländische Naturkunde in Württemberg* 64: 368-382.

Wickler, W. 1968. *Mimikry: Nachahmung und Tauschung in der Natur*. Kindler, München.

Wickler, W. 1968. *Mimicry in Plants and Animals*. Translated by R. D. Martin in 1968. George Weidenfeld and Nicolson Ltd., London. ［羽田節子訳, 『擬態』, 平凡社 (1970)］

Wiklund, C. and A. Kaitala 1995. Sexual selection for large male size in a polyandrous butterfly: the effect of body size on male versus female reproductive success in *Pieris napi*. *Behavioural Ecology* 6: 6-13.

Williams, G. C. 1966. *Adaptation and Natural selection*. Princeton University Press, Princeton, NJ.

Woodcock, G. 1969. *Henry Walter Bates, Naturalist of the Amazons*. Faber and Faber, London. ［長澤純夫・大曾根静香訳, 『ベイツ：アマゾン河の博物学者』, 新思索社 (2001)］

Wynne-Edwards, V. C. 1962. *Animal Dispersion in Relation to Social Behaviour*. Oliver & Boyd, Edinburgh.

Zahavi A. 1975. Mate selection: a selection for a handicap. *Journal of Theoretical Biology* 7: 233-238.

索引

あ 行

アオジャコウアゲハ　68, 87, 159, 212
アオムシコマユバチ　242-244, 246-247, 261-262
赤い斑紋　157, 163, 171-172
アゲハチョウ科　18, 47, 67, 129, 231-236
味のうまい（良い）種　99-100
味のまずい（悪い）種　92-94, 107
アッシャー，ジェイムズ　32
アマゾン　11-14, 36, 57-63
アマゾン河の博物学者　45
安定平衡　102-106
アンデルソン，マルテ　75
イシペ（国際昆虫生理生態学センター）　179-181
異所的種分化　38, 48
異性間性淘汰　19, 71, 75-77, 174, 253
伊丹市昆虫館　144-145, 156, 159, 161, 165, 171-172, 239, 244, 249
一元化　104
一夫一妻　71
一夫多妻　71
井出純也　152
遺伝子コピー　111-114
遺伝子頻度　80, 167-168
遺伝子粒子　78
遺伝的変異　79
伊藤嘉昭　263-264
巖俊一　262, 266-267
隠蔽色　14, 94, 173, 201, 212
隠蔽色の効果　119-120
ヴィックラー，ウォルフガング　73
ヴィックルンド，クリスター　174
ウィルバーフォース，サムエル　42
ウェアー，ジョン・ジェナー　107-108
上杉兼司　96, 156-157. 160, 169
上野雅史　241
ウォールシュ，ベンジャミン　67-69

ウォレス，アルフレッド・ラッセル　35-41, 53-66
ウォレス効果　48
ウォレス線　37
ウッドコック，ジョージ　14, 46
栄養補給説　159
餌選択モデル　197, 201-203
餌の価値　195-198, 202, 206, 240, 252
エゾスジグロシロチョ　153, 174, 221, 247, 260-261
Xクラブ　48-49
エドマンズ，マルコルム　132-133
エドワーズ，ウィリアム・ヘンリー　36
エドワーズ，ウィン　118
エリックセン，ヨナサン　203
王立協会　41
オーウェン，リチャード　34, 42
オオカバマダラ　74, 239
大塚一壽　181
オオモンシロチョウ　241-244, 255
沖縄諸島　96-97
オスジロアゲハ　159-160
オスの好み　156
穏やかな変化　50
オックスフォード大学自然史博物館　41
小原佳嗣　120
オリノコ川　30

か 行

回避効果　212
回避時間　202-203, 240, 262
花外蜜腺　91
化学的防除　69, 263
カカメガの森　177-179
学習　209-210
学習効果　202
獲得形質の遺伝説　29
仮説　197, 257-259, 265

索 引

仮説検証型　257-267
香取郁夫　74, 108, 209
カバマダラ　238-239, 248-249, 252-254
カブラハバチ　120-122
花粉媒介昆虫　109, 210-211
ガラパゴス諸島　33-34
ガリレイ, ガリレオ　11, 152-153, 236
カロチノイド　81-82, 164-166, 170-171
環境温度　228, 230
記憶　202, 209-211, 254
キオビジャノメチョウ　158
擬似相関　250-251, 256-261, 269
稀少資源　159
犠牲　114
寄生者（モデルに対する擬態種）　98-100
犠牲者　98-99, 110
寄生蜂　242
擬態　119, 202-209
擬態型　94-98, 145-147, 156-158, 166, 168, 240, 244-246, 249
擬態型有利さ指数　96
擬態種　17, 98-101, 175, 205, 239, 245, 254-255
擬態の効果　94, 205
擬態のコスト　17, 26, 94-95, 98-99, 130, 134-135, 156, 159, 161-167, 191-192, 245
擬態のベネフィット　130-131, 191-192
擬態率　21, 94-98, 130, 133, 168, 170, 245, 249
ギテゥルマン, ジョーン　108
帰無仮説　249-251, 257-258
究極要因　257-261, 269
キューリー夫妻　33
キュビエ, ジョルジュ　32
共進化　212
桐谷圭治　263-264
ギルバート, ローレンス　74
キレハイヌガラシ　260-261
キンカチョウ　82, 165
キングソルバー, ジョエル　214
グールド, ジョン　33
クジャク　79, 259
クック, ジェイムズ　45
クック, シャロン　159
グッピー　82, 165
クラーク, クリリル　167
グラフェン, アラン　81
グレイ, エイサ　40, 45
クレブス, ジョーン　193, 196, 200, 205
黒いチョウ　23-231
クロヒカゲ　152
群淘汰　118

警告色　14, 92, 108, 173, 202, 212, 253
警告色の効果　119-120
警告の信号　108
ゲームの理論　102, 104
激変説　32
血縁度　23, 111-114
血縁淘汰　23, 110
ケニアのチョウとその自然史　88, 175-176, 182
ケプラー, ヨハネス　32
ケラー, ローレント　116
ケルビン卿　33
原型　95-97, 145-147, 156-158, 245, 249
原種　16
検証　257-259, 265
減数分裂　111-112
限性遺伝　167
行動生態学　193
行動多型　102
交尾率　165, 249
ゴードン研究会議　155
コールリッジ, サミュエル　51-52
黒色輻射温度　216, 223, 226-229, 234-235
コクホウジャク　75-76
互恵効果　241
互恵利益　99-100
個体識別番号　161-162, 220
個体淘汰　118
コペルニクス, ニコラス　152
混み合い効果　119
ゴルトン, フランシス　78
混合遺伝　78
混食　196-201, 206-207
痕跡器官　28

さ　行

斉一説　32
採餌効率　195-201, 206-207, 246
最適採餌戦略　196-199, 206, 211-212, 235
サウスウッド, リチャード　153-154
坂上昭一　266
作業仮説　250-251, 256
佐藤芳文　153, 246, 250, 258
ザハヴィ, アモツ　81, 259
サラワク法則　38
サラワク論文　36, 38
算術級数　15, 39
産卵抑制　119
シェパード, フィリップ　167
至近要因　257
刺激　108
シジュウカラ　100, 197-199, 204-205

自然淘汰　15, 172, 176, 212, 238, 245-247
自然淘汰の遺伝理論　79
子孫的種　28
社会進化論　52
雌雄異型　69
襲撃率　128-129, 188-190
襲撃率比　128-129, 189-191
種内擬態　239-240
種の起源　14-16
種分化のメカニズム　48
常染色体　167
処女メス　152
職工学校　55-56
処理時間　195-200, 204-209, 240, 252
シルバーグリード, ロバート　84-86, 149
白いチョウ　230-231
シロオビアゲハ　69, 96-98, 143-147, 157, 159, 164-165, 171, 244
シロチョウ科　13, 44, 129, 231-236
進化　49-52, 246
進化論　238-239
人口論　15, 39
新大陸赤道地域の航海　30
人類の進化　47
数理モデル　196-200, 205
スクライバー, マーク　86-87, 104, 151
スジグロシロチョウ　153, 221
スターン, マイク　73
スピード, マイク　99
スプルース, リチャード　63
スペンサー, ハーバート　50-51
スペンス, ミカエル　81
スミス, ジェイムズ・エドワード　44
スミス, メイナード　102-105, 110
スミス, リチャード　73
スミソニアン熱帯生物研究所　84-85
生活史戦略　153
精子　83, 111-112
精子置換　83
生殖隔離　48
性染色体　167
生息場所鋳型説　153
性的装飾形質　79
性的二型　70, 102, 172-173, 251-253
性淘汰　18-19, 70-71, 172-176, 248, 253
正の頻度依存淘汰　20-21, 89-90
性比　102, 165, 187, 189-190, 249
生物地理学　37
生物的防除　69
精包　74, 83, 159, 174
性慾減退臭　83
生理的寿命　25, 161, 163, 165, 191, 245

積極的抑制　15, 39
専食　196-201, 206-207
染色体　111-112, 167
前進的発達論　30, 52
総合的防除　263
創造論　14, 239
相同器官　28
相同染色体　111-112
祖先的種　15

た 行

ダーウィニズム　41, 48
ダーウィン, エラズマス　29
ダーウィン, チャールズ　11, 29-35, 236, 239
ダーウィン・フィンチ　33-34
ターナー, ジョン　73
ダービー哲学協会　51-52
体温調節機構　213-216, 219, 223, 229-230, 233
対抗適応　202, 212, 237, 240, 253
体細胞　111
体色の意味　107
代替仮説　251, 254, 256-260, 269
タカ-ハトゲーム　102-103
タカ-ハト-ブルジョアゲーム　104-106, 149, 173
多型　95, 102, 211-212
タチツボスミレ　255
タテハチョウ科　26, 84
田中晋吾　242
だましの効果　94
単位処理時間当たりのカロリー量　195-203, 206, 240
探索時間　200, 206
探索像　209-212
探雌飛翔　152
チェンバース, ロバート　57-58
地球温暖化　249, 252, 254-256, 262
地球の年齢　33
地質学原理　32, 36
チャーンウッドの森　56, 59
地理生態学　193
ツマグロヒョウモン　238-239, 247-249, 251-255
ディスプレイ　102-105
貞操帯　83
ティンバーゲン, ニコラス　128, 158, 211
デービス, ニック　193
適応　212
適応度　112-114, 245
適応度指標　79, 165
適者生存　52

索　引

テルナテ論文　38-40
天地創造説　32
天敵不在空間説　154
同所的種分化　48
同性内性淘汰　19, 71, 85-87, 148, 151, 253
等比級数　15, 39
ドーキンス, リチャード　115, 119
突然変異　88, 104, 238, 241, 243, 246-247
トムソン, ウィリアム　33
トラフアゲハ　68, 87, 159
鳥の学習　92, 108
トリバネアゲハ　174-175
トレード・オフ　25
トンボマダラ族　27, 44

■ な　行 ■

長坂幸吉　120
縄張り　86-87, 102, 149, 151-153, 173
ニカラグアの博物学者　65, 70, 108
二型　102
二次寄生蜂　243-244
日常的移動　221
二倍体　111
二名法　44
ニュートン, アイザック　33
認知時間　203-209, 212, 240, 245, 252
認知モデル　203, 206, 240
ネグロ川　12, 61
ノアの方舟　29

■ は　行 ■

ハーディー-ワインベルグ法則　165, 167
ハーベイ, ポール　108, 110, 115
バーンズ, ジェイムズ　159
バエル, カール・アーネスト　52
白色輻射温度　216-219, 223, 226-235
ハクスリー, トーマス　42
発見確率　196-201, 204-208
ハットン, ジェイムズ　32
パナマ運河　84
ハミルトン, ウィリアム・ドナルド　23, 110
バロ・コロラド島　84
バンクス, ジョセフ　44
繁殖成功度　71
繁殖齢　113
半数体　111
ハンディキャップ学説　81-82, 165, 259
ヒアリ　116-117
ビーク・マーク　126-129, 188
ビーク・マーク率　127-128, 131-132, 176, 188
ビーク・マーク率比　128-129, 135, 188-189
ビーグル号　31-35
日向の種（チョウ）　226, 233-235
ヒメジョオン　209-210
標識再捕　133, 169
ヒョウモンチョウ族　27, 253
ヒル・トッピング　86-87
ビンコールの森　222-223
頻度依存淘汰　20-21, 89-90
フィッシャー, ロナルド・エイルマー　22, 78-80, 110
フィッツロイ, ロバート　31-32, 42
不可知論　42
輻射熱　216, 229
復習　108
複数回交尾　74, 159
フッカー, ジョセフ　40, 42
負の頻度依存淘汰　20-21, 89-90, 92-93, 94-98, 165
ブラウアー, リンカン　240
ブラウント, ヨナサン　82
分散　221
分散率　191
分散率比　191
フンボルト, アレクサンダー・フォン　30
平衡点　21, 90, 94-95
平衡淘汰　22, 103
ベイツ, ヘンリー・ウォルター　35-36, 53-65, 239
ベイツ型擬態　12-13, 94-101, 164, 202, 212, 238-240, 248-252
ベイツ型擬態の効果　100
ヘクトールベニモンアゲハ　171-172, 244
ベニオビタテハ　84-85
ベニモンアゲハ　96, 164, 171-172, 244
ヘリコニウス（ドクチョウ）亜科　26-27, 253
ヘリコニウス（ドクチョウ）科　13, 26-27, 60-61
ヘリコニウス（ドクチョウ）族　27
ヘリコニウス（ドクチョウ）属　27, 74, 90
ベルト, トーマス　48, 72, 108
変異型　248
変温動物　213, 215, 231
変種　172, 176
ヘンズロー, ジョン・スティーブンス　31
片利共生　99
包括適応度　113-114
ホウデ, アン　82
ポールトン, エドワード・バグナル　21, 89-90
捕獲性比　187-191

ボグス, キャロル　74
捕食圧　166, 169-170, 172-173, 176, 192-193, 202, 237, 240, 245-246, 253
捕食回避　202
ボルネオ島　37-38, 213, 222-225

ま 行

正木進三　265
マダラチョウ亜科　26-27
マダラチョウ科　26, 129, 231-236
マダラチョウ族　27
マッカーサー, ロバート　193, 196
マネシツグミ　34
マルサス, トーマス・ロバート　15, 39, 56
マレー群島　36-37
マレット, ジェイムズ　14, 142
ミールワーム　197, 204
ミッシングリンクの謎　241
密度効果　119
蜜標　109, 210
緑ひげ効果　23, 115-117
ミューラー, フランツ　48-49, 89-92
ミューラー型擬態　20-21, 89-90, 241, 252-254
ミューラー型擬態の効果　100
ミューレリアン・ボディー　92
メスアカモンキアゲハ　69
メスクロキアゲハ　86-87, 105, 149, 151
メスの好み　47
メンデル, グレゴール・ヨハン　77
モデル　17, 202-203, 238-240, 244, 248, 252-254
モデルの被食率　99-101
モデル種　98-101, 254-255
森の種（チョウ）　226, 233-235
モンシロチョウ　120 , 153, 190, 209-210, 220-221, 244, 246-247, 259

や 行

結納品　83
唯物論的科学　42
優生学　47, 78-79
湯川淳一　266
用不用説　29
予防的抑制　15, 39

ら 行

ラーセン, トーベン　88, 175-176, 182
ライエル, チャールズ　32, 34, 37-39
ライトフット, ジョーン　32
ラウシャー, マーク　154-155, 212, 264-268
ラック, デビット　34
ラマルク, ジャン=バティスト　29
卵子　111-112
ランデ, ラッセル　80
ランナウェイ学説　78-80
利己的　107, 109, 118
利他行動　114
利他的　107, 109-110, 113-114, 118
粒子遺伝学　78
リリーサー　157-158
リン酸塩クロキシン　100
リンネ, カール・フォン　44
リンネ協会　44-45
ルトウスキー, ロナルド　73
ルリマダラ族　27
レーダーハウス, ロバート　86-87, 104, 148-149, 151
レスター　53
レスター州立博物館　56
レビューアー　148-151, 226-230
ロウランド, ハンナ　99, 241
ロス, ケネス　116
ロスチャイルド, ミリアム　164

わ 行

ワーゼンサール, ルッツ　214

■ 著者紹介

大崎直太（おおさき なおた）農学博士
 1947 年 千葉県館山市に生まれる
 1979 年 名古屋大学大学院農学研究科博士課程中退
 現　在 京都大学大学院農学研究科准教授
 専　門 昆虫生態学
 著　書 『蝶の自然史』（編著，北海道大学図書刊行会）
    『昆虫個体群生態学の展開』（分担執筆　京都大学学術出版会）
    『アフリカ昆虫学への招待』（分担執筆　京都大学学術出版会）
    ほか

擬態の進化
ダーウィンも誤解した150年の謎を解く

2009年4月22日　初 版 発 行

著　者　　大崎直太

発行者　　本間喜一郎
発行所　　株式会社 海游舎
　　　　　〒151-0061 東京都渋谷区初台1-23-6-110
　　　　　電話 03(3375)8567　　FAX 03(3375)0922

印刷・製本　凸版印刷(株)

© 大崎直太 2009

本書の内容の一部あるいは全部を無断で複写複製することは，著作権および出版権の侵害となることがありますのでご注意ください。

ISBN978-4-905930-25-9　　PRINTED IN JAPAN